普通高等教育"十四五"规划教材

计算流体动力学基础及应用

唐凌虹　编著

中国石化出版社
·北京·

内容提要

本书是一本介绍计算流体动力学(CFD)基本理论知识和CFD软件应用的教材，全书共分6章，内容包括CFD基础知识、基于有限体积法的控制方程离散、CFD湍流模型简介、ICEM建模及网格划分简介、FLUENT软件简介、FLUENT应用算例，以多个算例介绍CFD软件在流场分析、传热计算和多相流模拟等方面的应用。

本书可作为能源、动力、石油、化工、机械、航空航天、船舶、汽车、环境、水利、建筑、流体工程等众多领域的本科生和研究生教材，也可供上述领域的科研人员，特别是从事CFD应用的人员参考。

图书在版编目(CIP)数据

计算流体动力学基础及应用/唐凌虹编著. —北京：中国石化出版社，2023.7

普通高等教育"十四五"规划教材

ISBN 978-7-5114-7148-2

Ⅰ.①计… Ⅱ.①唐… Ⅲ.①计算流体动力学-高等学校-教材 Ⅳ.①O35

中国国家版本馆CIP数据核字(2023)第117042号

中国石化出版社出版发行

地址:北京市东城区安定门外大街58号

邮编:100011　电话:(010)57512500

发行部电话:(010)57512575

http://www.sinopec-press.com

E-mail:press@sinopec.com

北京富泰印刷有限责任公司印刷

全国各地新华书店经销

*

787毫米×1092毫米16开本15.25印张364千字

2023年7月第1版　2023年7月第1次印刷

定价:48.00元

前　　言

计算流体动力学（Computational Fluid Dynamics，CFD）是以计算机为工具，利用数值计算方法求解描述流体运动的控制方程，从而揭示流动机理和流动规律、研究其与其他介质相互作用的各种复杂问题的新兴交叉学科。通过 CFD 技术，可利用计算机分析并显示流场中的现象，能在较短时间内预测流场。CFD 模拟能帮助理解流体力学问题，为实验提供指导，为设计提供参考，节省人力、物力和时间。随着计算机硬件和算法的发展，CFD 技术的应用越来越广泛。

本书是一本介绍 CFD 基本理论知识和 CFD 软件应用的教材，全书共分 6 章。第 1 章为计算流体动力学基础知识，第 2 章为基于有限体积法的控制方程离散，第 3 章为 CFD 湍流模型简介，第 4 章为 ICEM 建模及网格划分简介，第 5 章为 FLUENT 软件简介，第 6 章为 FLUENT 应用算例。通过对本书的学习，读者将掌握 CFD 软件的基本理论知识、ICEM CFD 的建模和网格划分功能及 FLUENT 的使用方法。读者通过 FLUENT 算例的学习，将迅速掌握所在领域中 FLUENT 应用方法和技巧，并帮助解决实际问题。

本书第 1 章、第 2 章、第 3 章和第 6 章由唐凌虹博士编写，第 4 章和第 5 章由殷佳荣博士编写，全书由唐凌虹博士统稿。本书在编写过程中，研究生田煜霖和蔡鑫佑等完成大量算例和插图，也得到中国石化出版社潘向阳老师的热心指导和大力协助，在此一并感谢。

本书获“西安石油大学优秀教材建设项目”资助，在此深表感谢。

由于编者水平有限，书中难免有不当之处，恳请广大读者批评指正。

编者

2023 年 5 月

目　录

第1章　计算流体动力学基础知识

流体流动过程大量存在于自然界及多种工程领域中，所有这些过程都受质量守恒、动量守恒和能量守恒等基本物理定律的支配。本章首先介绍这些守恒定律的数学表达式，在此基础上介绍求解这些基本方程的数值方法、计算流体力学的任务及相关基础知识，最后简要介绍目前常用的计算流体动力学商用软件。

1.1　计算流体动力学概述

1.1.1　计算流体动力学简介

计算流体动力学(Computational Fluid Dynamics，CFD)是以计算机为工具，利用数值计算方法求解描述流体运动的控制方程，从而揭示流动机理和流动规律、研究其与其他介质相互作用的各种复杂问题的新兴交叉学科。CFD的基本思想可归结为：把原来在时间域及空间域上连续的物理场，如速度场、温度场和压力场等，用一系列有限离散点上的变量值的集合来代替，通过一定的原则和方式建立起关于这些离散点上场变量之间关系的代数方程组，然后求解这些代数方程组获得场变量的近似值。

CFD可以看作是在流动基本方程(质量守恒方程、动量守恒方程、能量守恒方程)控制下对流动的数值模拟。通过这种数值模拟，可得到极其复杂问题的流场内各个位置上的基本物理量(如速度、压力、温度、浓度等)的分布，以及这些物理量随时间的变化情况。还可据此算出相关的其他物理量，如旋转式流体机械的转矩、水力损失和效率等。此外，与CAD联合，还可进行结构优化设计等。

CFD方法与传统的理论分析方法、实验测量方法组成了研究流体流动问题的完整体系，图1－1所示为表征三者之间关系的“三维”流体力学示意。

图1－1　“三维”流体力学示意

理论分析方法的优点是所得结果具有普遍性，各种影响因素清晰可见，是指导实验研究和验证新的数值计算方法的理论基础。但是，它要求对计算对象进行抽象和简化，才有可能得出理论解。对于0线性情况，只有少数流动才能给出解析结果。

实验测量方法所得到的实验结果真实可信，它是理论分析和数值方法的基础，其重要性不容低估，然而，实验受到模型尺寸、流场扰动、人身安全和测量精度等限制，有时可能很难通过实验方法得到结果。此外，实验还会面临经费投入、人力和物力的巨大耗费及周期长等许多困难。

CFD 适应性强、应用面广。首先，流动问题的控制方程一般是非线性的，自变量多，计算域的几何形状和边界条件复杂，很难求得解析解，而用 CFD 方法则有可能找出满足工程需要的数值解；其次，可利用计算机进行各种数值试验，例如，选择不同流动参数进行物理方程中各项有效性和敏感性试验，从而进行方案比较；最后，它不受物理模型和实验模型的限制，省钱省时，具有较强的灵活性，较容易模拟特殊尺寸、高温、有毒、易燃等真实条件和实验中只能接近而无法达到的理想条件。当然，CFD 也存在一定的局限性。首先，数值解法是一种离散近似的计算方法，依赖于物理上合理、数学上适用、适合在计算机上进行计算的离散的有限数学模型，且最终结果不能提供任何形式的解析表达式，只是有限个离散点上的数值解，并有一定的计算误差；其次，它不像物理模型实验从开始时就能给出流动现象并定性描述，需要由原体观测或物理模型试验提供某些流动参数并需要验证所建立的数学模型；再次，程序的编制及资料的收集、整理与正确利用，在很大程度上依赖于经验与技巧；最后，CFD 因涉及大量数值计算，常需要较高的计算机软硬件配置。

需要强调的是，数值计算与理论分析、实验测量相互联系、相互促进，但不能完全替代。在实际工作中，需要注意三者有机的结合，尽可能取长补短。

采用 CFD 的方法对流体流动进行数值模拟，通常包括以下几个步骤：

①建立反映工程问题或物理问题本质的数学模型，即建立流体的基本控制方程，通常为质量守恒方程、动量守恒方程、能量守恒方程以及这些方程相应的定解条件。

②寻求高效率、高准确度的计算方法，即建立针对控制方程的数值离散化方法，如有限差分法、有限元法、有限体积法等。

③编制程序和进行计算，包括计算网格划分、初始条件和边界条件的输入、控制参数的设定等。

④显示计算结果。计算结果一般通过图表等方式显示，这对检查和判断分析质量和结果有重要参考意义。

1.1.2　计算流体动力学应用领域

近几十年，CFD 有了很大的发展，它通过计算机模拟获得某种流体在特定条件下的有关信息，实现了用计算机代替实验装置完成“计算实验”，过去的一些典型教学实验，如 Reynolds 实验，现在完全可以借助 CFD 手段在计算机上实现。所有涉及流体流动、热交换、分子输运等现象的问题，几乎都可以通过 CFD 方法进行分析和模拟。CFD 不仅是一种研究工具，还作为设计工具在航空航天、热能动力、土木水利、汽车工程、铁道、船舶工业、化学工程、流体机械、环境工程等领域发挥作用。典型的应用场合及相关的工程问题包括以下几个方面：

· 水轮机、风机和泵等流体机械内部的流体流动。

· 飞机和航天飞机等飞行器的设计。
· 汽车流线外形对性能的影响。
· 洪水波及河口潮流计算。
· 风载荷对高层建筑物稳定性及结构性能的影响。
· 温室及室内的空气流动及环境分析。
· 电子元器件的冷却。
· 换热器性能分析及换热器片形状的选取。
· 河流中污染物的扩散。
· 汽车尾气对街道环境的污染。
· 食品中细菌的运移。

对这些问题的处理，过去主要借助基本的理论分析和大量的物理模型实验，而现在大多采用 CFD 方法进行分析和解决，CFD 技术现已发展到完全可以分析三维黏性湍流及旋涡运动等复杂问题的程度。

经过多年的发展，CFD 出现了多种数值解法。这些方法的主要区别是对控制方程的离散方式。根据离散的原理不同，CFD 主要可分为有限差分法(Finite Difference Method, FDM)、有限元法(Finite Element Method, FEM)和有限体积法(Finite Volume Method, FVM)，本书后续案例主要采用有限体积法进行数值计算。

1.2　流体与流动的基本特性

流体是 CFD 的研究对象，流体的性质及流动状态决定着 CFD 的计算模型及计算方法的选择，决定着流场各物理量的最终分布结果。本节将介绍 CFD 所涉及的流体及流动的基本概念和术语。

1.2.1　理想流体与黏性流体

黏性(Viscosity)是流体(液体或气体)抵抗变形或阻止相邻流体层产生相对运动的性质。流体黏性与流动性恰好相反。在流体运动过程中，由于流体中有动量交换产生，流体中的动量交换会在内部产生一种摩擦力，用来阻止流体层之间的相对运动，抵抗着流体内部速度差的扩大，这个内摩擦力称为黏性力，单位面积上的黏性力称为黏性应力。

黏性大小依赖于流体的性质，并显著地随温度而变化。实验表明，黏性应力的大小与黏性及相对速度成正比。当流体的黏性较小，运动的相对速度也不大时，所产生的黏性应力比起其他类型的力(如惯性力等)可忽略不计。此时，可以近似地把流体看作无黏性的，称为无黏流体(Inviscid fluid)，也称为理想流体。而对于有黏性的流体，则称为黏性流体(Viscous fluid)。显然，理想流体对于切向变形没有任何抗拒能力。需要指出的是，真正的理想流体在客观实际中是不存在的，它只是实际流体在某种条件下的一种近似模型。

1.2.2 牛顿流体与非牛顿流体

依据内摩擦剪应力与速度变化率的关系不同，黏性流体又分为牛顿流体(Newtonian fluid)与非牛顿流体(Non - Newtonian fluid)。观察近壁面处的流体流动可以发现，紧靠壁面的流体黏附在壁面上，静止不动；而在流体内部之间的黏性所导致的内摩擦力的作用下，靠近这些静止流体的另一层流体受到迟滞作用导致速度降低。

流体的内摩擦剪切力 τ 由式(1 -1)所示的牛顿内摩擦定律决定：

$$\tau = \mu \lim_{\Delta n \to 0} \frac{\Delta u}{\Delta n} = \mu \frac{\partial u}{\partial n} \tag{1-1}$$

式中，Δn 为沿法线方向的距离增量；Δu 为对应于 Δn 的流体速度的增量。$\Delta u / \Delta n$ 为法向距离上的速度变化率，所以，由牛顿内摩擦定律可知，流体内摩擦应力和单位距离上的两层流体间的相对速度成比例。比例系数 μ 称为流体的动力黏度，常简称为黏度，其值取决于流体的性质、温度和压力大小，单位为 $N \cdot s/m^2$ 或 $Pa \cdot s$。

若 μ 为常数，则该类流体称为牛顿流体；否则，称为非牛顿流体。空气、水等均为牛顿流体；聚合物溶液、含有悬浮粒杂质或纤维的流体为非牛顿流体。

对于牛顿流体，通常用 μ 和密度 ρ 的比值 ν 来代替动力黏度 μ，如式(1 -2)所示：

$$\nu = \frac{\mu}{\rho} \tag{1-2}$$

通过量纲分析可知，ν 的单位为 m^2/s。由于没有动力学中力的要素，只具有运动学的要素，所以称 ν 为运动黏度。

1.2.3 流体热传导及扩散

除黏性外，液体还有热传导(Heat transfer)及扩散(Diffusion)等性质。当流体中存在温度差时，温度高的地方将向温度低的地方传递热量，这种现象称为热传导。同样地，当流体混合物中存在组元的浓度差时，浓度高的地方将向浓度低的地方输送该组元的物质，这种现象称为扩散。

流体的宏观性质，如扩散、黏性和热传导等，是分子输运性质的统计平均。由于分子的不规则运动，在各层流体间交换质量、动量和能量，使不同流体层内的平均物理量均匀化。这种性质称为分子运动的输运性质。质量输运在宏观上表现为扩散现象，动量输运表现为黏性现象，能量输运则表现为热传导现象。

理想流体忽略了黏性，即忽略了分子运动的动量输运性质，在理想流体中也不应考虑质量和能量输运性质——扩散和热传导，因为它们具有相同的微观机制。

1.2.4 可压流体与不可压流体

根据密度 ρ 是否为常数，流体分为可压流体(Compressible fluid)与不可压流体(Incompressible fluid)两类。当密度 ρ 为常数时，流体为不可压流体，否则为可压流体。通竖直向上，则 $F_x=0$，$F_y=0$，$F_z=-\rho g$。

式(1－9)是对任何类型的流体(包括非牛顿流体)均成立的动量守恒方程。对于牛顿流体，黏性应力 τ 与流体的变形率成比例，如式(1－10)：

$$\tau_{xx}=2\mu\frac{\partial u}{\partial x}+\lambda\mathrm{div}(\boldsymbol{U}) \tag{1-10a}$$

$$\tau_{yy}=2\mu\frac{\partial v}{\partial y}+\lambda\mathrm{div}(\boldsymbol{U}) \tag{1-10b}$$

$$\tau_{zz}=2\mu\frac{\partial w}{\partial z}+\lambda\mathrm{div}(\boldsymbol{U}) \tag{1-10c}$$

$$\tau_{xy}=\tau_{yx}=\mu\left(\frac{\partial u}{\partial y}+\frac{\partial v}{\partial x}\right) \tag{1-10d}$$

$$\tau_{xz}=\tau_{zx}=\mu\left(\frac{\partial u}{\partial z}+\frac{\partial w}{\partial x}\right) \tag{1-10e}$$

$$\tau_{yz}=\tau_{zy}=\mu\left(\frac{\partial v}{\partial z}+\frac{\partial w}{\partial y}\right) \tag{1-10f}$$

上述公式中，μ 为动力黏度(dynamic viscosity)，λ 为第二黏度(second viscosity)，一般可取 $\lambda=-2/3$。将式(1－10)代入式(1－9)，得式(1－11)：

$$\frac{\partial(\rho u)}{\partial t}+\mathrm{div}(\rho u\boldsymbol{U})=\mathrm{div}(\mu\mathrm{grad}u)-\frac{\partial p}{\partial x}+S_u \tag{1-11a}$$

$$\frac{\partial(\rho v)}{\partial t}+\mathrm{div}(\rho v\boldsymbol{U})=\mathrm{div}(\mu\mathrm{grad}v)-\frac{\partial p}{\partial y}+S_v \tag{1-11b}$$

$$\frac{\partial(\rho w)}{\partial t}+\mathrm{div}(\rho w\boldsymbol{U})=\mathrm{div}(\mu\mathrm{grad}w)-\frac{\partial p}{\partial z}+S_w \tag{1-11c}$$

式中，$\mathrm{grad}(\ )=\partial(\ )/\partial x+\partial(\ )/\partial y+\partial(\ )/\partial z$，符号 S_u、S_v 和 S_w 为动量守恒方程的广义源项，$S_u=F_x+s_x$，$S_v=F_y+s_y$，$S_w=F_z+s_z$，而其中的 s_x、s_y 和 s_z 的表达式如式(1－12)：

$$s_x=\frac{\partial}{\partial x}\left(\mu\frac{\partial u}{\partial x}\right)+\frac{\partial}{\partial y}\left(\mu\frac{\partial v}{\partial x}\right)+\frac{\partial}{\partial z}\left(\mu\frac{\partial w}{\partial x}\right)+\frac{\partial}{\partial x}(\lambda\mathrm{div}\boldsymbol{U}) \tag{1-12a}$$

$$s_y=\frac{\partial}{\partial x}\left(\mu\frac{\partial u}{\partial y}\right)+\frac{\partial}{\partial y}\left(\mu\frac{\partial v}{\partial y}\right)+\frac{\partial}{\partial z}\left(\mu\frac{\partial w}{\partial y}\right)+\frac{\partial}{\partial y}(\lambda\mathrm{div}\boldsymbol{U}) \tag{1-12b}$$

$$s_z=\frac{\partial}{\partial x}\left(\mu\frac{\partial u}{\partial z}\right)+\frac{\partial}{\partial y}\left(\mu\frac{\partial v}{\partial z}\right)+\frac{\partial}{\partial z}\left(\mu\frac{\partial w}{\partial z}\right)+\frac{\partial}{\partial z}(\lambda\mathrm{div}\boldsymbol{U}) \tag{1-12c}$$

一般来讲，s_x、s_y 和 s_z 为小量，对于黏性为常数的不可压流体，$s_x=s_y=s_z=0$。

式(1－11)还可写成展开形式：

$$\begin{aligned}&\frac{\partial(\rho u)}{\partial t}+\frac{\partial(\rho uu)}{\partial x}+\frac{\partial(\rho uv)}{\partial y}+\frac{\partial(\rho uw)}{\partial z}\\&=\frac{\partial}{\partial x}\left(\mu\frac{\partial u}{\partial x}\right)+\frac{\partial}{\partial y}\left(\mu\frac{\partial u}{\partial y}\right)+\frac{\partial}{\partial z}\left(\mu\frac{\partial u}{\partial z}\right)-\frac{\partial p}{\partial x}+S_u\end{aligned} \tag{1-13a}$$

$$\begin{aligned}&\frac{\partial(\rho v)}{\partial t}+\frac{\partial(\rho vu)}{\partial x}+\frac{\partial(\rho vv)}{\partial y}+\frac{\partial(\rho vw)}{\partial z}\\&=\frac{\partial}{\partial x}\left(\mu\frac{\partial v}{\partial x}\right)+\frac{\partial}{\partial y}\left(\mu\frac{\partial v}{\partial y}\right)+\frac{\partial}{\partial z}\left(\mu\frac{\partial v}{\partial z}\right)-\frac{\partial p}{\partial y}+S_v\end{aligned} \tag{1-13b}$$

$$\frac{\partial(\rho w)}{\partial t}+\frac{\partial(\rho wu)}{\partial x}+\frac{\partial(\rho wv)}{\partial y}+\frac{\partial(\rho ww)}{\partial z}=\frac{\partial}{\partial x}\left(\mu\frac{\partial w}{\partial x}\right)+\frac{\partial}{\partial y}\left(\mu\frac{\partial w}{\partial y}\right)+\frac{\partial}{\partial z}\left(\mu\frac{\partial w}{\partial z}\right)-\frac{\partial p}{\partial z}+S_w \tag{1-13c}$$

式(1－11)和式(1－13)为动量守恒方程，简称动量方程(momentum equations)，也称为运动方程，还可称为纳维－斯托克斯(Navier－Stokes)方程。

1.3.3　能量守恒方程

能量守恒定律是包含热交换的流动系统必须满足的基本定律，其本质是热力学第一定律。该定律可表述为：微元体中能量的增加率等于进入微元体的净热流量加上体力与表面力对微元体所做的功。

流体的能量 E 通常是内能 i、动能 $K=\frac{1}{2}(u^2+v^2+w^2)$ 和势能 P 三项之和，可针对总能量 E 建立能量守恒方程。但是，这样得到的能量守恒方程不方便求解，一般从中扣除动能的变化，从而得到关于内能 i 的守恒方程。由于内能 i 与温度 T 之间存在一定关系，即 $i=cT$(c 为比热容)，这样可得到以温度 T 为变量的能量守恒方程(energy conservation equation)：

$$\frac{\partial(\rho T)}{\partial t}+\mathrm{div}(\rho \boldsymbol{u}T)=\mathrm{div}\left(\frac{k}{c}\mathrm{grad}\ T\right)+S_{\mathrm{T}} \tag{1-14}$$

该式可写成展开形式：

$$\frac{\partial(\rho T)}{\partial t}+\frac{\partial(\rho uT)}{\partial x}+\frac{\partial(\rho vT)}{\partial y}+\frac{\partial(\rho wT)}{\partial z}=\frac{\partial}{\partial x}\left(\frac{k}{c}\frac{\partial T}{\partial x}\right)+\frac{\partial}{\partial y}\left(\frac{k}{c}\frac{\partial T}{\partial y}\right)+\frac{\partial}{\partial z}\left(\frac{k}{c}\frac{\partial T}{\partial z}\right)+S_{\mathrm{T}} \tag{1-15}$$

式中，k 为流体的传热系数；S_{T} 为流体的内热源及由于黏性作用流体机械能转换为热能的部分，有时将 S_{T} 简称为黏性耗散项。

通常将式(1－14)或式(1－15)简称为能量方程(energy equation)。

综合基本方程式(1－4)、式(1－11)和式(1－14)，发现有 u、v、w、p、T 和 ρ 6 个未知量，还需要补充一个关于 p 和 ρ 的状态方程(state equation)，方程组才能封闭：

$$p=p(\rho,\ T) \tag{1-16}$$

对于理想气体，式(1－16)可写为：

$$p=\rho RT \tag{1-17}$$

式中，R 为摩尔气体常数。

需要说明的是，虽然能量方程式(1－14)是流体流动与传热问题的基本控制方程，但对于不可压流动，若热交换量很小以至可以忽略时，可不考虑能量守恒方程。这样，只需要联立求解连续方程式(1－4)及动量方程式(1－11)。

此外，还需要注意，式(1－14)是针对牛顿流体得出的，对于非牛顿流体，应使用另外形式的能量方程。

1.3.4 组分质量守恒方程

在一个特定的系统中，可能存在质的交换，或者存在多种化学组分，每种组分都需要遵守组分质量守恒定律。对于一个确定的系统而言，组分质量守恒定律可表述为：系统内某种化学组分质量对时间的变化率，等于通过系统界面净扩散流量与通过化学反应产生的该组分的生产率之和。

根据组分质量守恒定律，可写出组分 s 的组分质量守恒方程（species mass conservation equations）：

$$\frac{\partial(\rho c_s)}{\partial t} + \mathrm{div}(\rho U c_s) = \mathrm{div}(D_s \mathrm{grad}(\rho c_s)) + S_s \tag{1-18}$$

式中，c_s为组分 s 的体积浓度；ρc_s 为该组分的质量浓度；D_s 为该组分的扩散系数；S_s 为系统内部单位时间内单位体积通过化学反应产生的该组分的质量，即生产率。式(1－18)左侧第一项、第二项、右侧第一项和第二项，分别称为时间变化率、对流项、扩散项和反应项，各组分质量守恒方程之和就是连续方程，因为 $\sum S_s = 0$ 。因此，如果共有 z 个组分，那么只有 $z-1$ 个独立的组分质量守恒方程。

将组分守恒方程各项展开，式(1－18)可改写为：

$$\begin{aligned}&\frac{\partial(\rho c_s)}{\partial t} + \frac{\partial(\rho c_s u)}{\partial x} + \frac{\partial(\rho c_s v)}{\partial y} + \frac{\partial(\rho c_s w)}{\partial z} \\ &= \frac{\partial}{\partial x}\left(D_s \frac{\partial(\rho c_s)}{\partial x}\right) + \frac{\partial}{\partial y}\left(D_s \frac{\partial(\rho c_s)}{\partial y}\right) + \frac{\partial}{\partial z}\left(D_s \frac{\partial(\rho c_s)}{\partial z}\right) + S_s\end{aligned} \tag{1-19}$$

组分质量守恒方程常简称为组分方程（species equations）。一种组分的质量守恒方程实际就是一个浓度传输方程，如当水流或空气在流动过程中携带某种污染物质时，污染物质在流动情况下除分子扩散外，还会随流传输，即传输过程包括对流和扩散两部分，污染物质的浓度随时间和空间变化。因此，组分方程在有些情况下称为浓度传输方程，或浓度方程。

1.3.5 控制方程的通用形式

为了便于对各控制方程进行分析，并用同一程序对各控制方程进行求解，建立各基本控制方程的通用形式。

比较四个基本的控制方程式(1－4)、式(1－11)、式(1－14)和式(1－18)，可以看出，尽管这些方程中变量各不相同，但它们均反映了单位时间单位体积内物理量的守恒性质。如果用 ϕ 表示通用变量，则上述各控制方程都可以表示成以下通用形式：

$$\frac{\partial(\rho\phi)}{\partial t} + \mathrm{div}(\rho u\phi) = \mathrm{div}(\Gamma \mathrm{grad}\ \phi) + S \tag{1-20}$$

其展开形式为：

$$\frac{\partial(\rho\phi)}{\partial t}+\frac{\partial(\rho u\phi)}{\partial x}+\frac{\partial(\rho v\phi)}{\partial y}+\frac{\partial(\rho w\phi)}{\partial z}$$
$$=\frac{\partial}{\partial x}\left(\Gamma\frac{\partial\phi}{\partial x}\right)+\frac{\partial}{\partial y}\left(\Gamma\frac{\partial\phi}{\partial y}\right)+\frac{\partial}{\partial z}\left(\Gamma\frac{\partial\phi}{\partial z}\right)+S \tag{1-21}$$

式(1－21)中，ϕ 为通用变量，可以代表 u、v、w、T 等求解变量；Γ 为广义扩散系数；S 为广义源项。式(1－20)中各项依次为瞬态项(transient term)、对流项(convective term)、扩散项(diffusive term)和源项(source term)。对于特定的方程，ϕ、Γ 和 S 具有特定的形式，表1－1 所示为三个符号与各特定方程的对应关系。

表 1－1　通用控制方程中各符号的具体形式

方程	符号		
	ϕ	Γ	S
连续方程	1	0	0
动量方程	u_i	μ	$-\partial p/\partial x_i+S_i$
能量方程	T	k/c	S_T
组分方程	c_s	$D_s\rho$	S_s

所有控制方程都可经过适当的数学处理，将其中的因变量、时变项、对流项和扩散项写成标准形式，然后将方程右端的其余各项集中在一起定义为源项，从而化为通用微分方程，因此，只需考虑通用微分方程式(1－20)的数值解，写出求解方程式(1－20)的源程序，就可以求解不同类型的流体流动及传热问题。对于不同的 ϕ，只要重复调用该程序，并给定 Γ 和 S 的适当表达式以及适当的初始条件和边界条件，即可求解。

1.4　对控制方程的进一步讨论

上一节导出了基本的控制方程，本节讨论这些控制方程的使用条件及方程类型对流场求解的影响。

1.4.1　湍流的控制方程

湍流是自然界非常普遍的流动类型，湍流运动的特征是在运动过程中流体质点具有不断地互相混掺的现象，速度和压力等物理量在空间和时间上均具有随机性质的脉动值。

式(1－11)是三维瞬态 Navier－Stokes 方程，无论对层流还是湍流均适用。但对于湍流，如果直接求解三维瞬态的控制方程，需采用对计算机内存和速度要求很高的直接模拟方法，但目前还不可能在实际工程中采用此方法。工程中广为采用的方法是对瞬态 Navier－Stokes 方程做时间平均处理，同时补充反映湍流特性的其他方程，如湍动能方程和湍流耗散率方程等。

1.4.2 守恒型控制方程

在上一节给出的各基本控制方程及式(1－20)所代表的通用控制方程中，对流项均采用散度的形式表示，如式(1－20)中对流项写作 $\mathrm{div}(\rho u\phi)$，物理量都在微分符号内。在许多文献中，称这种形式的方程为守恒型控制方程，或控制方程的守恒形式(conservation form)。

与下面要介绍的非守恒型控制方程相比，守恒型控制方程更能保持物理量守恒的性质，特别是在有限体积法中可方便地建立离散方程，因此，得到较为广泛的应用。为便于以后引用，现将上一节所给出的各守恒型控制方程列于表1－2。

表1－2 三维、瞬态、可压、牛顿流体的流动与传热问题的守恒型控制方程

方程名称	方程形式
连续方程	$\frac{\partial\rho}{\partial t}+\mathrm{div}(\rho \boldsymbol{u})=0$
x 动量方程	$\frac{\partial(\rho u)}{\partial t}+\mathrm{div}(\rho u\boldsymbol{U})=\mathrm{div}(\mu\,\mathrm{grad}u)-\frac{\partial p}{\partial x}+S_u$
y 动量方程	$\frac{\partial(\rho v)}{\partial t}+\mathrm{div}(\rho v\boldsymbol{U})=\mathrm{div}(\mu\,\mathrm{grad}v)-\frac{\partial p}{\partial y}+S_v$
z 动量方程	$\frac{\partial(\rho w)}{\partial t}+\mathrm{div}(\rho w\boldsymbol{U})=\mathrm{div}(\mu\,\mathrm{grad}w)-\frac{\partial p}{\partial z}+S_w$
能量方程	$\frac{\partial(\rho T)}{\partial t}+\mathrm{div}(\rho uT)=\mathrm{div}\left(\frac{k}{c}\mathrm{grad}\,T\right)+S_T$
状态方程	$p=p(\rho,\ T)$

1.4.3 非守恒型控制方程

近年来，在许多文献中还常见到非守恒型控制方程。将式(1－20)的瞬态项和对流项中的物理量从微分符号中移出，式(1－20)所代表的通用控制方程可写成：

$$\phi\frac{\partial\rho}{\partial t}+\rho\frac{\partial\phi}{\partial t}+\phi\frac{\partial(\rho u)}{\partial x}+\rho u\frac{\partial\phi}{\partial x}+\phi\frac{\partial(\rho v)}{\partial y}+\rho v\frac{\partial\phi}{\partial y}+\phi\frac{\partial(\rho w)}{\partial z}+\rho w\frac{\partial\phi}{\partial z}=\mathrm{div}(\Gamma\mathrm{grad}\,\phi)+S \tag{1-22}$$

根据连续性方程式(1－3)，式(1－22)可简化为式(1－23)：

$$\rho\left(\frac{\partial\phi}{\partial t}+u\frac{\partial\phi}{\partial x}+v\frac{\partial\phi}{\partial y}+w\frac{\partial\phi}{\partial z}\right)=\mathrm{div}(\Gamma\mathrm{grad}\,\phi)+S \tag{1-23}$$

式(1－22)即通用控制方程的非守恒形式(non－conservation form)。据此，可得质量守恒方程、动量方程、能量方程的非守恒形式。

从微元体的角度看，控制方程的守恒型与非守恒型是等价的，都是物理守恒定律的数学表示。但对有限大小的计算体积，两个形式的控制方程是有区别的。非守恒型控制方程便于对由此生成的离散方程进行理论分析，而守恒型控制方程能更好保持物理量守恒的性质，便于克服对流项非线性引起的问题，且便于采用非矩形网格离散。本书后续案例主要使用守恒型控制方程来建立基于有限体积法的离散方程。

1.5 CFD 的求解过程

为进行 CFD 计算，用户可借助商用软件来完成，也可自己直接编写计算程序，两种方法的基本工作过程相同。

1.5.1 总体计算流程

无论是流动问题、传热问题，还是污染物的运移问题，抑或稳态问题、瞬态问题，其求解过程都可用图 1 –2 表示。

如果所求解的问题是瞬态问题，则可将图 1 –2 的过程理解为一个时间步的计算过程，循环这一过程求解下个时间步的解。下面对各求解步骤进行简单介绍。

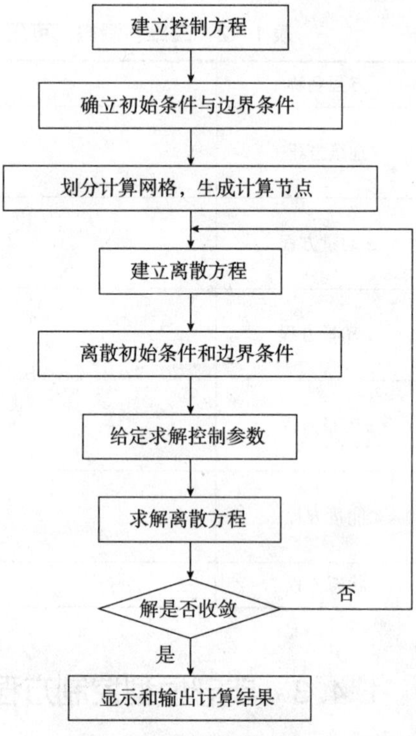

图 1 –2 CFD 工作流程

1.5.2 建立控制方程

求解任何问题前首先需要建立控制方程，对于一般的流体流动，可根据 1.3 节和 1.4 节的分析直接写出其控制方程。例如，对于水流在水轮机内的流动分析问题，若没有热交换发生，则可直接将连续性方程式(1 –3)与动量方程式(1 –9)作为控制方程使用。当然，由于水轮机内的流动大多是处于湍流范围，因此，一般情况下，需要增加湍流方程。

1.5.3 确定初始条件与边界条件

初始条件与边界条件是控制方程有确定解的前提，控制方程与相应的初始条件、条件的组合构成物理过程完整的数学描述。

初始条件是所研究对象在过程开始时刻各个求解变量的空间分布情况。对于瞬态问题，必须给定初始条件。对于稳态问题，不需要初始条件。

边界条件是在求解区域的边界上所求解的变量或其导数随地点和时间的变化规律。对于任何问题，都需要给定边界条件。例如，对管道内的流动进行计算，在管道入口截面上，可以给定速度、压力沿半径方向的分布，而在管壁上，对速度取无滑移边界条件。

对于初始条件和边界条件的处理，直接影响计算结果的精度。

1.5.4 划分计算网格，生成计算节点

采用数值方法求解控制方程时，都是想方设法将控制方程在空间区域上进行离散，然后求解得到离散方程组。要想在空间域上离散控制方程，必须使用网格。现已发展出多种对各种区域进行离散以生成网格的方法，统称为网格生成技术。

不同问题采用不同数值解法时，所需的网格形式有一定区别，但生成网格的方法基本一致。目前，网格分为结构化网格和非结构化网格两大类。简单地讲，结构化网格在空间上比较规范，如对一个四边形区域，网格往往是成行成列分布的，有较为明显的行线和列线。而非结构化网格在空间分布上没有明显的行线和列线。

对于二维问题，常用的网格单元的形式有三角形和四边形等；对于三维问题，常用的网格单元的形式有四面体、六面体、三棱体等。在整个计算域上，网格通过节点联系在一起。对于 ANSYS 系列的 CFD 软件（如 FLUENT、CFX 等）可以使用 ICEM 或 GAMBIT 等作为网格生成工具，另外，多数 CFD 软件可接收采用其他 CAD 或 CFD/FEM 软件产生的网格模型。

若问题不是特别复杂，用户也可自行编程生成网格。

1.5.5 建立离散方程

对于在求解域内所建立的偏微分方程，理论上可以求得真解（也称精确解或解析解）。但由于所处理的问题自身的复杂性，一般很难获得方程的真解，需要通过数值方法把计算域内有限数量位置（网格节点或网格中心点）上的因变量值当作基本未知量来处理，建立一组关于这些未知量的代数方程组，然后通过求解代数方程组来得到这些节点值，计算域内其他位置上的值，则根据节点位置上的值来确定。

由于所引入的应变量在节点之间的分布假设及推导离散化方程的方法不同，形成了有限差分法、有限元法、有限元体积法等不同类型的离散化方法。

在同一种离散化方法中，如在有限体积法中，式（1－20）对流项所采用的离散格式不同，也将导致不同形式的离散方程。

对于瞬态问题，除在空间域上的离散外，还涉及在时间域上的离散。离散后，将涉及使用何种时间积分方案的问题。

1.5.6 离散初始条件和边界条件

一般来说，给定的初始条件和边界条件是连续性的，如在静止壁面上速度为0，现在需要针对所生成的网格，将连续型的初始条件和边界条件转化为特定节点上的值，如静止壁面上共有200个节点，则这些节点上的速度值应均设为0。这样，结合1.5.5节在各节点处所建立的离散方程，才能对方程组进行求解。

在商用 CFD 软件中，通常在前处理阶段完成网格划分后，直接在边界上指定初始条件和边界条件，然后由前处理软件自动将这些初始条件和边界条件按离散的方式分配到相应的节点上。

1.5.7 给定求解控制参数

在离散空间上建立了离散化的代数方程组，并施加离散化的初始条件和边界条件后，还需要给定流体的物理参数和湍流模型的经验系数等。此外，还要给定迭代计算的控制精度、瞬态问题的时间步长和输出频率等。

在 CFD 理论中，这些参数并不值得去探讨和研究，但在实际应用中，它们对计算的精度和效率有着重要的影响。

1.5.8 求解离散方程

在进行上述设置后，生成了具有定解条件的代数方程组。对于这些方程组，数学上已有相应的解法，如线性方程组可采用 Gauss 消去法或 Gauss - Seidel 迭代法求解，而对非线性方程组，可采用 Newton - Raphson 方法。在商用 CFD 软件中，通常会提供多种解法，以适应不同类型的问题。这部分内容属于求解器的设置范畴。

1.5.9 判断解的收敛性

对于稳态问题的解，或是瞬态问题在某个特定时间步上的解，通常要通过多次迭代才能得到。有时，网格形式或网格大小、对流项的离散插值格式等，可能导致解的发散。对于瞬态问题，若采用显式格式进行时间域上的积分，当时间步长过大时，也可能造成解的振荡或发散。因此，在迭代过程中，要对解的收敛性随时进行监视，并在系统达到指定精度后，结束迭代过程。

这部分内容属于经验性的，需要针对不同情况进行分析。

1.5.10 显示和输出计算结果

得出各计算节点上的解后，需要通过适当的手段将整个计算域上的结果表示出来，可采用线值图、矢量图、等值线图、流线图、云图等方式对计算结果进行表示。

线值图是指在二维或三维空间上，将横坐标取为空间长度或时间历程，将纵坐标取为某一物理量，然后用光滑曲线或曲面在坐标系内绘制出某一物理量沿着空间或时间的变化情况。矢量图是直接给出二维或三维空间里矢量(如速度)方向及大小，一般用不同颜色和长度的箭头表示不同矢量。矢量图可以比较容易地让用户发现其中存在的旋涡区。等值线图是用不同颜色的线条表示相等物理量(如温度)的一条线。流线图是用不同颜色线条表示质点运动轨迹。云图是使用渲染的方式，将流场某个截面上的物理量(如压力、温度和速度等)用连续变化的颜色表示其分布。

1.6 CFD 软件结构

上一节的 CFD 工作流程图是按照 CFD 的实际求解过程给出的，从使用者的角度来看，该过程可能有些复杂。为方便用户使用 CFD 软件处理不同类型的工程问题，一般的 CFD 商用软件将复杂的 CFD 过程集成，通过一定的接口，让用户快速地输入问题的有关参数。所有的商用 CFD 软件均包括三个基本环节：前处理、求解和后处理，与之对应的程序模块简称为前处理器、求解器、后处理器。本节结合 CFD 软件的相关内容，简要介绍这三个程序模块。

1.6.1 前处理器

前处理器(preprocessor)用于完成前处理工作。前处理环节是向 CFD 软件输入所求问题的相关数据，该过程借助与求解器相对应的对话框等图形界面来完成。在前处理阶段用户需要进行以下工作：

- 定义所求问题的几何计算域。
- 将计算域划分成多个互不重叠的子区域，形成由单元组成的网格。
- 对所要研究的物理现象和化学现象进行抽象，选择相应的控制方程。
- 定义流体的属性参数。
- 为计算域边界处的单元指定边界条件。
- 对于瞬态问题，指定初始条件。

流动问题的解是在单元内部的节点上定义的，解的精度由网格中单元的数量所决定。一般来讲，单元越多、尺寸越小，所得到的解的精度越高，但所需要的计算机内存资源及 CPU 时间也相应增加。为了提高计算精度，在物理量梯度较大的区域，以及用户感兴趣的区域，通常要加密计算网格。在前处理阶段生成计算网格时，关键要将计算精度与计算成本之间的平衡把握好。

目前在使用商用 CFD 软件进行计算时，可以使用 CFD 软件自身的前处理器来生成几何模型，也可以借用其他商用 CFD 或 CAD/CAE 软件(如 PATRAN、ANSYS、I - DEAS、Pro/ENGINEER 等)提供的几何模型。此外，指定流体参数的任务也需要在前处理阶段进行。

1.6.2 求解器

求解器(solver)的核心是数值求解方案。常用的数值求解方案包括有限差分法、有限元法和有限体积法等。各种数值求解方案的主要差别在于流动变量被近似的方式及相应的离散化过程。总体上讲，这些方法的求解过程大致相同，包括以下几个步骤：

- 借助简单函数来近似代替待求的流动变量。
- 将该近似关系代入连续型的控制方程中，形成离散方程组。

· 求解代数方程组。

1.6.3 后处理器

后处理的目的是有效地观察和分析流动计算结果。随着计算机图形功能的增强，目前的 CFD 软件均配备了后处理器(postprocessor)提供较为完善的后处理功能，包括以下内容：

· 计算域的几何模型及网格显示。

· 矢量图(如速度矢量线)。

· 等值线图。

· 填充型的等值线图(云图)。

· XY 散点图。

· 粒子轨迹图。

· 图像处理功能(平移、缩放、旋转等)。

借助后处理功能，还可动态模拟流动效果，直观地了解 CFD 的计算结果。

1.7 常用的 CFD 商用软件

为了完成 CFD 计算，过去大多是用户自己编写计算程序，但 CFD 的复杂性及计算机软硬件条件的多样性，使得用户各自的应用程序缺乏通用性，而 CFD 本身又有其鲜明的系统性和规律性，因此，建立和完善通用的商用软件进行计算是一个很好的选择。1981 年以来，出现了如 PHOENICS、CFX、STAR - CD、NUMECA、FLUENT 等商用 CFD 软件，这些软件具有以下最显著的特点：

· 功能比较全面、适用性强，几乎可以求解工程界的各种复杂问题。

· 具有比较易用的前后处理系统和与其他 CAD 及 CFD 软件的接口能力，便于用户快速完成造型、网格划分等工作。同时，还可让用户扩展自己的开发模块。

· 具有比较完备的容错机制和操作界面，稳定性高。

· 可在多种计算机、多种操作系统，包括并行环境下运行。

随着计算机技术的快速发展，这些商用软件在工程界正在发挥着越来越大的作用。下面对 FLUENT 和 CFX 软件进行简单介绍。

1.7.1 FLUENT

FLUENT 是由美国 FLUENT 公司于 1983 年推出的 CFD 软件。它是继 PHOENICS 软件之后第二个投放市场的基于有限体积法的软件，是目前功能最全面、适用性最广、国内使用最广泛的 CFD 软件之一。

FLUENT 提供了非常灵活的网格特性，让用户可以使用非结构网格，包括三角形、四边形、四面体、六面体、金字塔形网格来解决具有复杂外形的流动，甚至可以用混合型非结构网格。它允许用户根据解的具体情况对网格进行修改(细化/粗化)。FLUENT 使用

GAMBIT作为前处理软件，可读入多种CAD软件的三维几何模型和多种CAE软件的网格模型，另外，标准网格软件ICEM也是FLUENT很好的前处理软件。

FLUENT包含基于压力的分离求解器、基于密度的隐式求解器、基于密度的显式求解器。多求解器技术使FLUENT软件可以用来模拟从不可压缩到高超声速范围内的各种复杂流场。FLUENT软件包含非常丰富、经过工程确认的物理模型，由于采用了多种求解方法和多重网格加速收敛技术，FLUENT能达到最佳的收敛速度和求解精度。灵活的非结构化网格和基于解的自适应网格技术及成熟的物理模型，可以模拟高超声速流场、传热与相变、化学反应与燃烧、多相流、旋转机械、动/变形网格、噪声、材料加工等复杂机理的流动问题。

FLUENT可让用户定义多种边界条件，如流动入口及出口边界条件、壁面边界条件等，可采用多种局部的笛卡尔和圆柱坐标系的分量输入，所有边界条件均可随空间和时间变化，包括轴对称和周期变化等。FLUENT提供的用户自定义子程序功能，可让用户自行设定连续方程、动量方程、能量方程或组分输运方程中的体积源项，自定义边界条件、初始条件、流体的物性、添加新的标量方程和多孔介质模型等。

FLUENT采用C语言编写，可实现动态内存分配及高效数据结构，具有很大的灵活性与很强的处理能力。此外，FLUENT使用Client/Server结构，它允许同时在用户桌面工作站和强有力的服务器上分离地运行程序。FLUENT可以在Windows、Linux、UNIX操作系统下运行，支持并行处理。

在FLUENT中，解的计算与显示可以通过交互式的用户界面来完成。用户界面通过Scheme语言编写，高级用户可以通过写菜单宏、菜单函数自定义及优化界面。用户还可使用基于C语言的用户自定义函数功能对FLUENT进行扩展。

FLUENT系列软件POLYFLOW、FIDAP，工程设计软件FloWizard、FLUENT for CATIAV5、TGrid、G/Turbo，CFD教学软件FlowLab，面向特定专业应用的ICEPAK、AIRPAK、MIXSIM软件等。POLYFLOW是基于有限元法的CFD软件，专用于黏弹性材料的层流流动模拟，适用于塑料、树脂等高分子材料的挤出成型、吹塑成型、拉丝、层流混合、涂层过程中的流动及传热和化学反应问题。FloWizard是高度自动化的流动模拟工具，允许用户进行设计及在产品开发的早期阶段迅速而准确地验证设计，引导用户完成整个模拟过程，使模拟过程变得非常容易。FLUENT for CATIAV5是专门为CATIA用户定制的CFD软件，将FLUENT完全集成在CATIAV5内部，用户就像使用CATIA其他分析环境一样使用FLUENT软件。G/Turbo是专业的叶轮机械网格生成软件。AIRPAK是面向HVAC工程师的CFD软件，并依照ISO 7730标准提供舒适度、PMV、PPD等衡量室内外空气质量(IAQ)的技术指标。MIXSIM是专业的搅拌槽CFD模拟软件。

2006年，FLUENT被ANSYS公司收购。

1.7.2 CFX

CFX是第一个通过ISO 9001质量认证的商业CFD软件，由英国AEA Technology公司开发。2003 年，CFX 被 ANSYS 公司收购。CFX 是一款通用的流体动力学软件，其优秀的求解技术是快速、稳健地获得可靠准确结果的关键。现代化的、高度并行的求解器是大量物理模型的基础，这些物理模型能虚拟地捕捉任意和流动相关的现象。该求解器丰富的物理模型被包装为一个现代的、直观的、灵活的用户界面，并可以用对话文件、脚本和强大的表达式语言进行定制和自动化。目前，CFX 在航空航天、旋转机械、能源、石油化工、机械制造、汽车、生物技术、水处理、火灾安全、冶金、环保等领域得到广泛使用。

和大多数 CFD 软件不同的是，CFX 采用了基于有限元的有限体积法。基于有限元的有限体积法保证了在有限体积法的守恒特性的基础上，吸收有限元法的数值精确性。在 CFX 中，基于有限元的有限体积法，对六面体网格单元采用 24 点插值，而单纯的有限体积法仅采用 6 点插值；对四面体网格单元采用 60 点插值，而单纯的有限体积法仅采用 4 点插值。在湍流模型的应用上，除常用的湍流模型外，CFX 首先使用了大涡模拟(LES)和分离涡模拟(DES)等高级湍流模型。

CFX 是第一个发展和使用全隐式多网格耦合求解技术的商业化软件，这种求解技术避免了传统算法需要“假设压力项—求解—修正压力项”的反复迭代过程，而同时求解动量方程和连续方程，加上其多网格技术，CFX 的计算速度和稳定性较传统方法提高了许多。此外，CFX 的求解器在并行环境下获得了极好的可扩展性。CFX 可运行于 Windows、Linux、UNIX 操作系统。

CFX 可计算的物理问题包括可压与不可压流动、耦合传热、热辐射、多相流、粒子输送过程、化学反应和燃烧等问题。还拥有如气蚀、凝固、沸腾、多孔介质、相间传质、非牛顿流、喷雾干燥、动静干涉、真实气体等大批复杂现象的实用模型。在其湍流模型中，纳入了 $k-\varepsilon$ 模型、低 Reynolds 数 $k-\varepsilon$ 模型、低 Reynolds 数 Wilcox 模型、代数 Reynolds 应力模型、微分 Reynolds 应力模型、微分 Reynolds 通量模型、SST 模型和大涡模型。

CFX 为用户提供了表达式语(CEL)及用户子程序等不同层次的用户接口程序，允许用户加入自己的特殊物理模型。

CFX 的前处理模块是 ICEM CFD，所提供的网格生成工具包括表面网格、六面体网格、四面体网格、棱柱体网格(边界层网格)、四面体与六面体混合网格、自动六面体网格、全局自动笛卡尔网格生成器等。在生成网格时，可实现边界层网格自动加密、流场变化剧烈区域网格局部加密、分离流模拟等。

ICEM CFD 除提供自己的实体建模工具外，其网格生成工具也可集成在 CADK 境中，用户可在自己的 CAD 系统中进行 ICEM CFD 的网格划分设置，如在 CAD 中选择面、线并分配网格大小属性等。这些数据可存储在 CAD 的原始数据库中，用户在对几何模型进行修改时也不会丢失相关的 ICEM CFD 设定信息。另外，CAD 软件中的参数化几何模型工具可与 ICEM CFD 中的网格生成及网格优化等模块直接连接，大大缩短了几何模型变化之后的网格再生成时间。其接口适用于 SolidWorks、CATIA、Pro/ENGINEER、Ideas、Unigraphics 等 CAD 系统。

1995 年，CFX 收购了旋转机械领域著名的加拿大 ASC 公司，推出了专业的旋转机械设计与分析模块 CFX - Tascflow。CFX - Tascflow 一直占据着旋转机械 CFD 市场的大量份额，是典型的气动/水动力学分析和设计工具。此外，还有两个辅助分析工具 BladeGen 和 TurboGrid。BladeGen 是交互式涡轮机械叶片设计工具，用户通过修改元件库参数或完全依靠 BladeGen 中的工具设计各种旋转和静止叶片元件及新型叶片，对各种轴向流和径向流叶型，使 CAD 设计在几分钟内即可完成。TurboGrid 是叶栅通道网格生成工具。CFX 采用创新性的网格模板技术，结合参数化能力，工程师可以快捷地为绝大多数叶片类型生成高质量叶栅通道网格，用户需提供的只是叶片数目、叶片及轮毂和外罩的外形数据文件。

本章小结

本章简要介绍了利用 CFD 求解复杂流体流动与热传导问题的基本概念和基本工作过程。给出了流动控制方程的表达式，并结合后面要介绍的方程离散及编程，探讨了控制方程的通用表达式。

本章可以让读者对 CFD 有一个总体上的认识，了解 CFD 的基本工作思路。本章的内容是学好 CFD 技术的基础和关键所在，读者必须将其中的基本概念搞清楚，因为这些概念及其基本思想和技术路线将贯穿本书后续各章。

需要说明的是，CFD 所涉及的基础知识远不止这些，如控制方程的分类(椭圆型、抛物线型、双曲型)及控制方程中源项的表达式等内容，也需要通过阅读相关文献来掌握，但考虑不是学习本书所必需的，因此，没有予以更多介绍。

复习思考题

(1)计算流体动力学的基本任务是什么？

(2)什么叫控制方程？常用的控制方程有哪几个？分别用在什么场合？

(3)给出推导牛顿流体的 Navier - Stokes 方程的详细过程。

(4)研究控制方程通用形式的意义何在？分析控制方程通用形式中各项的意义。

(5)试写出变径圆管内液体流动的控制方程及其边界条件(假定没有热交换)，并写出用 CFD 来分析时的求解过程。注意说明控制方程如何使用。

(6)CFD 商用软件与用户自行设计的 CFD 程序相比，各有何优势？常用的商用 CFD 软件有哪些？特点是什么？

第 2 章 基于有限体积法的控制方程离散

第 1 章给出了流体流动问题的控制方程，并介绍了 CFD 的基本思想与实现过程。从本章开始，逐一介绍开展 CFD 计算的各个环节，本章讨论如何对控制方程进行离散。考虑目前大多数 CFD 软件使用有限体积法，本书介绍的离散过程及数值求解方法将全部基于有限体积法。

2.1 离散化概述

在对指定问题进行 CFD 计算之前，首先要将计算区域离散化，即将空间上连续的计算区域划分成许多个子区域，并确定每个区域中的节点，从而生成网格。然后，将控制方程在网格上离散，即将偏微分方程的控制方程转化为各个节点上的代数方程组。此外，对于瞬态问题，还要涉及时间域离散。由于时间域离散相对比较简单，本节重点讨论空间域离散。

2.1.1 离散化的目的

对于在求解域内所建立的偏微分方程，理论上可以求得真解(也称精确解或解析解)。但是，由于所处理的问题自身的复杂性，如复杂的边界条件，或者方程自身的复杂性等，很难获得偏微分方程的真解，需要通过数值的方法把计算域内有限数量位置(即网格节点)上的因变量值当作基本未知量来处理，从而建立一组关于这些未知量的代数方程。然后通过求解代数方程组来得到这些节点值，而计算域内其他位置上的值则根据节点位置上的值来确定。因此，偏微分方程定解问题的数值解法可分为两个阶段：首先，用网格线将连续的计算域划分为有限离散点(网格节点)集，并选取适当的方法将微分方程及其定解条件转化为网格节点上相应的代数方程组，即建立离散方程组；其次，在计算机上求解离散方程组，得到节点上的解。节点之间的近似解，一般认为光滑变化，原则上可以应用插值方法确定，从而得到定解问题在整个计算域上的近似解。这种用变量的离散分布近似解代替定解问题精确解的连续数据的方法称为离散近似。可以预料，当网格节点很密时，离散方程的解将趋近于相应微分方程的精确解。

除对空间域进行离散化处理外，对于瞬态问题，在时间坐标上也需要进行离散化，即将求解对象分解为若干时间步进行处理。

2.1.2 网格

在计算流体动力学中，按一定规律分布于流场中离散点的集合称为网格。网格是离散的基础，网格节点是离散化的物理量的存储位置，网格在离散过程中起着关键的作用。一般而言，网格划分越密，得到的结果就越精确，但耗时也越多。数值计算结果的精度及效率主要取决于网格及划分时所采用的算法，它和控制方程的求解是数值模拟中最重要的两个环节。

一般情况下，在二维问题中，有三角形和四边形单元，在三维问题中，有四面体、六面体、棱锥体和楔形体等单元。

不同的离散方法，对网格的要求和使用方式不同。表面上看起来一样的网格布局，当采用不同的离散化方法时，网格和节点具有不同的含义和作用。例如，在下面将要介绍的有限元法，将物理量存储在真实的网格节点上，将单元看作由周边节点及形函数构成的统一体，而有限体积法将物理量存储在网格单元的中心点上，而将单元看作围绕中心点的控制体积，或者在真实网格节点定义和存储物理量，而在节点周围构造控制体积。

2.1.3 常用的离散化方法

(1)有限差分法(FDM)

有限差分法，又称差分方法，是一种以差商代替微商，以差分方程逼近微分方程，通过求网格点上的函数值来求解偏微分(或常微分)方程和方程组定解问题的数值解法。其基本做法是：把问题的定义域进行网格剖分，然后在网格点上，按适当的数值微分公式把定解问题中的微商换成差商，从而把原问题离散化为差分格式(也称差分方程)，进而求出数值解。有限差分法具有简单、灵活及通用性强等特点，容易在计算机上实现，已成为一个重要的数值求解方法，在工程领域有着广泛的应用背景。

有限差分法数学概念直观，表达简单，是发展较早且比较成熟的数值方法，适用于求解双曲型和抛物线型问题，但对求解边界条件复杂，尤其是椭圆型问题不如有限元法或有限容积法方便。

(2)有限元法(FEM)

有限元法的基础是变分原理和加权余量法，其基本求解思想是把计算域划分为有限个互不重叠的单元，在每个单元内，选择一些合适的节点作为求解函数的插值点，将微分方程中的变量改写成由各变量或其导数的节点值与所选用的插值函数组成的线性表达式，借助变分原理或加权余量法，将微分方程离散求解。采用不同的权函数和插值函数形式，便构成不同的有限元方法。在有限元法中，把计算域离散剖分为有限个互不重叠且相互连接的单元，在每个单元内选择基函数，用单元基函数的线形组合来逼近单元中的真解，整个计算域上总体的基函数可以看作由每个单元基函数组成的，则整个计算域内的解可以看作由所有单元上的近似解构成的。有限元法最早应用于结构力学，后来随着计算机的发展慢慢用于流体动力学的数值模拟。

有限元法吸收了有限差分法中离散处理的内核，又继承了变分计算中选择试探函数并对区域积分的合理方法，是这两种方法相互结合、取长补短发展的结果，具有广泛的适应性，特别适用于几何及物理条件比较复杂的问题，并且便于程序的标准化，对椭圆型方程问题有更好的适应性。

有限元法编程较复杂，存储量大，计算量大，求解速度比有限差分法和有限体积法慢，因此，在商用 CFD 软件中应用并不普遍。目前的商用 CFD 软件中，FIDAP 和 COMSOL 采用的是有限元法。

(3)有限体积法(FVM)

有限体积法是近年发展非常迅速的一种离散化方法，其特点是计算效率高。目前在 CFD 领域得到广泛的应用，大多数商用 CFD 软件都采用这种方法。本书将主要介绍有限体积法。

2.2 有限体积法

2.2.1 有限体积法的基本思想

有限体积法又称控制体积法(Control Volume Method，CVM)，其求解基本思路是：将计算区域划分为网格，并使每个网格点周围有一个互不重复的控制体积，将待解微分方程(控制方程)对每一个控制体积积分，从而得出一组离散方程，其中的未知数是网格点上的因变量 ϕ。为了求出控制体积的积分，必须假定 ϕ 值在网格点之间的变化规律。从积分区域的选取方法来看，有限体积法属于加权余量法中的子域法，从未知解的近似方法来看，有限体积法属于采用局部近似的离散方法。简单来说，子域法加离散方法，就是有限体积法的基本方法。

有限体积法的基本思想易于理解，并能够得出直接的物理解释。离散方程的物理意义，就是因变量 ϕ 在有限大小的控制体积中的守恒原理，如同微分方程表示因变量在无限小的控制体积中的守恒原理一样。

有限体积法得出的离散方程，要求因变量的积分守恒对任意一组控制体积都得到满足，对整个计算区域，自然也得到满足。这是有限体积法的优点。有一些离散方法，如有限差分法，仅当网格极其细密时，离散方程才满足积分守恒，而有限体积法即使在粗网格情况下，也显示出准确的积分守恒。

就离散方法而言，有限体积法可视作有限元法和有限差分法的中间物。有限元法必须假定 ϕ 值在网格节点之间的变化规律(插值函数)，并将其作为近似解。有限差分法只考虑网格点上 ϕ 的数值而不考虑 ϕ 值在网格节点之间如何变化。有限体积法只寻求 ϕ 的节点值，这与有限差分法类似，但有限体积法在寻求控制体积的积分时，必须假定 ϕ 值在网格点之间的分布，这又与有限单元法类似。在有限体积法中，插值函数只用于计算控制体积的积分，得出离散方程后，插值函数就可忽略，如果需要，可对微分方程中不同的项采取不同的插值函数。

2.2.2　控制体积积分法的步骤及型线

(1)将守恒型的控制方程在任一控制容积及时间间隔内对空间与时间进行积分。

(2)选定未知函数及其导数对时间及空间的局部分布曲线(型线)，即如何从相邻节点的函数值来确定控制容积界面上被求函数值的插值方式。

(3)对控制方程各项按选定的型线作出积分，并整理成关于节点上未知值的代数方程。

实施控制体积积分法时常用两种型线形式：分段线性(piecewise - linear)分布和阶梯式(stepwise)分布，图 2 - 1 为这两种型线随空间坐标和时间变化的示意。

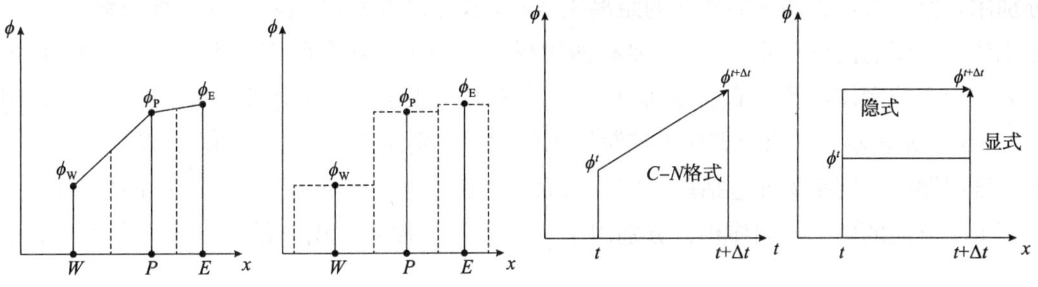

(a) 分段线性分布　　(b) 阶梯式分布

图 2 - 1　两种型线示意

2.2.3　有限体积法使用的网格

与其他离散化方法相同，有限体积法的核心体现在区域离散方式上。区域离散化的实质就是用有限个离散点来代替原来的连续空间。有限体积法的区域离散实施过程是：把所计算的区域划分成多个互不重叠的子区域，即计算网格(grid)，然后确定每个子区域中的节点位置及该节点所代表的控制体积。区域离散化过程结束后，可得到以下四种几何要素：

· 节点(node)：需要求解的未知物理量的几何位置。

· 控制体积(control volume)：应用控制方程或守恒定律的最小几何单位。

· 界面(face)：它规定了与各节点相对应的控制体积的分界面位置。

· 网格线(grid line)：联结相邻两节点而形成的曲线簇。

节点可以作为控制体积的代表。在离散过程中，将一个控制体积上的物理量定义并存储在该节点处。图 2 - 2 所示为一维问题的有限体积法计算网格，图中标出了节点、控制体

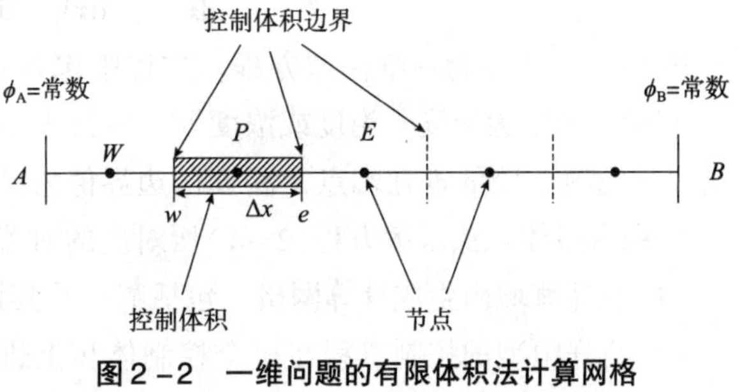

图 2 - 2　一维问题的有限体积法计算网格

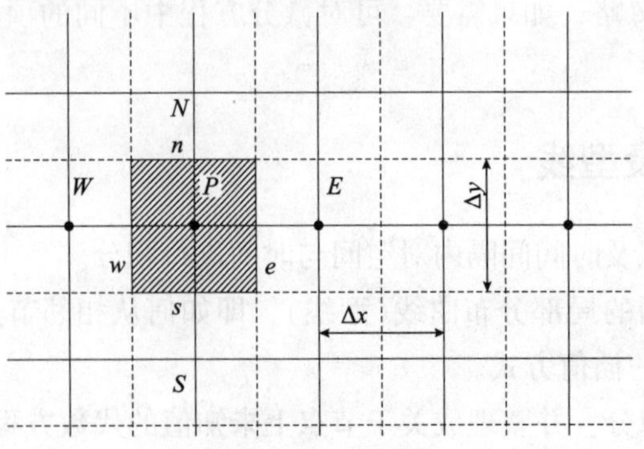

图2-3　二维问题的有限体积法计算网格

积、边界和网格线。图2-3所示为二维问题的有限体积法计算网格。

2.2.4　网格的标记

为便于后续分析，需建立一套标记系统。本书使用CFD文献中常用标记方法表示控制体积、节点、界面等信息。一维问题主要采用线网格，用P表示所研究的节点和其控制体积，东侧相邻的节点和其控制体积用E表示，西侧相邻的节点和其控制体积用W表示；控制体积P的东西两个界面分别用e和w表示，两个界面间的距离用Δx表示，如图2-2所示。在二维问题中，有限体积法所使用的网格单元(cell)主要有四边形和三角形，在东西南北方向上与控制体积P相邻的四个控制体积及其节点分别用E、W、S和N表示，控制体积P的四个界面分别用e、w、s和n表示，在两个方向上控制体积的宽度分别用Δx和Δy表示，如图2-3所示。在三维问题中，网格单元包括四面体、六面体、棱锥体和楔形体等，在二维网格基础上增加了上下方向的两个控制体积，分别用T和B表示，控制体积P的上下界面分别用t和b表示。

2.3　求解一维稳态问题的有限体积法

对于一给定的微分方程，可以采用有限体积法建立其对应的离散方程。本节以一维稳态问题为例，针对其基本控制方程，说明采用有限体积法生成离散方程的方法和过程，并对离散方程的求解进行简要介绍。

2.3.1　问题的描述

在第1章中给出了关于流体流动问题的控制方程。无论是连续性方程、动量方程，还是能量方程，都可写成如式(1-20)所示的通用形式。在此，只考虑稳态问题，可写出与式(1-20)相对应的一维问题的控制方程：

$$\frac{\mathrm{d}(\rho u\phi)}{\mathrm{d}x}=\frac{\mathrm{d}}{\mathrm{d}x}\left(\Gamma\frac{\mathrm{d}\phi}{\mathrm{d}x}\right)+S \tag{2-1}$$

式(2-1)也称为一维模型方程。方程中包含对流项、扩散项和源项。方程中的ϕ是广义变量，可以为速度、温度或浓度等一些待求的物理量，Γ是关于ϕ的广义扩散系数，S是广义源项。变量ϕ在端点A和B的边界值为已知。

应用有限体积法求解方程(2-1)所对应的对流—扩散问题，主要步骤如下：

(1)在计算域内生成计算网格，包括节点及其控制体积。

(2)将守恒型的控制方程在每个控制体积上进行积分(积分时要用到界面处未知量ϕ

及其导数的插值计算公式，即离散格式），得到离散后的关于节点未知量的代数方程组。

(3)求解代数方程组，得到各计算节点的 ϕ 值。

2.3.2　生成计算网格

有限体积法的第一步是将整个计算域划分成离散的控制体积。以图2－2为例，在点 A 和 B 之间的空间域上放置一系列节点，将控制体积的边界（界面）取在两个节点中间的位置，这样，每个节点由一个控制体积所包围。

按照2.2节给出的标记约定，采用 P 来标识一个广义的节点，其东西两侧的相邻节点分别用 E 和 W 标识，同时，与各节点对应的控制体积也用同一字符标识。控制体积 P 的东西两个界面分别用 e 和 w 标识，两界面间的距离用 Δx 表示。E 点至节点 P 的距离用 $(\delta x)_e$ 表示，W 点至节点 P 的距离用 $(\delta x)_w$ 表示，如图2－4所示。

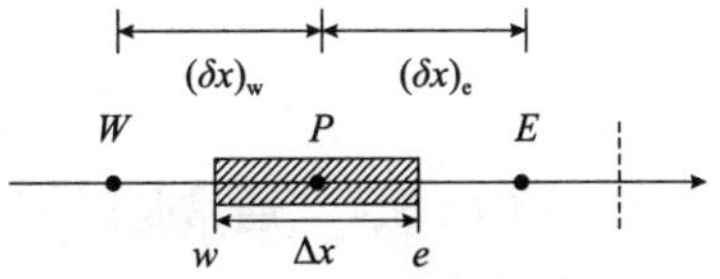

图2－4　一维问题的有限体积法计算网格

2.3.3　建立一维问题离散方程

在控制体积上对控制方程进行积分是有限体积法的关键步骤。对一维模型方程(2－1)，在图2－4所示的控制体积 P 上进行积分，有：

$$\int_{\Delta V}\frac{\mathrm{d}(\rho u\phi)}{\mathrm{d}x}\mathrm{d}V=\int_{\Delta V}\frac{\mathrm{d}}{\mathrm{d}x}\left(\Gamma\frac{\mathrm{d}\phi}{\mathrm{d}x}\right)\mathrm{d}V+\int_{\Delta V}\frac{\mathrm{d}}{\mathrm{d}x}S\mathrm{d}V \tag{2-2}$$

式(2－2)中，ΔV 是控制体积的体积值。对于微元控制体，ΔV 可以表示为 $A\Delta x$，A 为控制体的界面面积。从而，有：

$$(\rho u\phi A)_e-(\rho u\phi A)_w=\left(\Gamma A\frac{\mathrm{d}\phi}{\mathrm{d}x}\right)_e-\left(\Gamma A\frac{\mathrm{d}\phi}{\mathrm{d}x}\right)_w+S\Delta V \tag{2-3}$$

由式(2－3)可知，对流项和扩散项均已转化为控制体积界面上的值。有限体积法最显著的特点之一是离散方程中具有明确的物理插值，即界面的物理量需通过插值的方式由节点的物理量来表示。

为了建立所需要形式的离散方程，需要找出如何表示式(2－3)中界面 e 和 w 处的 ρ、u、Γ、ϕ 和 $\frac{\mathrm{d}\phi}{\mathrm{d}x}$。在有限体积法中，$\rho$、$u$、$\Gamma$、$\phi$ 和 $\frac{\mathrm{d}\phi}{\mathrm{d}x}$ 等物理量均是在节点处定义和计算的。因此，为了计算界面上的这些物理参数（包括其导数），需要一个物理参数在节点间的近似分布。显然，线性近似是用来计算界面物性值的最直接、最简单的方式，这种分布叫作中心差分。如果网格是均匀的，则单个物理参数（以扩散系数 Γ 为例）的线性插值结果为：

$$\Gamma_e=\frac{\Gamma_P+\Gamma_E}{2} \tag{2-4}$$

$$\Gamma_w=\frac{\Gamma_W+\Gamma_P}{2} \tag{2-5}$$

同理，$(\rho u\phi A)_e$ 的线性插值结果为：

$$(\rho u\phi A)_e=(\rho u)_e A_e\frac{\phi_P-\phi_E}{2} \tag{2-6}$$

$$(\rho u\phi A)_w=(\rho u)_w A_w\frac{\phi_W-\phi_P}{2} \tag{2-7}$$

与梯度项相关的扩散通量的线性插值结果为：

$$\left(\Gamma A\frac{\mathrm{d}\phi}{\mathrm{d}x}\right)_e=\Gamma_e A_e\left(\frac{\phi_E-\phi_P}{(\delta x)_e}\right) \tag{2-8}$$

$$\left(\Gamma A\frac{\mathrm{d}\phi}{\mathrm{d}x}\right)_w=\Gamma_w A_w\left(\frac{\phi_P-\phi_W}{(\delta x)_w}\right) \tag{2-9}$$

对于源项 S，它通常是时间和物理量 ϕ 的函数。为了简化处理，经常将 S 转化为如下线性方式：

$$S=S_C+S_P\phi_P \tag{2-10}$$

式(2-10)中，S_C 为常数，S_P 为随时间和物理量 ϕ 变化的项。将式(2-4)~式(2-7)代入方程(2-3)，得到：

$$(\rho u)_e A_e\frac{\phi_P+\phi_E}{2}-(\rho u)_w A_w\frac{\phi_W+\phi_P}{2}=$$

$$\Gamma_e A_e\left(\frac{\phi_E+\phi_P}{(\delta x)_e}\right)-\Gamma_w A_w\left(\frac{\phi_P+\phi_W}{(\delta x)_w}\right)+(S_C+S_P\phi_P)\Delta V \tag{2-11}$$

整理后得：

$$\left(\frac{\Gamma_e}{(\delta x)_e}A_e+\frac{\Gamma_w}{(\delta x)_w}A_w-S_P\Delta V\right)\phi_P=$$

$$\left(\frac{\Gamma_w}{(\delta x)_w}A_w+\frac{(\rho u)_w}{2}A_w\right)\phi_W+\left(\frac{\Gamma_e}{(\delta x)_e}A_e-\frac{(\rho u)_e}{2}A_e\right)\phi_E+S_C\Delta V \tag{2-12}$$

记为：

$$a_P\phi_P=a_W\phi_W+a_E\phi_E+b \tag{2-13}$$

式(2-13)中各项解释见式(2-14)~式(2-17)，

$$a_W=\frac{\Gamma_w}{(\delta x)_w}A_w+\frac{(\rho u)_w}{2}A_w \tag{2-14}$$

$$a_E=\frac{\Gamma_e}{(\delta x)_e}A_e-\frac{(\rho u)_e}{2}A_e \tag{2-15}$$

$$a_P=\frac{\Gamma_e}{(\delta x)_e}A_e+\frac{\Gamma_w}{(\delta x)_w}A_w-S_P\Delta V=a_E+a_W+\frac{(\rho u)_e}{2}A_e+\frac{(\rho u)_w}{2}A_w-S_P\Delta V \tag{2-16}$$

$$b=S_C\Delta V \tag{2-17}$$

对于一维问题，控制体内界面 e 和 w 处的面积 A_e 和 A_w 均为 1，即单位面积。这样，$\Delta V=\Delta x$，式(2-13)中各系数可转化为式(2-18)~式(2-21)：

$$a_W=\frac{\Gamma_w}{(\delta x)_w}+\frac{(\rho u)_w}{2} \tag{2-18}$$

$$a_E = \frac{\Gamma_e}{(\delta x)_e} - \frac{(\rho u)_e}{2} \tag{2-19}$$

$$a_P = a_E + a_W + \frac{(\rho u)_e}{2} + \frac{(\rho u)_w}{2} - S_P \Delta x \tag{2-20}$$

$$b = S_C \Delta x \tag{2-21}$$

方程(2－13)即为方程(2－1)的离散形式，后面将要建立的各种离散方程都将具有(2－13)的形式。

2.3.4　离散方程的求解

为了求解所给出的流体流动问题，必须在整个计算区域的每个节点上都建立式(2－13)所示的离散方程。从而，每个节点上都有一个相应的方程(2－13)，这些方程组成一个含有节点未知量的线性代数方程组。求解这个方程组，就可得到物理量 ϕ 在各节点处的值。原则上，任何可用于求解代数方程组的方法，如 Gauss 消去法，都可完成上述任务，但考虑所生成的离散方程组的系数矩阵不是满秩矩阵，而是具有一定特点的对角阵，因此有更简便的解法。对此，将在第 3 章进一步讨论。

2.4　常用的离散格式

通过上一节的介绍可知，在使用有限体积法建立离散方程时，很重要的一个步骤是将控制体积内任一界面上的物理量及其导数采用插值方式求出。上一节使用了线性插值方式(中心差分格式)。引入插值方式的目的是建立离散方程，不同的插值方式对应于不同的离散结果，因此，插值方式常称为离散格式(discretization scheme)。

由于离散格式并不影响控制方程中的源项及瞬态项，为了便于说明各种离散格式的特性，本节选取一维、稳态、无源项的对流—扩散问题为讨论对象，假定速度场为 u，根据式(2－13)得出关于广义未知量 ϕ 的输运方程：

$$\frac{\mathrm{d}(\rho u \phi)}{\mathrm{d}x} = \frac{\mathrm{d}}{\mathrm{d}x}\left(\Gamma \frac{\mathrm{d}\phi}{\mathrm{d}x}\right) \tag{2-22}$$

显然，研究对象必须满足连续性方程，因此有：

$$\frac{\mathrm{d}(\rho u \phi)}{\mathrm{d}x} = 0 \tag{2-23}$$

图 2－5 为上述研究对象的一维控制体积示意。

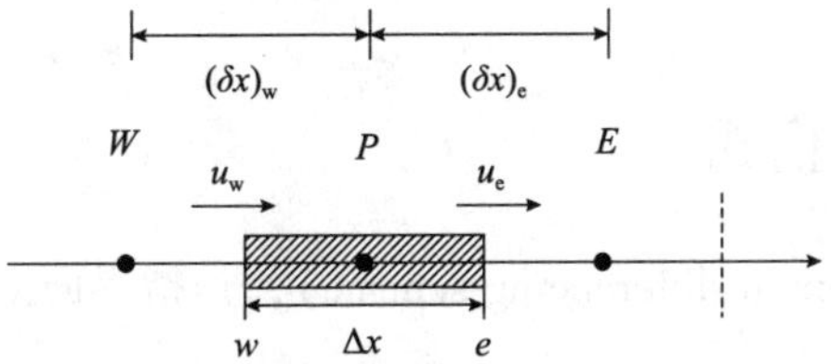

图 2－5　控制体积 P 及界面上的流速

在控制体积 P 上积分输运方程为：

$$(\rho uA\phi)_{e}-(\rho uA\phi)_{w}=\left(\Gamma A\frac{d\phi}{dx}\right)_{e}-\left(\Gamma A\frac{d\phi}{dx}\right)_{w} \tag{2-24}$$

积分连续性方程为：

$$(\rho uA)_{e}-(\rho uA)_{w}=0 \tag{2-25}$$

为了获得对流—扩散问题的离散方程，需要对式(2-24)界面上的物理量作某种近似处理。为后续讨论方便，定义两个新的物理量 F 和 D，其中 F 表示通过界面上单位面积的对流质量通量(Convective mass flux)，简称对流质量流量，D 表示界面的扩散传导性(Diffusion conductance)，如式(2-26)、式(2-27)所示：

$$F=\rho u \tag{2-26}$$

$$D=\frac{\Gamma}{\delta x} \tag{2-27}$$

这样，F 和 D 在控制体积界面上的值分别表示为：

$$F_{w}=(\rho u)_{w},\ F_{e}=(\rho u)_{e} \tag{2-28}$$

$$D=\frac{\Gamma_{w}}{(\delta x)_{w}},\ D=\frac{\Gamma_{e}}{(\delta x)_{e}} \tag{2-29}$$

在此基础上，定义一维单元的 Peclet 数(Pe)：

$$Pe=\frac{F}{D}=\frac{\rho u}{\Gamma/\delta x} \tag{2-30}$$

Pe 表示对流与扩散的强度之比，当 Pe 为 0 时，对流—扩散问题演变为纯扩散问题，即流场中没有流动，只有扩散；当 $Pe>0$ 时，流体沿正 x 方向流动，当 Pe 很大时，对流—扩散问题演变为纯对流问题，扩散的作用可以忽略，当 $Pe<0$ 时，情况正好相反。

此外，再引入两条假定：

①在控制体积的界面 e 和 w 处的界面面积存在如下关系：$A_{w}=A_{e}=A$。

②方程右端的扩散项，总是用中心差分格式来表示。

这样，方程(2-24)可写为：

$$F_{e}\phi_{e}-F_{w}\phi_{w}=D_{e}(\phi_{E}-\phi_{P})-D_{w}(\phi_{P}-\phi_{W}) \tag{2-31}$$

同时，连续性方程(2-25)的积分结果为：

$$F_{e}-F_{w}=0 \tag{2-32}$$

为了求解方程(2-31)，需要计算广义未知量 ϕ 在界面 e 和 w 处的值。为了解决这个问题，必须确定界面物理量如何通过节点物理量来插值表示，这就是下面将讨论的离散格式。

2.4.1 中心差分格式

所谓中心差分格式(central differencing scheme)，是指界面上的物理量采用线性插值公式来计算。

对于一给定的均匀网格，控制体积的界面上物理量 ϕ 的值可以表示为：

$$\phi_e = \frac{\phi_P + \phi_E}{2} \tag{2-33}$$

$$\phi_w = \frac{\phi_P + \phi_W}{2} \tag{2-34}$$

将上式代入式(2－31)中的对流项，得到：

$$\frac{F_e}{2}(\phi_P + \phi_E) - \frac{F_w}{2}(\phi_W + \phi_P) = D_e(\phi_E - \phi_P) - D_w(\phi_P - \phi_W) \tag{2-35}$$

改写上式后，得到：

$$\left(\left(D_w - \frac{F_w}{2}\right) + \left(D_e + \frac{F_e}{2}\right)\right)\phi_P = \left(D_w + \frac{F_w}{2}\right)\phi_W + \left(D_e - \frac{F_e}{2}\right)\phi_E \tag{2-36}$$

引入连续性方程的离散形式(2－32)，式(2－36)变成：

$$\left(\left(D_w - \frac{F_w}{2}\right) + \left(D_e + \frac{F_e}{2}\right) + (F_e - F_w)\right)\phi_P = \left(D_w + \frac{F_w}{2}\right)\phi_W + \left(D_e - \frac{F_e}{2}\right)\phi_E \tag{2-37}$$

将式(2－37)中 ϕ_P、ϕ_W 和 ϕ_E 前的系数分别用 a_P、a_W 和 a_E 表示，得到中心差分格式的对流扩散方程的离散方程：

$$a_P\phi_P = a_W\phi_W + a_E\phi_E \tag{2-38}$$

式(2－38)中，$a_W = D_w + \frac{F_w}{2}$，$a_E = D_e - \frac{F_e}{2}$，$a_P = a_W + a_E + (F_e - F_w)$。

将所有网格节点(控制体积的中心)表示成式(2－38)形式的离散方程，从而组成一个线性代数方程组，方程组中的未知量就是各节点上的 ϕ 值。求解这个方程组，可得到未知量 ϕ 在空间的分布。

系数 a_W 和 a_E 包括扩散与对流作用的影响，其中，系数中的 D_e 与 D_w 是由扩散项的中心差分所形成的，代表扩散过程的影响。系数中与流量 F_e 和 F_w 有关的部分是界面上的分段线性插值方式在均匀网格下的表现，体现了对流的作用。可以证明，当 $Pe<2$ 时，中心差分格式的计算结果与精确解基本吻合。但当 $Pe>2$ 时，中心差分格式所得的解就完全失去了物理意义。从离散方程的系数来说，这是当 $Pe>2$ 时，系数 $a_E<0$ 所造成的。由于系数 a_E 和 a_W 代表了邻点 E 和 W 处的物理量通过对流及扩散作用对 P 点产生影响的大小，当离散方程写成式(2－38)的形式时，a_E、a_W 及 a_P 都必须大于0，负的系数会导致物理上不真实的解。正系数的要求出自方程组迭代求解的考虑。

2.4.2 一阶迎风格式

如前所述，在中心差分格式中，界面 w 处物理量 ϕ 的值总是同时受 ϕ_P 和 ϕ_W 的共同影响。在一个对流占据主导地位的由西向东的流动中，上述处理方式明显是不合适的，这是由于 w 界面应该受到来自节点 W 比来自节点 P 更强烈的影响。迎风格式在确定界面的物理量时则考虑了流动方向。

一阶迎风格式(first order upwind scheme)规定：因对流造成的界面上的 ϕ 值被认为等于上游节点(即迎风侧节点)的 ϕ 值。于是，当流动沿着正方向，即 $u>0$ 和 $u_e>0$(即 $F_w>$

0 和 $F_e>0$)时，可表示为：

$$\phi_w=\phi_W,\ \phi_e=\phi_E \tag{2-39}$$

此时，离散方程(2－31)变为：

$$F_e\phi_P-F_w\phi_W=D_e(\phi_E-\phi_P)-D_w(\phi_P-\phi_W) \tag{2-40}$$

引入连续性方程的离散形式(2－32)，式(2－40)变为：

$$((D_w+F_w)+D_e+(F_e-F_w))\phi_P=(D_w+F_w)\phi_W+D_e\phi_E \tag{2-41}$$

当流动沿着负方向，即 $u<0$ 和 $u_e<0$(即 $F_w<0$ 和 $F_e<0$)时，一阶迎风格式规定：

$$\phi_w=\phi_P,\ \phi_e=\phi_E \tag{2-42}$$

此时，离散方程(2－31)变为：

$$F_e\phi_E-F_w\phi_P=D_e(\phi_E-\phi_P)-D_w(\phi_P-\phi_W) \tag{2-43}$$

即：

$$(D_w+(D_e-F_e)+(F_e-F_w))\phi_P=D_w\phi_W+(D_e-F_e)\phi_E \tag{2-44}$$

综合式(2－41)和式(2－44)，将式中 ϕ_P、ϕ_W 和 ϕ_E 前的系数分别用 a_P、a_W 和 a_E 表示，得到一节迎风格式的对流—扩散方程的离散方程：

$$a_P\phi_P=a_W\phi_W+a_E\phi_E \tag{2-45}$$

式中，$a_P=a_E+a_W+(F_e-F_w)$，$a_W=D_w+\max(F_w,\ 0)$，$a_E=D_e+\max(0,\ -F_e)$。这里，界面上未知量恒取上游节点的值，而中心差分则取上、下游节点的算术平均值。这是两种格式间的基本区别。这种迎风格式具有一阶截差，因而称为一阶迎风格式。

一阶迎风格式考虑了流动方向的影响，由式(2－45)表示的一阶迎风格式离散方程系数 a_E 和 a_W 永远大于0，因而在任何条件下都不会引起解的振荡，永远都可得到在物理上看起来是合理的解，没有中心差分格式中的 $Pe<2$ 的限制。也正因为此，一阶迎风格式在过去长期广泛应用。尤其是在软件调试或计算过程中，如在多层网格的粗网格上或在迭代问题的初始值的选取方面，一阶迎风格式以其绝对稳定的特性受到好评。

当然，一阶迎风格式在构造方式上有其不足之处，主要表现在：

①迎风差分简单地按界面上流速大于还是小于0而决定其取值，但精确解表明界面上的值还与 Pe 的大小有关。

②迎风格式中不管 Pe 大小，扩散项永远按中心差分计算。可是，当 $|Pe|$ 巨大时，界面上的扩散作用接近于0，此时迎风格式夸大了扩散项的影响，因此迎风格式在大的 $|Pe|$ 值条件下过高地估计了扩散值。

一阶迎风格式所生成的离散方程的截差等级较低，虽然不会出现解的振荡，但也常常限制了解的精度。除非采用相当细密的网格，否则，计算结果的误差较大。研究证明，在对流项中心差分的数值解不出现振荡的参数范围内，在相同的网格节点数条件下，采用中心差分的计算结果要比采用一阶迎风格式的结果误差小。因此，随着计算机处理能力的提高，目前在正式计算时，一阶迎风格式常被后续要讨论的二阶迎风格式或其他高阶格式所代替。

2.4.3　二阶迎风格式

二阶迎风格式与一阶迎风格式具有相同点，二者都通过上游单元节点的物理量来确定控制体积界面的物理量。但二阶迎风格式不仅要用到上游最近一个节点的值，还要用到另一个上游节点的值。

如图2－6所示的均匀网格，图中阴影部分为计算节点 P 处的控制体积，二阶迎风格式规定，当流动沿着正方向，即 $u_w>0$ 和 $u_e>0$（即 $F_w>0$，$F_e>0$）时，存在以下关系：

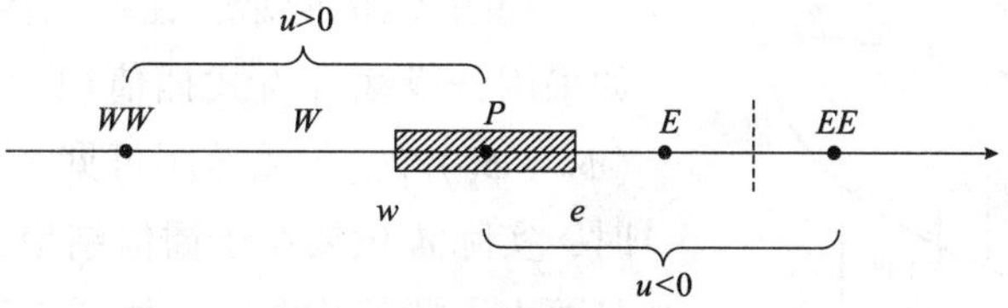

图2－6　二阶迎风格式示意

$$\phi_w=1.5\phi_W-0.5\phi_{WW},\ \phi_e=1.5\phi_P-0.5\phi_W \tag{2-46}$$

此时，离散方程（2－24）变为（注意：这里对扩散项仍采用中心差分格式进行离散）：

$$F_e(1.5\phi_P-0.5\phi_W)-F_w(1.5\phi_W-0.5\phi_{WW})=D_e(\phi_E-\phi_P)-D_w(\phi_P-\phi_W) \tag{2-47}$$

整理后得：

$$\left(\frac{3}{2}F_e+D_e+D_w\right)\phi_P=\left(\frac{3}{2}F_w+\frac{1}{2}F_e+D_w\right)\phi_W+D_e\phi_E-\frac{1}{2}F_w\phi_{WW} \tag{2-48}$$

当流动沿着负方向，即 $u_w<0$ 和 $u_e<0$（即 $F_w<0$ 和 $F_e<0$）时，二阶迎风格式规定：

$$\phi_w=1.5\phi_P-0.5\phi_E,\ \phi_e=1.5\phi_E-0.5\phi_{EE} \tag{2-49}$$

此时，离散方程（2－24）变为：

$$F_e(1.5\phi_E-0.5\phi_{EE})-F_w(1.5\phi_P-0.5\phi_E)=D_e(\phi_E-\phi_P)-D_w(\phi_P-\phi_W) \tag{2-50}$$

整理后得：

$$\left(D_e-\frac{3}{2}F_w+D_w\right)\phi_P=\left(D_e-\frac{3}{2}F_e-\frac{1}{2}F_w\right)\phi_E+\frac{1}{2}F_e\phi_{EE} \tag{2-51}$$

综合式（2－48）和式（2－51），将式中 ϕ_P、ϕ_W、ϕ_{WW}、ϕ_E、ϕ_{EE} 前的系数分别用 a_P、a_W、a_{WW}、a_E、a_{EE} 表示，得到二阶迎风格式的对流—扩散方程的离散方程：

$$a_P\phi_P=a_W\phi_W+a_{WW}\phi_{WW}+a_E\phi_E+a_{EE}\phi_{EE} \tag{2-52}$$

式中，$a_P=a_E+a_W+a_{EE}+a_{WW}+(F_e-F_w)$，$a_E=\left(D_e-\frac{3}{2}(1-\alpha)F_e-\frac{1}{2}(1-\alpha)F_w\right)$，$a_{WW}=-\frac{1}{2}\alpha F_w$，$a_W=\left(D_w+\frac{3}{2}\alpha F_w+\frac{1}{2}\alpha F_e\right)$，$a_{EE}=\frac{1}{2}(1-\alpha)F_e$。

当流动沿着正方向，即 $F_w>0$ 及 $F_e>0$ 时，$a=1$；当流动沿着负方向，即 $F_w<0$ 及 $F_e<0$ 时，$a=0$。

二阶迎风格式可以看作在一阶迎风格式的基础上，考虑了物理量在节点间分布曲线的曲率影响。在二阶迎风格式中，实际上只是对流项采用了二阶迎风格式，而扩散项仍采用中心差分格式。可以证明，二阶迎风格式的离散方程具有二阶精度的截差。此外，二阶迎风格式的一个显著特点是单个方程不仅包含相邻节点的未知量，还包括相邻节点旁边的其他节点的物理量，从而使离散方程组不再是原来的三对角方程组。

2.4.4 QUICK 格式

QUICK 是“Quadratic Upwind Interpolation of Convective Kinematics”的缩写，意为“对流运动的二次迎风插值”，是一种改进离散方程截差的方法。

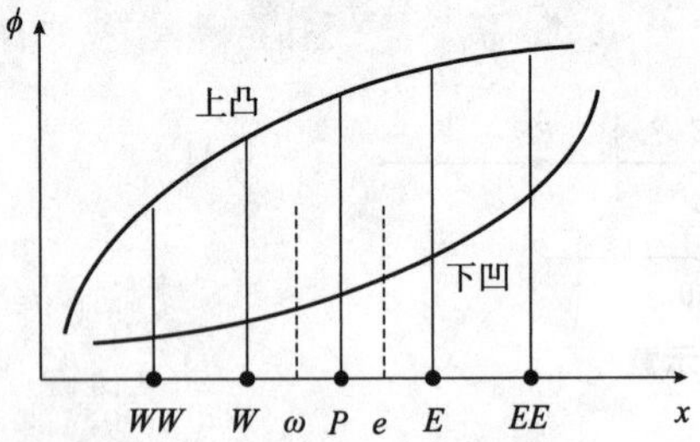

图 2-7　二阶迎风格式的曲率修正

如图 2-7 所示，在控制体积右界面上的值 ϕ_e 如采用分段线性方式插值(即中心差分)，有 $\phi_e=(\phi_P+\phi_E)/2$。但由该图可见，当实际的 ϕ 曲线下凸时，实际 ϕ 值要小于插值结果，而当曲线上凸时则又要大于插值结果。一种更合理的方法是在分段线性插值基础上引入一个曲率修正：

$$\phi_e=\frac{\phi_P+\phi_E}{2}-\frac{1}{8}C \tag{2-53}$$

式(2-53)中，C 为曲率修正，其计算方法为：

$$C=\begin{cases}\phi_E-2\phi_P+\phi_W, & u>0\\ \phi_P-2\phi_E-\phi_{EE}, & u<0\end{cases} \tag{2-54}$$

可按同样方式写出 ϕ_w 的表达式。

将上述 QUICK 格式的表达式合并，假如沿流动方向有连续三个节点 $i-2$、$i-1$ 和 i，则在节点 $i-1$ 与 i 之间界面处的物理量为：

$$\phi_{\text{face}}=\frac{6}{8}\phi_{i-1}+\frac{3}{8}\phi_i-\frac{1}{8}\phi_{i-2} \tag{2-55}$$

例如，当流动沿着正方向，即 $u_w>0$ 和 $u_e>0$(即 $F_w>0$ 和 $F_e>0$)时，存在以下关系：

$$\phi_w=\frac{6}{8}\phi_W+\frac{3}{8}\phi_P-\frac{1}{8}\phi_{WW},\quad \phi_e=\frac{6}{8}\phi_P+\frac{3}{8}\phi_E-\frac{1}{8}\phi_W \tag{2-56}$$

将式(2-56)代入方程(2-24)，有：

$$\left(D_w-\frac{3}{8}F_w+D_e+\frac{6}{8}F_e\right)\phi_P=\left(D_w+\frac{6}{8}F_w+\frac{1}{8}F_e\right)\phi_W+\left(D_e-\frac{3}{8}F_e\right)\frac{1}{8}F_w\phi_{WW} \tag{2-57}$$

同样，可写出当流动沿负方向时的界面物理量表达式，相应的离散方程为：

$$\left(D_w-\frac{6}{8}F_w+D_e+\frac{3}{8}F_e\right)\phi_P=\left(D_w+\frac{3}{8}F_w\right)\phi_W+\left(D_e-\frac{6}{8}F_e-\frac{1}{8}F_w\right)\phi_E+\frac{1}{8}F_e\phi_{EE} \tag{2-58}$$

综合正负两个方向的结果，即式(2-57)、式(2-58)，得出 QUICK 格式下的离散方程：

$$a_P\phi_P=a_W\phi_W+a_{WW}\phi_{WW}+a_E\phi_E+a_{EE}\phi_{EE} \tag{2-59}$$

式中，$a_P = a_E + a_W + a_{EE} + a_{WW} + (F_e - F_w)$，$a_{WW} = -\frac{1}{8}\alpha_w F_w$，$a_{EE} = \frac{1}{8}(1-\alpha_e)F_e$，$a_E = D_e - \frac{3}{8}\alpha_e F_e - \frac{6}{8}(1-\alpha_e)F_e - \frac{1}{8}(1-\alpha_e)F_w$，$a_W = D_w + \frac{6}{8}\alpha_w F_w + \frac{1}{8}\alpha_w F_e + \frac{3}{8}(1-\alpha_w)F_w$。当 $F_w > 0$ 时有 $\alpha_w = 1$；当 $F_e > 0$ 时有 $\alpha_e = 1$；当 $F_w < 0$ 时有 $\alpha_w = 0$；当 $F_e < 0$ 时有 $\alpha_e = 0$。

之所以称这种格式为 QUICK 格式，是由于对对流项而言，其插值格式采用二次的，而其中的“迎风”是指曲率修正值 C 总是由曲面两侧的两个点及迎风方向的另一个点所决定。QUICK 格式对应的离散方程组不是三对角方程组。对流项的 QUICK 格式具有三阶精度的截差，但扩散项因采用中心差分格式而具有二阶截差。不难证明，QUICK 格式具有守恒特性。

对于与流动方向对齐的结构网格而言，QUICK 格式将可产生比二阶迎风格式等更精确的计算结果，因此，QUICK 格式常用于六面体(或二维问题中的四边形)网格。对于其他类型的网格，一般使用二阶迎风格式。

本章小结

本章首先介绍了离散化的主要方法——有限体积法；其次详细讨论了如何采用有限体积法来生成一维问题的离散方程，重点介绍了在空间域上离散控制方程所需的离散格式；再次讨论了在时间域上离散控制方程的时间积分方案；最后给出了二维问题和三维问题的离散方程。

在时间域和空间域上将原本连续的控制方程转化为离散方程，是实施 CFD 计算的第一步，也是决定后续算法精度与效率的重要环节。在离散过程中，最关键的是掌握各种不同的离散格式及对应的离散方程的形式。

本章介绍的空间离散格式(或称插值方式)包括中心差分格式、一阶迎风格式、二阶迎风格式和 QUICK 格式等。前两种属于低阶离散格式，后两种属于高阶离散格式。低阶离散格式的计算效率高，但精度稍差，而高阶离散格式的特点恰好相反。不同的离散格式对于不同的问题有不同的适用性。需要说明的是，这些离散格式往往是针对对流项来使用的，而扩散项一般采用中心差分格式进行离散。

复习思考题

(1)什么叫离散化？意义是什么？

(2)常用的离散化方法有哪些？分别有什么特点？

(3)简述有限体积法的基本思想，说明其使用的网格有什么特点。

(4)简述在空间域上离散控制方程的基本做法，说明对流项及扩散项在离散处理时的异同，给出所生成的二维稳态对流—扩散问题的离散方程的形式。

(5)简述瞬态问题与稳态问题之控制方程的区别，说明在时间域上离散控制方程的基本思想及方法，对比显式及全隐式时间积分方案的异同，给出这两种方案下所生成的一维瞬态对流—扩散问题的离散方程。

(6)比较中心差分格式、一阶迎风格式、二阶迎风格式、QUICK 格式的特点及适用场合。

第 3 章　CFD 湍流模型简介

流体的流动状态主要有层流和湍流两种形式，在多数工程问题中流体的流动处于湍流状态，因此，掌握流体的湍动特性在工程中极为重要，被众多研究者所关注。但由于湍流本身的复杂性，直到现在仍有一些基本问题尚未解决，本书不深入探究湍流的结构及发生的机理，主要从工程实际应用的角度介绍不可压流体湍流流动与换热的常用数值模拟方法。

3.1　湍流及其数值模拟方法简介

3.1.1　湍流现象概述

湍流是一种高度复杂的三维非稳态、带旋转的不规则运动。在湍流中流体的各种物理参数，如速度、压力和温度等都随时间和空间随机发生变化。从物理结构方面来说，可以把湍流看成由各种不同尺度的涡旋叠合而成的流动，这些涡旋的大小及旋转轴的方向是随机的。大尺度的涡旋主要由流动的边界条件所决定，其尺寸可以与流场的大小相比拟，是引起低频脉动的原因；小尺度的涡旋主要由黏性力所决定，其尺寸可能只有流场尺度的千分之一的量级，是引起高频脉动的原因。大尺度的涡旋破裂后形成小尺度的涡旋，较小尺度的涡旋破裂后形成更小尺度的涡旋。因而在充分发展的湍流区域内，流体涡旋的尺寸可在相当大的范围内连续变化。大尺度的涡旋不断地从主流获得能量，通过涡旋间的相互作用，能量逐渐向小尺寸的涡旋传递。最后由于流体黏性的作用，小尺度的涡旋不断消失，机械能就转化(或称耗散)为流体的热能。同时，由于边界的影响、扰动及速度梯度的作用，新的涡旋又不断产生，这就构成了湍流运动。流体内不同尺度涡旋的随机运动造成了湍流的一个重要特点——物理量的脉动。

3.1.2　湍流的数值模拟方法

如上所述，湍流流动是一种高度非线性的复杂运动，但是，随着计算数学、计算机技术及流体力学试验技术等快速发展，研究者已经能够通过一些数值方法对湍流流动特性进行模拟，并取得与试验数据比较吻合的结果。目前对湍流流动特性的数值模拟方法可分为直接数值模拟方法(Direct Numerical Simulation，DNS)和非直接数值模拟方法，简单来讲，直接数值模拟方法直接求解湍流控制方程，非直接数值模拟方法不直接计算湍流的脉动特性，而是设法对湍流进行某种程度的近似和简化处理。根据采用的近似和简化方法不同，非直接数值模拟方法又可分为大涡模拟（Large Eddy Simulation，LES）、Reynolds 平均法（Reynolds Averaged Navier - Stokes，RANS）和统计平均法。统计平均法是基于湍流相关函数的统计理论，主要用相关函数及谱分析的方法来研究湍流结构，统计理论主要研究小尺度涡的运动。这种方法在工程上应用不是很广泛，本书不予介绍。下面对 DNS 方法、LES 方法、RANS 方法进行简单介绍。

（1）DNS 方法

直接数值模拟方法是用三维非稳的 Navier - Stokes 方程对湍流进行直接数值计算的方法。DNS 的最大好处是无须对湍流流动作任何简化或近似，理论上可以得到相对准确的计算结果。但是，要对高度复杂的湍流运动进行直接的数值计算，只有采用很小的时间和空间步长，才能分辨出湍流中详细的空间结构和变化剧烈的时间特性。有文献指出，要对湍流中的一个涡旋进行数值计算，至少需要设置 10 个节点，这样对于在一个小尺度范围内进行的湍流运动，在 $1cm^3$ 的流场中可能需要布置 10^5 个节点。同时，湍流脉动的频率约为 10kHz，必须将时间步长取为 100μs 以下。显然，这样的计算对于计算机能力的要求非常高，目前还无法用于实际工程，只有少数能使用超级计算机的研究者才能从事这一类研究和计算，但是随着计算机技术，特别是并行计算技术的飞速发展，有可能在不远的将来，DNS 方法就可用于实际工程计算。

（2）LES 方法

按照湍流的涡旋学说，湍流的脉动与混合主要是由大尺度的涡旋造成的。大尺度的涡旋从主流获得能量，它们是高度的非各向同性，而且随流动的情形不同。大尺度的涡旋通过相互作用把能量传递给小尺度的涡旋，小尺度涡旋的主要作用是耗散能量，它们几乎是各向同性，而且不同流动中的小尺度涡旋有许多共性。关于涡旋的上述认识导致大尺度涡模拟的数值解法。这种方法旨在采用非稳态的 Navier - Stokes 方程来直接模拟大尺度涡，但不直接计算小尺度涡，小涡对大涡的影响通过近似的模型来考虑，从而形成了目前的大涡模拟方法。

LES 方法对计算机内存及 CPU 速度的要求虽然仍比较高，但远低于 DNS 方法对计算机资源的要求，在服务器、工作站甚至 PC 上都可以进行一定的研究工作，ANSYS FLUENT 等商用软件也提供了 LES 模块供用户选择，因而近年来的研究和应用日趋广泛。

（3）RANS 方法

从理论上说，Navier - Stokes 方程的非线性致使其解析解的获得极其困难，几乎不能实现，而在工程应用方面，研究者关心的是湍流所引起的平均流场的变化，不需要求解瞬态的 Navier - Stokes 方程，只用求解时均化的 Navier - Stokes 方程，即将瞬态的脉动量通过某种模型在时均化的方程中进行体现，由此产生了 Reynolds 平均法。Reynolds 平均法不仅可以避免 DNS 方法计算量大的问题，而且在工程实际应用中可取得很好的效果。Reynolds 平均法是目前使用最为广泛的湍流数值模拟方法。由于时均化的 Reynolds 方程被简称为 RANS，Reynolds 平均法也称为 RANS 方法。

湍流物理量对时间平均值有两种定义：经典的 Reynolds 定义和 Favre 质量加权平均定

义。对不可压缩流体，两种平均方法得出的结果相同。按照 Reynolds 平均法，任一变量 ϕ 的时间平均值定义为：

$$\overline{\phi} = \frac{1}{\Delta t}\int_{1}^{t+\Delta t}\phi(t)\,\mathrm{d}t \tag{3-1}$$

式中，时间间隔 Δt 相对于湍流的随机脉动周期要足够大，但相对于流场的各种时均量的缓慢变化周期来说，则应足够小。

物理量的瞬时值 ϕ、时均值 $\overline{\phi}$ 及脉动值 ϕ'之间的关系为：

$$\phi = \overline{\phi} + \phi' \tag{3-2}$$

用平均值与脉动值之和代替流动变量，可得：

$$u = \overline{u} + u';\quad v = \overline{v} + v';\quad w = \overline{w} + w';\quad p = \overline{p} + p' \tag{3-3}$$

在 Reynolds 平均法中，又有 Reynolds 应力法及湍流黏性系数法两大类。在 Reynolds 应力法中，对于在时均过程中引入的两个脉动值乘积项再建立微分方程。在建立两个脉动值乘积时均值方程的过程中，又会引入三个脉动值乘积的时均值，为了使方程组封闭，又须对三个脉动值乘积的时均值建立微分方程，而在这一过程中又出现了 4 个脉动值乘积的时均值，这在理论上是一个不封闭性方程。我国著名科学家周培源教授于 20 世纪 40 年代，在四个脉动速度乘积这一层次上，加了一个涡量脉动平方平均值的方程式，从而使 Reynolds 应力方程封闭，这就是 17 方程模型。随着计算机工业的飞速发展，Reynolds 应力方程模型在湍流数值计算中的应用日益广泛。

在湍流黏性系数法中，不直接处理 Reynolds 应力项，而是引入湍流黏性系数(turbulent viscosity)，把湍流应力表示成湍流黏性系数的函数，整个计算的关键在于确定湍流黏性系数。

根据 Boussinesq 假设，湍流流动所造成的附加应力也与层流运动应力同样可以与时均应变率相关联，由此建立了 Reynolds 应力相对于平均速度梯度的关系：

$$-\rho\,\overline{u_i u_j} = \mu_t\left(\frac{\partial u_i}{\partial x_j} + \frac{\partial u_j}{\partial x_i}\right) - \frac{2}{3}\left(\rho k + \mu_t\frac{\partial u_i}{\partial x_i}\right)\delta_{ij} \tag{3-4}$$

式中，μ_t 为湍流黏性系数；u_i 为时均速度。当 $i=j$ 时，$\delta_{ij}=1$；当 $i\neq j$ 时，$\delta_{ij}=0$。k 为湍流脉动动能(turbulent kinetic energy)，如式(3-5)所示：

$$k = \frac{1}{2}\left(\overline{u'^2} + \overline{v'^2} + \overline{w'^2}\right) \tag{3-5}$$

湍流黏性系数 μ_t 是空间坐标的函数，取决于流动状态而不是物性参数，而分子黏性 μ 是物性参数，为简便起见，凡是由流体分子扩散所造成的迁移特性，如动力黏度、导热系数等，不加下标，由湍流脉动所造成的量加下标 t。

3.2 湍流模型简介

Boussinesq 假设以后，计算湍流流动的关键是如何确定 μ_t。湍流模型，是指把 μ_t 与湍流时均参数相关联的关系式。依据确定 μ_t 的微分方程数目的多少，可分为零方程模型、一方程模型和两方程模型等。

3.2.1 零方程模型

零方程模型是指不使用微分方程，而是用代数关系式，把湍动黏度与时均值相关联的模型。零方程模型将湍流的时均连续方程和 Reynolds 方程结合组成方程组，把方程组中的 Reynolds 应力用平均速度场的局部速度梯度来表示。

现有文献有多种零方程模型，以 Prandtl 提出的混合长度理论(mixing length theory)最为著名。Prandtl 假定湍动黏度 μ_t 正比于时均速度 u_i 的梯度和混合长度 l_m 的乘积，以二维问题为例，如：

$$\mu_t = l_m^2 \left|\frac{\partial u}{\partial y}\right| \tag{3-6}$$

湍流切应力可表示为：

$$-\rho\, \overline{u'v'} = \rho l_m^2 \left|\frac{\partial u}{\partial y}\right| \frac{\partial u}{\partial y} \tag{3-7}$$

式中，混合长度 l_m 由经验公式或实验确定。混合长度理论的优点是直观简单，对于如射流、混合层、扰动和边界层等带有薄剪切层的流动比较有效，但只有在简单流动中才比较容易给定混合长度 l_m，对复杂流动则很难确定 l_m，而且不能用于模拟带有分离及回流的流动，因此，零方程模型在实际工程中很少使用。

3.2.2 一方程模型

在零方程模型中，湍动黏度 μ 和混合长度 l_m 都把 Reynolds 应力和当地平均速度梯度相联系，是一种局部平衡的概念，忽略了对流和扩散的影响。为了弥补混合长度假定的局限性，在湍流的时均连续方程和 Reynolds 方程构成的方程组基础上，再建立一个关于湍动能 k 的输运方程，将 μ_t 表示成 k 的函数，从而使方程组封闭。这里，湍动能 k 的输运方程可表示为：

$$\frac{\partial(\rho k)}{\partial t} + \frac{\partial(\rho k u_i)}{\partial x_i} = \frac{\partial}{\partial x_i}\left[\left(\mu + \frac{\mu_i}{\sigma_k}\right)\frac{\partial k}{\partial x_i}\right] + \mu_i\left(\frac{\partial u_i}{\partial x_i} + \frac{\partial u_i}{\partial x_i}\right)\frac{\partial u_i}{\partial x_i} - \rho C_D \frac{k^{3/2}}{l} \tag{3-8}$$

上述方程中，各项自左向右依次为瞬态项、对流项、扩散项、产生项、耗散项。由 Kolmogorov - Prandtl 表达式，可得到 μ_t 的表达式：

$$\mu_t = \rho C_\mu \sqrt{kl} \tag{3-9}$$

式中，σ_k、C_D、C_μ 为经验常数，现有多数文献建议 σ_k 取值为 1，C_μ 取值为 0.09，但 C_D 的取值在不同的文献中结果不同，取值范围为 0.08 到 0.38。l 为湍流脉动的长度尺度，依据经验公式或实验而定。一方程模型考虑了湍动的对流输运和扩散输运，因而比零方程模型更为合理。但是，方程模型中如何确定长度比尺 l 仍是问题，因此很难得到推广和应用。

3.2.3 标准 $k-\varepsilon$ 两方程模型

标准 $k-\varepsilon$ 模型是典型的两方程模型，是在一方程模型的基础上，引入一个关于湍流

耗散率 ε 的方程后形成的，是目前使用最广泛的湍流模型。

湍流中单位质量流体脉动的耗散率 ε，即各向同性的小尺度涡的机械能转化为热能的速率定义为：

$$\varepsilon = \frac{\mu}{\rho}\overline{\left(\frac{\partial u_{\mathrm{i}}'}{\partial x_{\mathrm{k}}}\right)\left(\frac{\partial u_{\mathrm{i}}'}{\partial x_{\mathrm{k}}}\right)} \tag{3-10}$$

湍流黏性系数 μ_{t} 可表示成 k 和 ε 的函数，即：

$$\mu_{\mathrm{t}} = \rho C_{\mu}\frac{k^2}{\varepsilon} \tag{3-11}$$

式中，C_{μ} 为经验常数。

在标准 $k-\varepsilon$ 模型中，k 和 ε 是两个基本未知量，与之相对应的输运方程为：

$$\frac{\partial(\rho k)}{\partial t} + \frac{\partial(\rho k u_{\mathrm{i}})}{\partial x_{\mathrm{i}}} = \frac{\partial}{\partial x_{\mathrm{j}}}\left(\left(\mu + \frac{\mu_{\mathrm{t}}}{\sigma_{\mathrm{k}}}\right)\frac{\partial k}{\partial x_{\mathrm{j}}}\right) + G_{\mathrm{k}} + G_{\mathrm{b}} - \rho\varepsilon - Y_{\mathrm{M}} + S_{\mathrm{k}} \tag{3-12}$$

$$\frac{\partial(\rho \varepsilon)}{\partial t} + \frac{\partial(\rho \varepsilon u_{\mathrm{i}})}{\partial x_{\mathrm{i}}} = \frac{\partial}{\partial x_{\mathrm{j}}}\left(\left(\mu + \frac{\mu_{\mathrm{t}}}{\sigma_{\varepsilon}}\right)\frac{\partial \varepsilon}{\partial x_{\mathrm{j}}}\right) + C_{1\varepsilon}\frac{\varepsilon}{k}(G_{\mathrm{k}} + C_{3\varepsilon}G_{\mathrm{b}}) - C_{2\varepsilon}\rho\frac{\varepsilon^2}{k} + S_{\varepsilon} \tag{3-13}$$

式中，G_{k} 为由于平均速度梯度引起的湍流脉动动能 k 的产生项；G_{b} 为由于浮力引起的湍流脉动动能 k 的产生项；Y_{M} 为可压湍流中脉动扩张的贡献；S_{k} 和 S_{ε} 为源项。$C_{1\varepsilon}$、$C_{2\varepsilon}$、$C_{3\varepsilon}$、σ_{k} 和 σ_{ε} 为经验常数，取值分别为：$C_{1\varepsilon}=1.44$，$C_{2\varepsilon}=1.92$，$C_{3\varepsilon}=0.09$，$\sigma_{\mathrm{k}}=0.82$，$\sigma_{\varepsilon}=1.0$。

对于不可压流体，$Y_{\mathrm{M}}=0$。对于可压流体：

$$Y_{\mathrm{M}} = 2\rho\varepsilon Ma_{\mathrm{t}}^2 \tag{3-14}$$

式中，Ma_{t} 为湍流脉动 Mach 数，$Ma_{\mathrm{t}} = \sqrt{k/a^2}$；$a$ 为声速，$a = \sqrt{\gamma RT}$。

对于可压缩流体的流动计算中与浮力相关的系数 $C_{3\varepsilon}$，当主流方向与重力方向平行时，$C_{3\varepsilon}=1$；当主流方向与重力方向垂直时，$C_{3\varepsilon}=0$。

根据以上分析，当流动为不可压，且不考虑源项时，$G_{\mathrm{b}}=0$，$Y_{\mathrm{M}}=0$，$S_{\mathrm{k}}=0$，$S_{\varepsilon}=0$，此时，标准 $k-\varepsilon$ 模型变形为：

$$\frac{\partial(\rho k)}{\partial t} + \frac{\partial(\rho k u_{\mathrm{i}})}{\partial x_{\mathrm{i}}} = \frac{\partial}{\partial x_{\mathrm{j}}}\left(\left(\mu + \frac{\mu_{\mathrm{t}}}{\sigma_{\mathrm{k}}}\right)\frac{\partial k}{\partial x_{\mathrm{j}}}\right) + G_{\mathrm{k}} - \rho\varepsilon \tag{3-15}$$

$$\frac{\partial(\rho \varepsilon)}{\partial t} + \frac{\partial(\rho \varepsilon u_{\mathrm{i}})}{\partial x_{\mathrm{i}}} = \frac{\partial}{\partial x_{\mathrm{j}}}\left(\left(\mu + \frac{\mu_{\mathrm{t}}}{\sigma_{\varepsilon}}\right)\frac{\partial \varepsilon}{\partial x_{\mathrm{j}}}\right) + C_{1\varepsilon}\frac{\varepsilon}{k}G_{\mathrm{k}} - C_{2\varepsilon}\rho\frac{\varepsilon^2}{k} \tag{3-16}$$

这些方程可以表示为式(3-17)所示的通用形式，自左向右依次为瞬态项、对流项、扩散项和源项。

$$\frac{\partial(\rho\phi)}{\partial t} + \frac{\partial(\rho u\phi)}{\partial x} + \frac{\partial(\rho v\phi)}{\partial y} + \frac{\partial(\rho \omega\phi)}{\partial z} = \frac{\partial}{\partial x}\left(\Gamma\frac{\partial\phi}{\partial x}\right) + \frac{\partial}{\partial y}\left(\Gamma\frac{\partial\phi}{\partial y}\right) + \frac{\partial}{\partial z}\left(\Gamma\frac{\partial\phi}{\partial z}\right) + S \tag{3-17}$$

使用散度和梯度符号，式(3-17)可写为：

$$\frac{\partial(\rho\phi)}{\partial t} + \mathrm{div}(\rho u\phi) = \mathrm{div}(\Gamma \mathrm{grad}\phi) + S \tag{3-18}$$

标准 $k-\varepsilon$ 模型的控制方程如表 3-1 所示。

表3-1 标准 $k-\varepsilon$ 模型的控制方程

方程	ϕ	Γ_ϕ	S_ϕ
连续性方程	1	0	0
x 方向运动方程	u	$\mu+\mu_t$	$S_u=-\frac{\partial p}{\partial x}+\frac{\partial}{\partial x}\left((\mu+\mu_t)\frac{\partial u}{\partial x}\right)+\frac{\partial}{\partial y}\left((\mu+\mu_t)\frac{\partial v}{\partial x}\right)+\frac{\partial}{\partial z}\left((\mu+\mu_t)\frac{\partial w}{\partial x}\right)$
y 方向运动方程	v	$\mu+\mu_t$	$S_v=-\frac{\partial p}{\partial y}+\frac{\partial}{\partial x}\left((\mu+\mu_t)\frac{\partial u}{\partial y}\right)+\frac{\partial}{\partial y}\left((\mu+\mu_t)\frac{\partial v}{\partial y}\right)+\frac{\partial}{\partial z}\left((\mu+\mu_t)\frac{\partial w}{\partial y}\right)$
z 方向运动方程	w	$\mu+\mu_t$	$S_w=-\frac{\partial p}{\partial z}+\frac{\partial}{\partial x}\left((\mu+\mu_t)\frac{\partial u}{\partial z}\right)+\frac{\partial}{\partial y}\left((\mu+\mu_t)\frac{\partial v}{\partial z}\right)+\frac{\partial}{\partial z}\left((\mu+\mu_t)\frac{\partial w}{\partial z}\right)$
能量方程	T	$\mu/Pr+\mu_t/\sigma_t$	S 按照实际问题确定
湍动能方程	k	$\mu+\mu_t/\sigma_k$	$S_k=G_k+\rho\varepsilon$
耗散率方程	ε	$\mu+\mu_t/\sigma_\varepsilon$	$S_\omega=\frac{\varepsilon}{k}(C_{1\varepsilon}G_k-C_{2\varepsilon}\rho\varepsilon)$

3.2.4 RNG $k-\varepsilon$ 模型

RNG $k-\varepsilon$ 模型(renormalization group, RNG, $k-\varepsilon$ model)也称为重整化群 $k-\varepsilon$ 模型，所得到的 k 方程和 ε 方程，与标准 $k-\varepsilon$ 模型相似，如：

$$\frac{\partial(\rho k)}{\partial x}+\frac{\partial(\rho k u_i)}{\partial x_i}=\frac{\partial}{\partial x_j}\left(\alpha_k\mu_{eff}\frac{\partial k}{\partial x_j}\right)+G_k+\rho\varepsilon \tag{3-19}$$

$$\frac{\partial(\rho\varepsilon)}{\partial t}+\frac{\partial(\rho\varepsilon u_i)}{\partial x_i}=\frac{\partial}{\partial x_j}\left(\alpha_\varepsilon\,\mu_{eff}\frac{\partial\varepsilon}{\partial x_i}\right)+\frac{C_{1\varepsilon}^*\varepsilon}{k}G_k-C_{2\varepsilon}\,\rho\,\frac{\varepsilon^2}{k} \tag{3-20}$$

其中，系数为：

$$\begin{aligned}
&\mu_{eff}=\mu+\mu_t\\
&\mu_t=\rho C_\mu\frac{k^2}{\varepsilon}\\
&C_\mu=0.085\\
&\alpha_k=\alpha_\varepsilon=1.39\\
&C_{1\varepsilon}^*=C_{1\varepsilon}-\frac{\eta(1-\eta/\eta_0)}{1+\beta\eta^3}\\
&C_{1\varepsilon}=1.42\\
&C_{2\varepsilon}=1.68\\
&\eta=(2E_{ij}\cdot E_{ij})^{1/2}\frac{k}{\varepsilon}\\
&E_{ij}=\frac{1}{2}\left(\frac{\partial u_i}{\partial x_j}+\frac{\partial u_j}{\partial x_i}\right)\\
&\eta_0=4.38\\
&\beta=0.015
\end{aligned} \tag{3-21}$$

与标准 $k-\varepsilon$ 模型比较发现，RNG $k-\varepsilon$ 模型的主要变化表现为以下两个方面：

①通过修正湍动黏度，考虑了平均流动中的旋转及旋流流动情况。

②增加了主流的时均应变率 E_{ij}，这样，RNG $k-\varepsilon$ 模型中的产生项不仅与流动情况有

关，而且在同一问题中也还是空间坐标的函数。

因此，RNG $k-\varepsilon$ 模型可以更好地处理高应变率及流线弯曲程度较大的流动。

3.2.5 Realizable $k-\varepsilon$ 模型

有文献指出，对时均应变率特别大的情形，标准 $k-\varepsilon$ 模型有可能导致负的正应力，这种情况是不可能实现的。为保证计算结果的可实现性(realizability)，计算湍流动力黏度计算式中的系数 C_μ 应当不是常数，而与应变率相关联，由此提出了 Realizable $k-\varepsilon$ 模型。

Realizable $k-\varepsilon$ 模型中关于 k 和 ε 的输运方程为：

$$\frac{\partial(\rho k)}{\partial t}+\frac{\partial(\rho k u_i)}{\partial x_i}=\frac{\partial}{\partial x_j}\left(\left(\mu+\frac{\mu_t}{\sigma_k}\right)\frac{\partial k}{\partial x_j}\right)+G_k-\rho\varepsilon \tag{3-22}$$

$$\frac{\partial(\rho\varepsilon)}{\partial t}+\frac{\partial(\rho\varepsilon u_i)}{\partial x_i}=\frac{\partial}{\partial x_j}\left(\left(\mu+\frac{\mu_t}{\sigma_k}\right)\frac{\partial\varepsilon}{\partial x_j}\right)+\rho C_1 E\varepsilon-\rho C_2\frac{\varepsilon^2}{k+\sqrt{\nu\varepsilon}} \tag{3-23}$$

其中，系数为：

$$\begin{aligned}
&\sigma_k=1.0\\
&\sigma_\varepsilon=1.2\\
&C_2=1.9\\
&C_1=\max\left(0.43,\ \frac{\eta}{\eta+5}\right)\\
&\eta=(2E_{ij}\cdot E_{ij})^{1/2}\frac{k}{\varepsilon}\\
&E_{ij}=\frac{1}{2}\left(\frac{\partial u_i}{\partial x_j}+\frac{\partial u_j}{\partial x_i}\right)
\end{aligned} \tag{3-24}$$

式(2-20)中，μ_t 与 C_μ 按式(3-25)、式(3-26)计算：

$$\mu_t=\rho C_\mu\frac{k^2}{\varepsilon} \tag{3-25}$$

$$C_\mu=\frac{1}{A_0+A_s U^* k/\varepsilon} \tag{3-26}$$

其中，系数为：

$$\begin{aligned}
&A_0=4.0\\
&A_s=\sqrt{6}\cos\phi\\
&\phi=\frac{1}{3}\cos^{-1}(\sqrt{6}W)\\
&W=\frac{E_{ij}E_{jk}E_{kj}}{(E_{ij}E_{ij})^{1/2}}\\
&E_{ij}=\frac{1}{2}\left(\frac{\partial u_i}{\partial x_j}+\frac{\partial u_j}{\partial x_i}\right)\\
&U^*=\sqrt{E_{ij}E_{ij}+\tilde{\Omega}_{ij}\tilde{\Omega}_{ij}}\\
&\tilde{\Omega}_{ij}=\Omega_{ij}-2\varepsilon_{ijk}\omega_k\\
&\Omega_{ij}=\tilde{\Omega}_{ij}-\varepsilon_{ijk}\omega_k
\end{aligned} \tag{3-27}$$

式中，$\widetilde{\Omega}_{ij}$ 为从角速度为 ω_k 的参考系中观察到的时均转动速率张量，显然对无旋转的流场，式中 U^* 计算式根号中的第二项为 0，这一项是专门用于表示旋转的影响的，也是本模型的特点之一。

与标准 $k-\varepsilon$ 模型比较发现，Realizable $k-\varepsilon$ 模型的主要变化表现为以下三个方面：

①湍流动力黏度计算公式发生了变化，引入了与旋转和曲率有关的内容。

②e 方程发生了很大变化，方程中的产生项[式(3.23)右端第二项]不再包含 k 方程中的产生项 G_k，因此能更好地表示光谱的能量转换。

③ε 方程中的倒数第二项不具有任何奇异性，即使 k 值很小或为零，分母也不会为零。这与标准 $k-\varepsilon$ 模型和 RNG $k-\varepsilon$ 有很大区别。

Realizable $k-\varepsilon$ 模型已被有效地用于各种类型的流动模拟，包括旋转均匀剪切流、包含射流和混合流的自由流动、管道内流动、边界层流动，以及带有分离的流动等。

3.2.6 近壁区数值计算模型

大量试验表明，对于有固体壁面的充分发展的湍流流动，按壁面与法线的不同距离，可将流动划分为壁面区和核心区。对核心区的流动，可以认为是完全湍流区，在此不作讨论，下面只讨论壁面区的流动。

在壁面区，流体运动受壁面流动条件的影响比较明显，壁面区又可分为 3 个子层：黏性底层、过渡层和对数律层。

黏性底层是一个紧贴固体壁面的极薄层，其中黏性力在动量、热量及质量交换中起主导作用，湍流切应力可以忽略，所以几乎是层流流动，平行于壁面的速度分量沿壁面法线方向为线性分布。

过渡层处于黏性底层的外面，其中黏性力与湍流切应力的作用相当，流动状况比较复杂，很难用一个公式或定律来描述。由于过渡层的厚度极小，所以在工程计算中通常不明显划出，归入对数律层。

对数律层处于最外层，其中黏性力的影响不明显，湍流切应力占主要地位，流动处于充分发展的湍流状态，流速分布接近对数律。

引入两个无量纲的参数 u^+ 和 y^+，分别表示速度和距离，如：

$$u^+=\frac{u}{u_\tau} \tag{3-28}$$

$$y^+=\frac{\Delta y\rho u_\tau}{\mu}=\frac{\Delta y}{\nu}\sqrt{\frac{\tau_w}{\rho}} \tag{3-29}$$

式中，u 为流体的时均速度；u_τ 为壁面摩擦速度，$u_\tau=(\tau_w/\rho)^{\frac{1}{2}}$；$\tau_w$ 为壁面切应力；Δy 为到壁面的距离。

以 u^+ 的对数为横坐标、u^+ 为纵坐标，将壁面区内三个子层及核心区内的流动可表示在图 3-1 中。图中的小三角形及小空心圆代表在两种不同 Re 数下实测得到的速度值 u^+，直线代表对速度进行拟合后的结果。

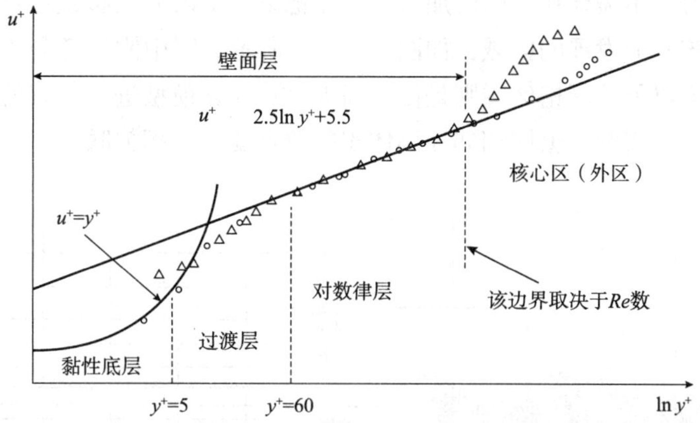

图3-1 壁面区三个子层的划分与相应的速度

参考图3-1，当 $y^+<5$ 时，所对应的区域是黏性底层，这时速度沿壁面法线方向呈线性分布，如：

$$u^+=y^+ \tag{3-30}$$

当 $60<y^+<300$ 时，流动处于对数律层，这时速度沿壁面法线方向呈对数律分布，如：

$$u^+=\frac{1}{\kappa}\ln y^+ + B=\frac{1}{\kappa}\ln(Ey^+) \tag{3-31}$$

式中，κ 为 Karman 常数；B 和 E 为与表面粗糙度有关的常数，对于光滑壁面有 $\kappa=0.4$，$B=5.5$，$E=9.8$，壁面粗糙度的增加将使得 B 值减小。

从前面介绍可知，标准 $k-\varepsilon$ 模型、RNG $k-\varepsilon$ 模型和 Realizable $k-\varepsilon$ 模型都是针对充分发展的湍流才有效，也就是说，这些模型均是高 *Re* 数的湍流模型。它们只能用于求解图3-1中处于湍流核心区的流动。而在壁面区，流动情况变化很大，特别是在黏性底层，流动几乎是层流，湍流应力几乎不起作用。因此，不能用前面介绍的 $k-\varepsilon$ 模型来求解这个区域内的流动。

解决这一问题的途径目前有两个：壁面函数法和低 *Re* 数 $k-\varepsilon$ 模型。壁面函数法是不对黏性影响比较明显的区域(黏性底层和过渡层)进行求解，而是用一组半经验的公式(即壁面函数)将壁面上的物理量与湍流核心区内的相应物理量联系起来。低 *Re* 数 $k-\varepsilon$ 模型用来求解黏性影响比较明显的区域(黏性底层和过渡层)，这时要求在壁面区划分比较细密的网格。越靠近壁面，网格越细。

(1)壁面函数法

壁面函数法(wall functions)实际是一组半经验的公式，用于将壁面上的物理量与湍流核心区内待求的未知量直接联系起来。它必须与高 *Re* 数 $k-\varepsilon$ 模型配合使用。

壁面函数法的基本思想是：对于湍流核心区的流动使用 $k-\varepsilon$ 模型求解，而在壁面区不进行求解，直接使用半经验公式将壁面上的物理量与湍流核心区内的求解变量相关联。这样，不需要对壁面区内的流动进行求解，就可直接得到与壁面相邻控制体积的节点变量值。

在划分网格时，不需要在壁面区加密，只需把第一个内节点布置在对数律成立的区域内，即配置到湍流充分发展的区域，如图 3－2(a)所示。图中阴影部分为壁面函数公式有效的区域，在阴影以外的网格区域则是使用高 *Re* 数 $k-\varepsilon$ 模型进行求解的区域。壁面函数公式好像一座桥梁，将壁面值同相邻控制体积的节点变量值相关联。

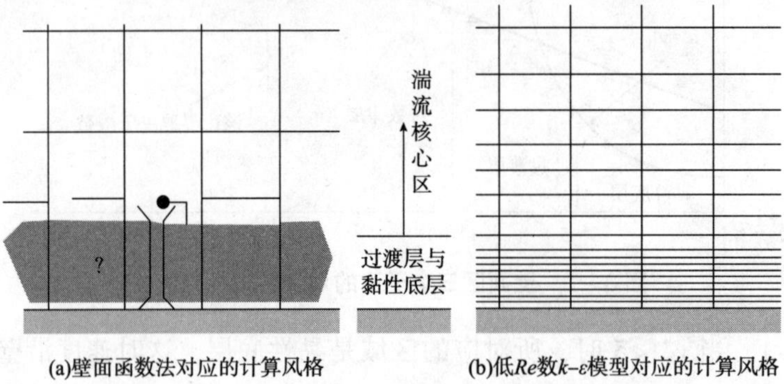

图 3－2　求解壁面区流动的两种途径所对应的计算网格

壁面函数法是 FLUENT 选用的默认方法，对各种壁面流动都非常有效。相对于低 *Re* 数 $k-\varepsilon$ 模型，壁面函数法计算效率高，工程实用性强。而在采用低 *Re* 数 $k-\varepsilon$ 模型时，因壁面区(黏性底层和过渡层)内的物理量变化非常大，必须使用细密的网格，从而造成计算成本的提高。但是，壁面函数法无法像低 *Re* 数 $k-\varepsilon$ 模型那样得到黏性底层和过渡层内的"真实"速度分布。

壁面函数法也有一定局限性，当流动分离过大或近壁面流动处于高压之下时，该方法不是很理想，为此，FLUENT 还提供了非平衡的壁面函数法及增强的壁面函数法，可参考相关文献。

(2)低 *Re* 数 $k-\varepsilon$ 模型

上文介绍的壁面函数法的表达式主要是根据简单的平行流动边界层的实测资料归纳的，但是，这种方法并未对壁面区内部的流动进行"细致"的研究，尤其是在黏性底层内，分子黏性的作用并未有效地计算。为了使基于 $k-\varepsilon$ 模型的数值计算能从高 *Re* 数区域一直进行到固体壁面上(该处 *Re* 为零)，许多研究者提出了对高 *Re* 数 $k-\varepsilon$ 模型进行修正的方案，使修正后的方案可以自动适应不同 *Re* 数的区域。

在使用低 *Re* 数 $k-\varepsilon$ 模型进行流动计算时，充分发展的湍流核心区及黏性底层均用同一套公式计算，但由于黏性底层的速度梯度大，因此，在黏性底层的网格要密，如图 3－2(b)所示。

有文献建议，当局部流的 $Re<150$ 时，就应使用低 *Re* 数 $k-\varepsilon$ 模型，而不能再使用高 *Re* 数 $k-\varepsilon$ 模型进行计算。

3.2.7　Reynolds 应力方程模型

要使用 Reynolds 应力方程模型(Reynolds Stress Equation Model，RSM)，首先必须得到

Reynolds 应力输运方程。经量纲分析，整理后的 Reynolds 应力输运方程可写成：

$$\frac{\partial(\rho\,\overline{u_i'u_j'})}{\partial t}+\frac{\partial(\rho u_k\,\overline{u_i'u_j'})}{\partial x_k}=-\frac{\partial}{\partial x_k}(\rho\,\overline{u_i'u_j'u_k'}+\overline{p'u_i'}\delta_{kj}+\overline{p'u_j'}\delta_{ik})+\frac{\partial}{\partial x_k}\left(\mu\frac{\partial}{\partial x_k}(\overline{u_i'u_j'})\right)$$
$$-\rho\left(\overline{u_i'u_k'}\frac{\partial u_j}{\partial x_k}+\overline{u_j'u_k'}\frac{\partial u_j}{\partial x_k}\right)-\rho\beta(g_i\,\overline{u_j'\theta}+g_j\,\overline{u_i'\theta})$$
$$+\overline{p'\left(\frac{\partial u_i'}{\partial x_j}+\frac{\partial u_j'}{\partial x_i}\right)}-2\mu\,\overline{\frac{\partial u_i'\partial u_j'}{\partial x_k\partial x_k}}-2\rho\Omega_k(\overline{u_j'u_m'}e_{ikm}+\overline{u_i'u_m'}e_{jkm}) \quad (3-32)$$

方程中第一项为瞬态项，其他各项依次为对流项 C_{ij}、湍动扩散项 $D_{T,ij}$、分子黏性扩散项 $D_{L,ij}$、剪应力产生项 P_{ij}、浮力产生项 G_{ij}、压力应变项 ϕ_{ij}、黏性耗散项 ε_{ij}和系统旋转产生项 F_{ij}。

在使用 RSM 时，需要补充 k 和 ε 的方程。RSM 中的 k 方程和 ε 方程为：

$$\frac{\partial(\rho k)}{\partial t}+\frac{\partial(\rho k u_i)}{\partial x_j}=\frac{\partial}{\partial x_j}\left[\left(\mu+\frac{\mu_t}{\sigma_k}\right)\frac{\partial k}{\partial x_j}\right]+\frac{1}{2}(P_{ij}+G_{ij})-\rho\varepsilon \quad (3-33)$$

$$\frac{\partial(\rho\varepsilon)}{\partial t}+\frac{\partial(\rho\varepsilon u_i)}{\partial x_i}=\frac{\partial}{\partial x_j}\left(\left(\mu+\frac{\mu_t}{\sigma_\varepsilon}\right)\frac{\partial\varepsilon}{\partial x_j}\right)+C_{1\varepsilon}\frac{1}{2}(P_{ij}+C_{3\varepsilon}G_{ij})-C_{2\varepsilon}\rho\frac{\varepsilon^2}{k} \quad (3-34)$$

式中，P_{ij}为剪应力产生项；$\mu_t=\rho C_\mu\dfrac{k^2}{\varepsilon}$；$C_{1\varepsilon}$、$C_{2\varepsilon}$、$C_\mu$、$\sigma_k$、$\sigma_\varepsilon$ 为常数，取值分别为：$C_{1\varepsilon}=1.44$、$C_{2\varepsilon}=1.92$、$C_\mu=0.09$、$\sigma_k=0.82$、$\sigma_\varepsilon=1.0$。对于可压缩流体的流动计算中与浮力相关的系数 $C_{3\varepsilon}$，当主流方向与重力方向平行时，$C_{3\varepsilon}=1$；当主流方向与重力方向垂直时，$C_{3\varepsilon}=0$。

关于低 *Re* 数的 RSM，目前有多个版本，其基本思想是修正高 *Re* 数 RSM 中耗散函数(扩散项)及压力应变重新分配项的表达式，以使 RSM 模型方程可以直接应用到壁面上。尽管 RSM 比 $k-\varepsilon$ 模型应用范围广、包含更多的物理机理，但它仍有很多缺陷。计算实践表明，RSM 虽能考虑一些各向异性效应，但并不一定比其他模型效果好，在计算突扩流动分离区和湍流输运各向异性较强的流动时，RSM 优于双方程模型，但对于一般的回流流动，RSM 的结果并不一定比 $k-\varepsilon$ 模型好。另外，就三维问题而言，采用 RSM 意味着要多求解 6 个 Reynolds 应力的微分方程，计算量大，对计算机的要求更高。因此，目前 RSM 不如 $k-\varepsilon$ 模型应用广泛。

本章小结

湍流是一种复杂的流动现象，即使最简单的边界条件的流动，流体运动的长度和时间尺度范围也非常广。湍流是不易进行数学处理的问题，一百多年来一直困扰着理论学家，直到目前，仍有许多问题没有能够被人们完全掌握。

本章从数值模拟的角度出发，抛开复杂的湍流机理，首先介绍了湍流的数值模拟方法，然后在时均化的基础上介绍了常用的湍流模型。

本章介绍的湍流模拟方法和湍流模型，各有其适用场合。从应用的普遍性上看，基于

Reynolds 平均法的 $k-\varepsilon$ 模型应用最为广泛。而 Reynolds 应力模型在理论上比 $k-\varepsilon$ 模型更完善，也曾经被许多学者看作最有前途的湍流数值计算方法，但近来 $k-\varepsilon$ 模型的各种改进版本不断取得更好的应用效果，使得 $k-\varepsilon$ 模型仍然占据湍流模拟的绝对统治地位，特别是 RNG $k-\varepsilon$ 模型和 Realizable $k-\varepsilon$ 模型，被广泛地用于模拟各种工程实际问题。

对直接数值模拟方法和大涡模拟方法的研究与应用，在近几年有明显增加的趋势，但目前直接数值模拟方法还很难用于实际工程应用，大涡模拟方法是一种值得关注的研究方法，有可能在未来几年内取得较大发展。

在选择湍流模型及其数值解法时，除要考虑与所求解的问题及现有计算条件相适应外，还需要考虑模型对初始条件和边界条件的适用性。例如，在近壁面处，就不能直接使用本章介绍的各种 $k-\varepsilon$ 模型或 Reynolds 应力模型，而必须借助壁面函数法或低 *Re* 数模型进行模拟。

复习思考题

(1) 在湍流流动中，参数 μ 与 μ_t 的物理意义如何，二者有何联系和区别？对流动各有什么样的影响？如何确定这两个参数的值？

(2) 建立湍流的时均化方程有何物理意义，目前基于时均化的湍流控制方程的数值模拟方法(湍流模型)有哪些？

(3) LES 方法的基本思想是什么？它与 DNS 方法有怎样的联系和区别？

(4) 简述标准 $k-\varepsilon$ 模型的基本思想及相应的控制方程组。

(5) 试对三维直角坐标系写出 k 方程中产生项的展开式。

(6) 除零方程模型外，所有的湍流模型都对固体壁面附近区域中湍流的数值模拟问题十分重视。简述什么是高 *Re* 数湍流模型。试针对标准 $k-\varepsilon$ 模型、低 *Re* 数 $k-\varepsilon$ 模型、RNG $k-\varepsilon$ 模型、Realizable $k-\varepsilon$ 模型、Reynolds 应力方程模型等多种不同层次的湍流模型，综述处理近壁区湍流的数值方法。

(7) 选择或设计一个平面湍动射流问题或其他类似的湍流问题，写出用 RNG $k-\varepsilon$ 模型计算该流场的控制方程及其边界条件，说明用数值方法求解控制方程组的步骤。

第 4 章　ICEM 建模及网格划分简介

ICEM CFD(The Integrated Computer Engineering and Manufacturing code for Computational Fluid Dynamics)是一种专业的 CAE 前处理软件，拥有强大的 CAD 模型修复能力、自动中间抽取、独特的网格“雕塑”技术、网格编辑技术以及广泛的求解器支持能力。同时作为 ANSYS 家族的一款专业分析软件，还可集成于 ANSYS Workbench 平台，获得 Workbench 的所有优势。ICEM 作为 FLUENT 和 CFX 标配的网格划分软件，逐渐取代了 GAMBIT 的地位。本章以圆柱体建模及网格划分为例对 ICEM 的操作使用进行简单介绍。

4.1　几何模型创建

4.1.1　点的创建

单击 Geometry 选项卡，单击 Create Point(创建点)按钮，进入 Create Point 对话框，如图 4-1 所示。

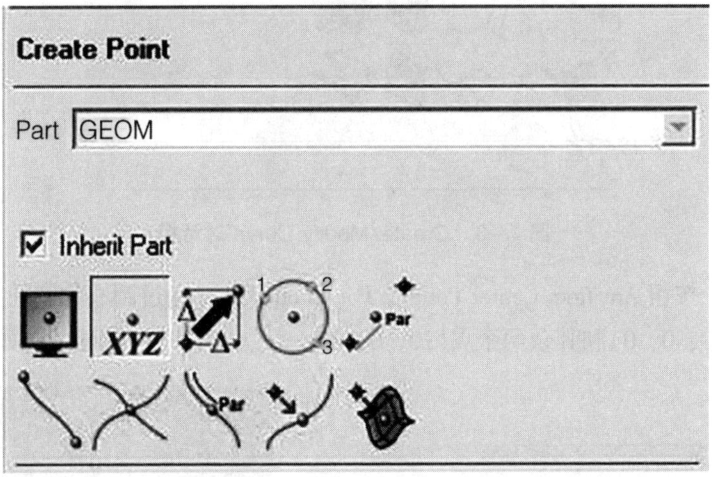

图 4-1　Create Point 对话框

单击第二个按钮 Explicit Coordinates(坐标输入)，输入坐标进行点的创建。以直径为 40mm、长为 140mm 的圆柱体为例，依次创建 x、y、z 坐标为(20，0，0)、(0，20，0)、(0，0，0)及(0，20，140)的 4 个点，如图 4-2 所示。

图 4 -2　创建点示意

4.1.2　线的创建

单击 Geometry 选项卡，单击 Create/Modify Curve（创建/修改线）按钮，进入 Create/Modify Curve 对话框，如图 4 -3 所示。

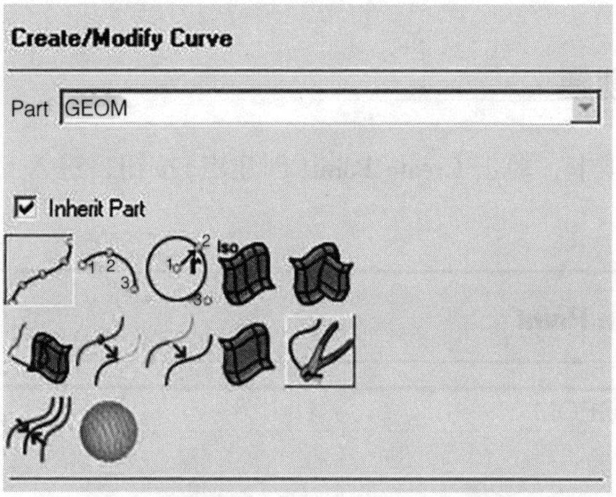

图 4 -3　Create/Modify Curve 对话框

单击第二个按钮 Arc from Center Point/2 Points on Plane（通过圆心和圆周上两点定义圆），依次选取圆心(0, 0, 0)和其余两个点(20, 0, 0)、(0, 20, 0)，创建的圆如图 4 -4 所示。

(a)　(b)

图 4 -4　圆的创建

单击第一个按钮 From Points(多点生成样线条)，选取点(0，20，0)、(0，20，140)创建直线，如图 4 -5 所示。

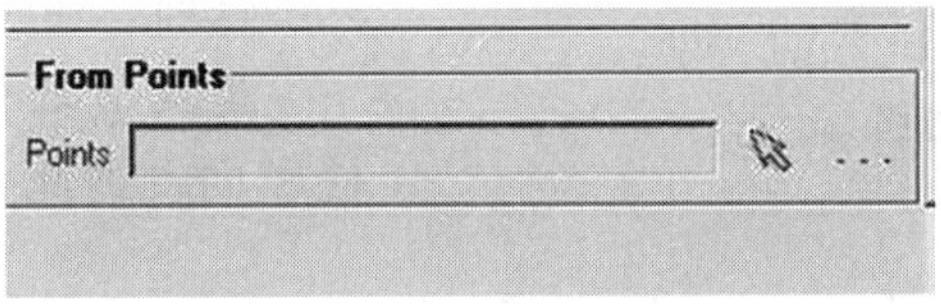

(a)

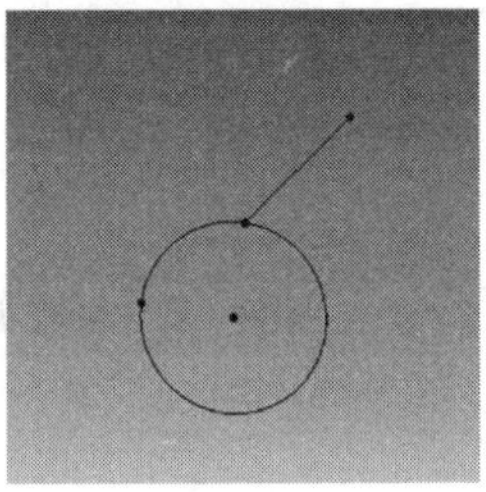

(b)

图 4 -5 直线的创建

4. 1. 3 面的创建

单击 Geometry 选项卡，单击 Create/Modify Surface(创建/修改面)按钮，进入 Create/Modify Surface 对话框，如图 4 -6 所示。

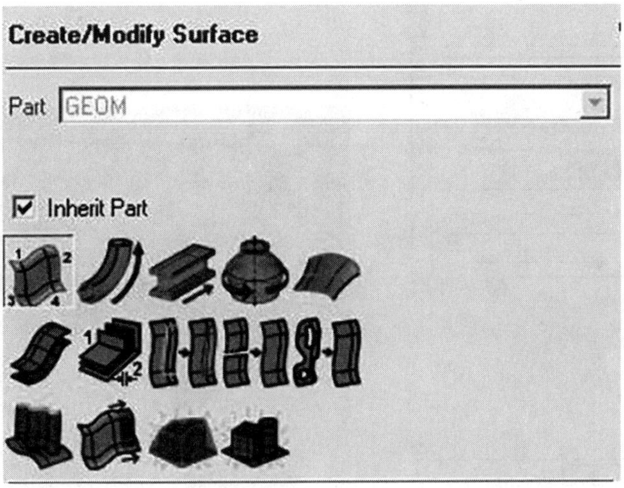

图 4 -6 Create/Modify Surface 对话框

单击第一个按钮 Simple Surface(简单曲面)，在 Method(方式)中选择 From Curves(由线生成面)，选取刚刚创建好的圆线，单击 Apply 生成圆面，如图 4 -7 所示。

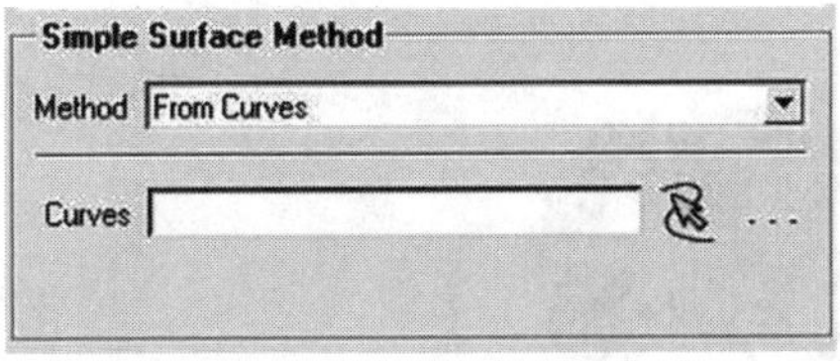

(a)

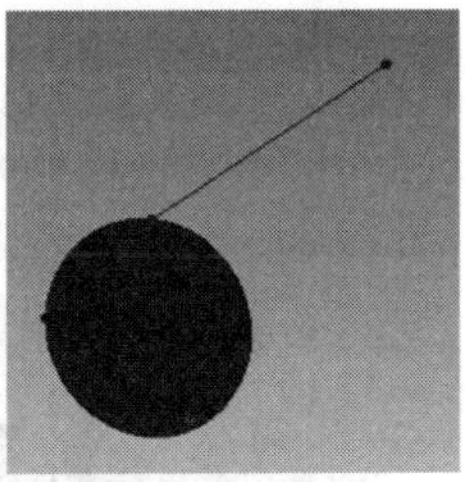

(b)

图 4 -7 创建圆面

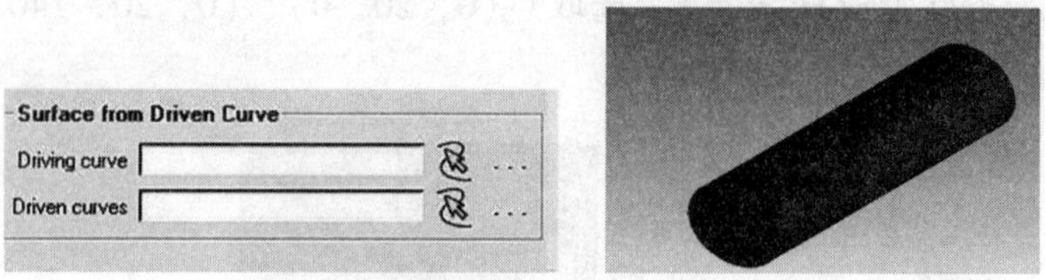

(a) (b)

图 4 -8　创建圆柱面

单击第二个按钮 Curve Driven(放样)，在 Driving curve 栏选择圆线，在 Driven curves 栏选择直线，单击 Apply，生成圆柱面，如图 4 -8 所示。

重复上述操作，创建圆柱底面。到此几何圆柱体创建完成。

4.1.4　体的创建

单击 Blocking 选项卡，单击 Create Block(创建 Block)按钮，进入 Create Block 对话框，如图 4 -9 所示。

单击 Entities(实体)按钮，框选整个圆柱几何体，对几何体创建一个初始块，如图 4 -10 所示。

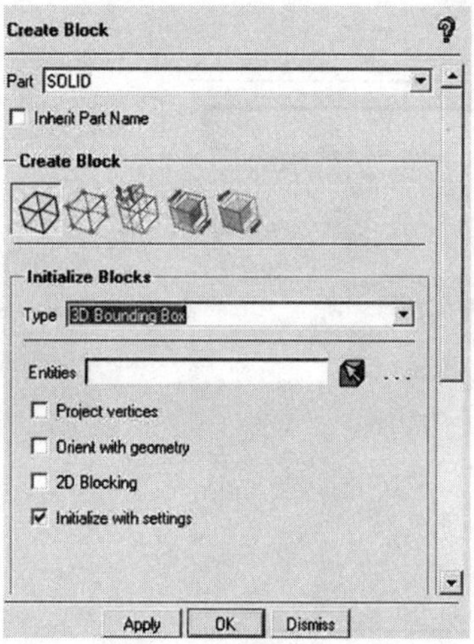

图 4 -9　Create Block 对话框

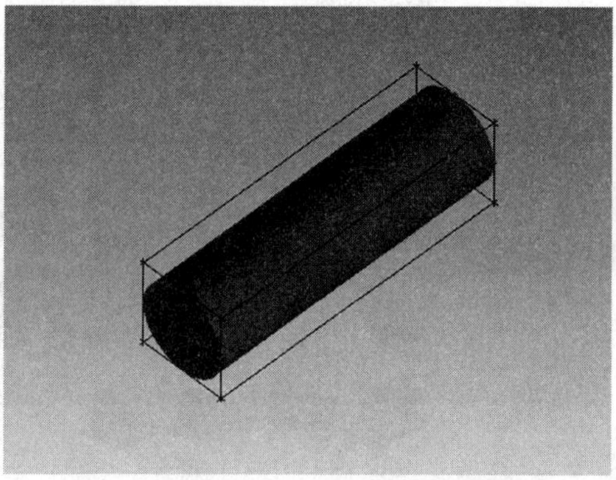

图 4 -10　3D 初始块

在 Blocking 选项卡中单击 Associate(关联)按钮，进入 Blocking Associations 工具板，如图 4 -11 所示。表 4 -1 为几何体与块中几何元素对照。

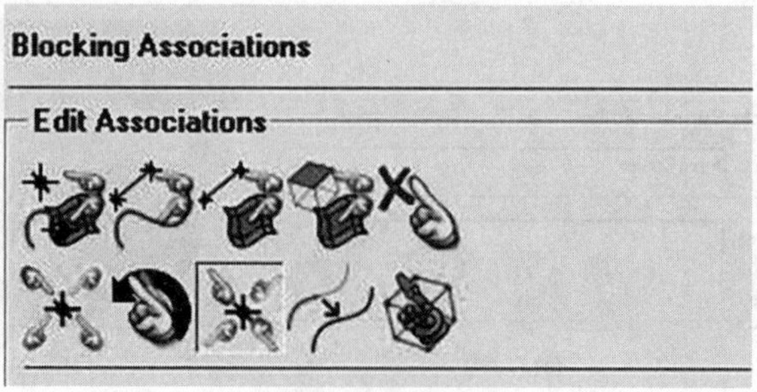

图 4 -11　Blocking Associations 工具板

表4－1 几何体和块几何元素对照

Geometry 几何	Blocking 块
Point 点	Vertex 顶点
Curve 曲线	Edge 边
Surface 曲面	Face 面
Volume 体	Block 块

单击第二个按钮 Associate Edge to Curve(关联边到曲线)，勾选 Project vertices 复选框，单击 Select Edge 选取块上线条，单击 Select Curves 选取圆柱体上下两底面，依次进行关联，如图4－12所示，绿色线条表示已关联。

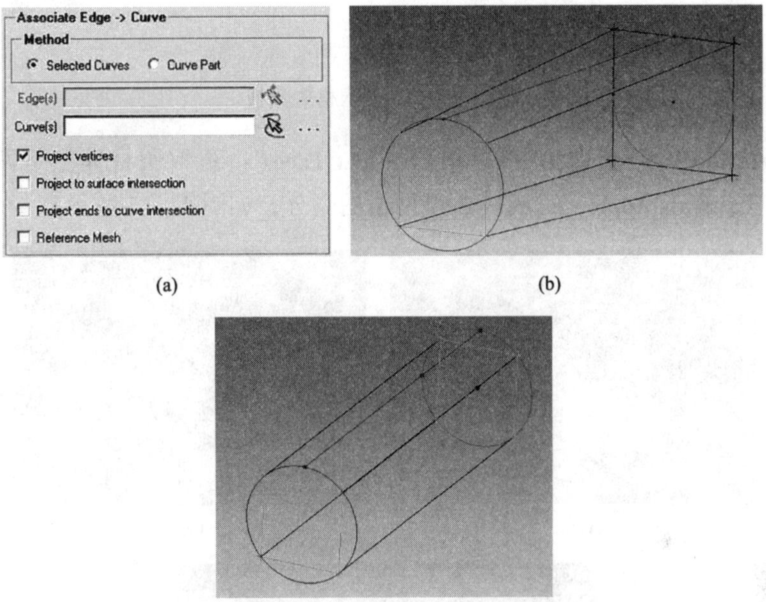

(a) (b)

(c)

图4－12 几何体与块关联图

4.2 结构化网格划分

由于圆柱底面为圆形，需对底面进行O型切分，否则会对网格质量有所影响。在 Blocking 选项卡中单击 Split Block(切分块)按钮，进入 Split Block 工具板，如图4－13所示。

图4－13 Split Block 工具板

单击第二个按钮 Ogrid Block(O 型网格)，如图 4－14 所示。

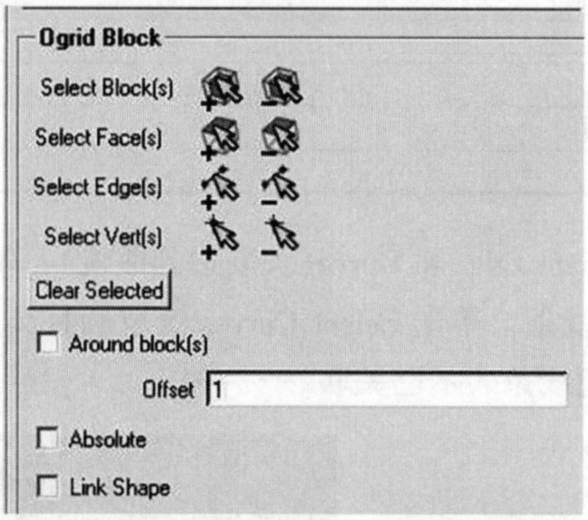

图 4－14　O 型网格工具板

单击 Select Block(s) 选取 Blcok，单击 Select Face(s) 选取圆柱体上下两底面。保持 Offset 为 1 不变，单击 Apply，完成对 O 型网格的划分，如图 4－15 所示。

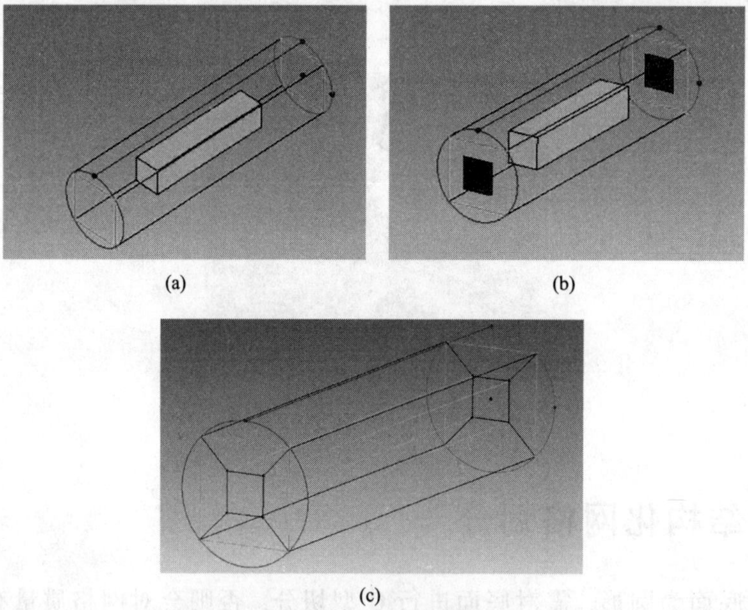

(a)　(b)

(c)

图 4－15　O 型网格划分过程

在 Mesh 选项卡中单击 Global Mesh Setup(全局网格设置)，并选择第一个按钮 Global Mesh Size(全局网格大小)，设置 Max element 为 2.0mm，单击 Apply，如图 4－16 所示。

在 Blocking 选项卡中单击第九个按钮 Pre－Mesh Params(预览网格参数设置)，进入预览网格工具板，如图 4－17 所示。

单击第一个按钮 Update Sizes(更新尺寸)，保持默认不变，单击 Apply。并在设计树中勾选 Pre－Mesh，在弹出的对话框中单击 OK，完成网格预览，如图 4－18 所示。

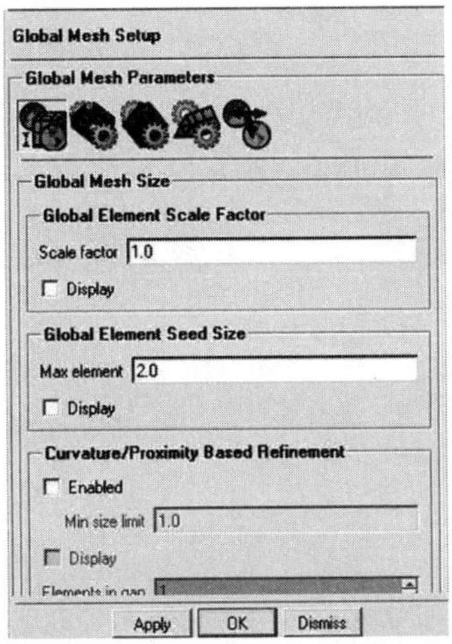

图4－16 全局网格尺寸设置

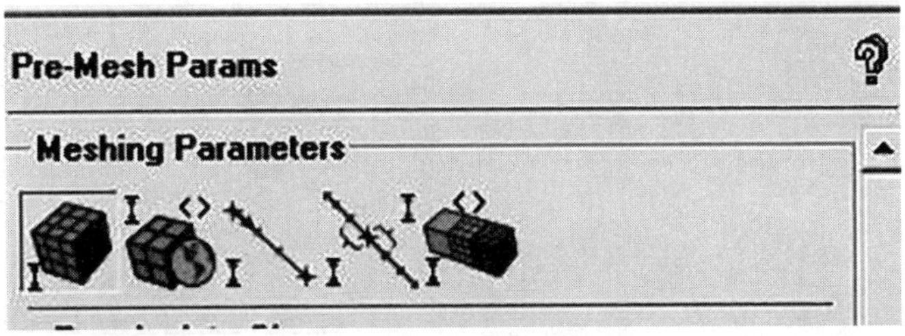

图4－17 预览网格工具板

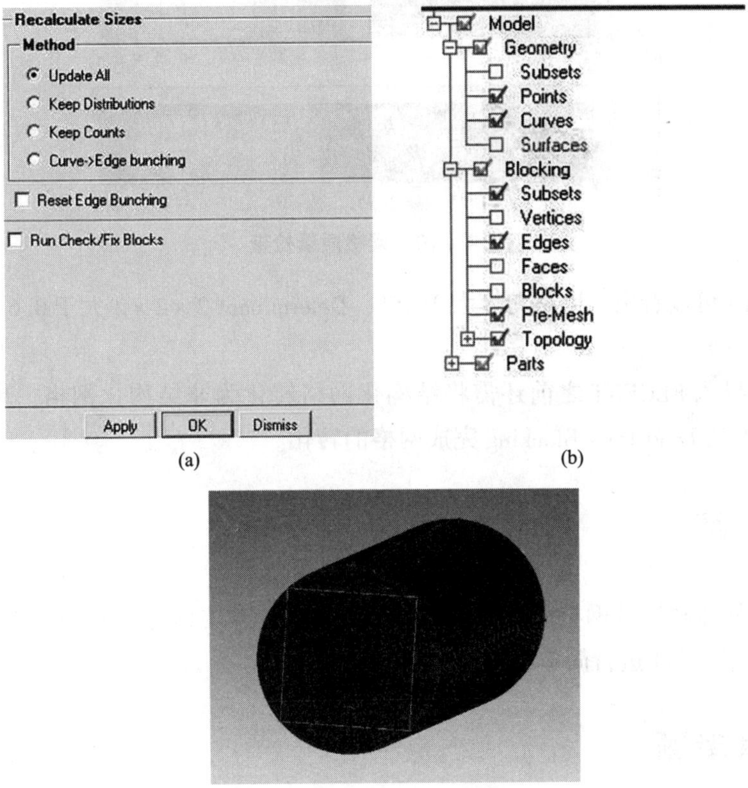

(a) (b)

(c)

图4－18 网格预览步骤

检查网格质量。在 Blocking 选项卡中，单击第十个按钮 Pre－Mesh Quality Histograms（预览网格质量直方图），在 Criterion（标准）中选取 Angle/Determinant 2×2×2 进行网格质量检测，选取 Angle 时一般角度要大于 18°。选取 Determinant 2×2×2 时一般需要大于 0.3，如图 4－19 所示。

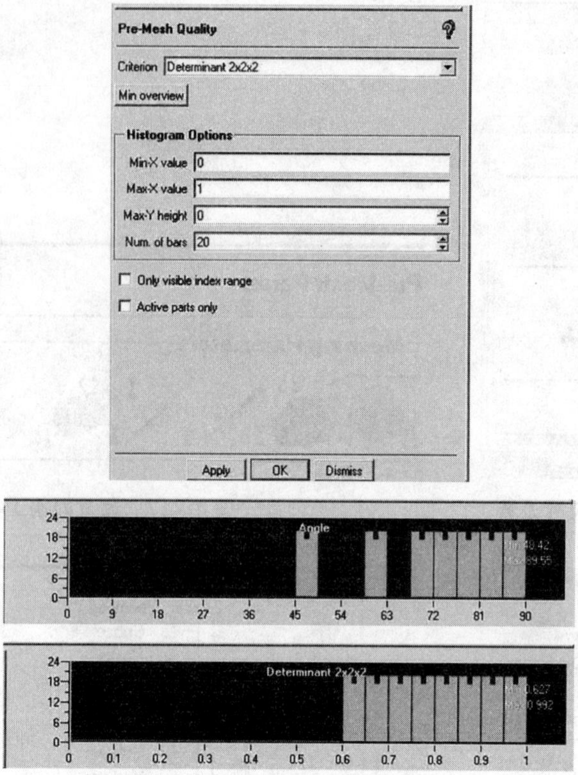

图4-19　网格质量检查

由图4-19可以看出，网格角度大于45°，Determinant 2×2×2大于0.6，一次网格质量较好。

最后，在导入FLUENT之前还需将结构化网格转化为非结构化网格，单击File选项卡，在Mesh下的Load from Blocking完成网格的转化。

本章小结

本章以圆柱体建模及网格划分为例，对ICEM的操作方法做了简单介绍，结合实例，读者应能够使用ICEM进行简单的建模和网格划分。

复习思考题

(1)应用ICEM对40mm×30mm×20mm的长方体进行建模和网格划分。

(2)应用ICEM对下部半径为40mm、上部半径为20mm、高为60mm的圆台进行建模和网格划分。

第 5 章　FLUENT 软件简介

目前 FLUENT 是世界领先的 CFD 软件之一，广泛用于模拟各种流体流动、传热、燃烧和污染物运移等。本章将介绍 FLUENT 软件概况及其基本用法。

5.1　FLUENT 概述

FLUENT 是一个用于模拟和分析在复杂几何区域内的流体流动与热交换问题的专用 CFD 软件。FLUENT 提供了灵活的网格特性，用户可方便地使用结构网格和非结构网格对各种复杂区域进行网格划分。对于二维(2D)问题，可生成三角形单元网格和四边形单元网格；对于三维(3D)问题，提供的网格单元包括四面体、六面体、棱锥、楔形体及杂交网格等。FLUENT 还允许用户根据求解规模、精度及效率等，对网格进行整体或局部的细化和粗化。对于具有较大梯度的流动区域(如自由剪切层和边界层)，FLUENT 提供的网格自适应特性可让用户在很高的精度下得到流场的解。

FLUENT 采用 C/C + + 语言编写，大大提高了对计算机内存的利用率，可以在 Windows、Linux、UNIX 等操作系统下运行，支持基于 MPI 的并行运行环境。FLUENT 通过菜单界面与用户进行交互，用户可通过多窗口随时观察计算的进程和计算结果。计算结果可以用云图、等值线图、矢量图、XY 散点图等多种方式显示、存储和打印，甚至传送给其他 CFD 或 FEM 软件。FLUENT 提供了用户编程接口，允许用户定制或控制相关的计算和输入输出。

5.1.1　FLUENT 软件构成

早期的 FLUENT 只是一个求解器，还需专门的前处理网格划分软件来划分和输出网格。FLUENT 本身提供的主要功能包括导入网格模型、提供计算的物理模型、施加边界条件和材料特性、求解和后处理等。FLUENT 支持的网格生成软件包括 GAMBIT、TGrid、prePDF、GeoMesh 及其他 CAD/CAE 软件包。GAMBIT、TGrid、prePDF、GeoMesh 与 FLUENT 有极好的相容性。TGrid 可提供 2D 三角形网格、3D 四面体网格、2D 和 3D 混合网格等，并可以从已有边界网格中生成体网格。GAMBIT 可生成供 FLUENT 直接使用的网格模型，也可将生成的网格传送给 TGrid，由 TGrid 进一步处理后再传给 FLUENT 进行后续工作。prePDF 和 GeoMesh 是 FLUENT 在引入 GAMBIT 之前使用的前处理器，现在 prePDF 主要用于对某些燃烧问题进行建模，GeoMesh 已基本被 GAMBIT 取代。并且 FLUENT 还提供了各类

CAD/CAE 软件包(如 ANSYS、I-DEAS、NASTRAN、PATRAN 等)与 GAMBIT 的接口。2006 年，FLUENT 被 ANSYS 公司收购之后，ANSYS 将 TGrid 模块集成到 FLUENT 中，使 FLUENT 也具有了网格划分的功能。另外，ANSYS 公司的 ICEM CFD 功能十分强大，也是 FLUENT 很好的前处理软件。

5.1.2 FLUENT 适用对象

FLUENT 广泛用于航空、汽车、透平机械、水利、电子、发电、建筑设计、材料加工、加工设备、环境保护等领域，以 FLUENT 19 为例，其主要的模拟能力包括：

· 任意复杂外形的 2D/3D 流动。

· 可压、不可压缩流体。

· 定常、非定常流。

· 无黏流、层流和湍流。

· 牛顿、非牛顿流体流动。

· 对流传热，包括自然对流和强迫对流。

· 热传导和对流传热相耦合的传热计算。

· 辐射传热计算。

· 惯性(静止)坐标、非惯性(旋转)坐标中的流场计算。

· 多层次移动参考系问题，包括滑动网格界面和计算动子/静子相互干扰问题的混合面等问题。

· 化学组元混合与反应计算，包括燃烧模型和表面凝结反应模型。

· 源项体积任意变化的计算，源项类型包括热源、质量源、动量源、湍流源和化学组分源项等形式。

· 颗粒、水滴和气泡等弥散相的轨迹计算，包括弥散相与连续相耦合的计算。

· 多孔介质流动计算。

· 用一维模型计算风扇和换热器的性能。

· 两相流，包括气穴流动计算。

· 复杂表面问题中自由表面流动的计算。

总之，FLUENT 适用于各种复杂外形的可压缩流体和不可压缩流体的流动计算。

5.1.3 FLUENT 使用的单位制

FLUENT 提供英制(British)、国际单位制(SI)和厘米—克—秒制(CGS)等单位制，这些单位制之间可以相互转换。但 FLUENT 规定，对于边界特征、源项、自定义流场函数、外部创建的 XY 散点图的数据文件数据，必须使用国际单位制。对于网格文件，不管创建时用的什么单位制，在被 FLUENT 读入时，均假定为采用国际单位制(长度单位为米)。因此，在导入网格文件时，要注意按当前设定的单位制对网格尺寸进行缩放处理，以保证其几何尺寸的有效性。

5.1.4 FLUENT 使用的文件类型

使用 FLUENT 时，涉及多种类型的文件，读入的文件类型包括 Grid、Case、Data、Profile、Scheme 和 Journal 文件，输出的文件类型包括 Case、Data、Profile、Joumal 及 Transcript 等。FLUENT 还可以保存当前窗口的布局，以及图形窗口的硬拷贝(即可使用打印机进行打印)。表 5-1 为 FLUENT 用到的主要文件类型。

表 5-1 FLUENT 用到的主要文件类型

文件名称	扩展名	功能
Grid (网格文件)	msh	包含所有节点的坐标及节点之间的连接性信息，不包括边界条件、流动参数或者解的参数。Grid 文件由 GAMBIT、TGrid、GeoMesh、preBFC 或第三方 CAD 软件包生成。从 FLUENT 使用角度来看，Grid 文件只是案例文件的子集。Grid 文件是 FLUENT 中最基本的文件之一，在开始求解之前必须准备好
Case (算例文件)	cas	包括网格、边界条件、解的参数、用户界面和图形环境的信息。是 FLUENT 中的核心文件。在将网格导入 FLUENT 后，便可选择 File 菜单中的相关命令生成该文件。一般来讲，用户只要保留这个文件，一个完整的 CFD 模型就掌握在自己手中
Data (数据文件)	dat	包含每个网格单元的流场值及收敛的历史纪录(残差值)。该文件是 FLUENT 中基本文件之一，用户可随时调用该文件查看计算结果
Profile (边界信息文件)	用户指定	用于指定边界区域上的流动条件
Joumal (进程文件)	用户指定	记录用户输入过的各种操作及命令。可以重复过去的操作及参数设置，恢复图形界面环境
Transcript (副本文件)	用户指定	记录全部输入及输出信息
HardCopy (硬拷贝文件)	取决于 输出格式	将图形窗口中的内容硬拷贝输出为 TIFF、PICT 和 PostScript 等格式的文件
Export (输出文件)	取决于 输出格式	FLUENT 允许用户将数据输出到 AVS、Data Explorer、EnSight、FAST、Fieldview、I-DEAS、NASTRAN、PATRAN 及 Tecplot 等 CAD/CAE 软件
Interpolate (转接文件)	用户指定	FLUENT 允许用户用两种网格方案对同一问题进行求解，中间通过 Interpolation 文件交换数据。具体过程是，先用第一种网格求解，然后将解的结果保存为 Interpolation 文件，再用第二套网格方案从该起点处继续往下计算
Scheme (源文件)	scm	Scheme 是 LISP 编程语言的一个分支，它用于定制 FLUENT 的界面，控制 FLUENT 的运行。用 Scheme 语言编写的源程序文件被称为 Scheme 文件
FLUENT (配置文件)	FLUENT	包含用 Scheme 语言写成的语句，用于对 FLUENT 进行定制和控制。FLUENT 启动时，要寻找该文件进行加载

5.2 FLUENT 求解步骤

FLUENT 作为 CFD 求解器，在进行求解之前，必须借助 GAMBIT、TGrid 或其他 CAD 软件生成网格模型。再简单的问题，也必须借助这些软件生成网格。FLUENT 4 及以前版本，只使用结构网格，而 FLUENT 5 之后使用非结构网格，但兼容传统的结构网格和块结构网格等。到目前为止，FLUENT 软件的最新版本为 2022 版，后期的软件集成并入 ANSYS 软件，所需系统内存也更大，至少要 60G。本章以 FLUENT 19 为例，介绍 FLUENT 的基本用法。

5.2.1 制订分析方案

在使用 FLUENT 之前，首先应针对所要求解的物理问题，制订比较详细的求解方案。制订求解方案需要考虑以下因素。

(1)确定 CFD 模型目标。即确定要从 CFD 模型中获得什么样的结果，怎样使用这些结果，需要怎样的模型精度。

(2)选择计算模型。在这里需要考虑怎样对物理系统进行抽象概括，计算域包括哪些区域，在模型计算域的边界上使用什么样的边界条件，模型按 2D 还是 3D 构造，什么样的网格拓扑结构最适合于该问题。

(3)选择物理模型。考虑该流动是无黏、层流，还是湍流，流动是稳态还是非稳态，热交换重要与否，流体是用可压还是不可压方式来处理，是否为多相流动，是否需要应用其他物理模型。

(4)确定求解过程。在这个环节要确定该问题是否可以利用求解器现有的公式和算法直接求解，是否需要增加其他的参数(如构造新的源项)，是否有更好的求解方式使求解过程更快速地收敛，使用多重网格情况下计算机的内存是否够用，得到收敛解需要多久的时间。

考虑好上述问题后(当然个别问题只有计算结束后才有明确答案)，就可以进行 CFD 建模和求解了。

5.2.2 求解步骤

当确定了 5.2.1 中的几个要素后，便可按下列步骤开展流动模拟。

· 创建几何模型和网格模型(在 GAMBIT、ICEM CFD 或其他前处理软件中完成)。

· 运行合适的 FLUENT 求解器：2D、3D、2DDP(二维双精度)或 3DDP(三维双精度)。

· 导入网格模型。

· 检查网格模型是否存在问题。

· 选择求解器及运行环境。

· 确定计算模型，即是否考虑热交换，是否考虑黏性，是否存在多相，是否涉及化学反应等。

· 设置材料特性。
· 设置边界条件。
· 调整用于控制求解的有关参数。
· 初始化流场。
· 开始求解。
· 显示求解结果。
· 保存求解结果。
· 如果必要，修改网格或计算模型，然后重复上述步骤重新进行计算。

FLUENT 的计算步骤对应的菜单或功能区如表 5 - 2 所示。

表 5 -2　FLUENT 计算步骤及对应的菜单或功能区

步骤	对应菜单或功能区
输入网格	File 菜单
检查网格	Setting Up Domain 功能区
选择基本方程	Setting Up Physics 功能区
选择求解格式	Solving 功能区
物质属性	Setting Up Physics 功能区
边界条件	Setting Up Physics 功能区
调整求解控制参数	Solving 功能区
初始化流场	Solving 功能区
计算求解	Solving 功能区
检查结果	Postprocessing 功能区
保存结果	File 菜单
根据结果对网格做适应性调整	Setting Up Domain 功能区

5.3　FLUENT 的操作界面

FLUENT 求解器精度分为单精度与双精度两大类，单精度具有 7 位精确小数位，双精度具有 15 位精确小数位。单精度求解器速度快，占用内存少，一般选择单精度的求解器即可，双精度需要占用 2 倍的内存空间，需要更长的时间完成计算。这样，在运行 FLUENT 求解器时，就有 4 种启动选项，在启动时可以根据需要进行选择。图 5 - 1 为 FLUENT 19 的启动(Fluent Launcher)界面，最新版本的启动界面还分为网格划分、迭代计算及新增的视觉特效三大模块。图 5 - 1 的启动界面主要针对三大模块中的迭代计算的功能进行选择，最新版在此基础上还增加了计算能力水平、打开文件的功能选项。更多的功能选项可在 Show More Options 中选择。在启动设置时要确定的问题有是 2D 问题还是 3D 问题、计算的精度是单精度还是双精度、计算过程是串行计算还是并行计算、设置项目打开后是否直接显示网格等。设置完成后，单击 OK 按钮进入 FLUENT 操作界面。

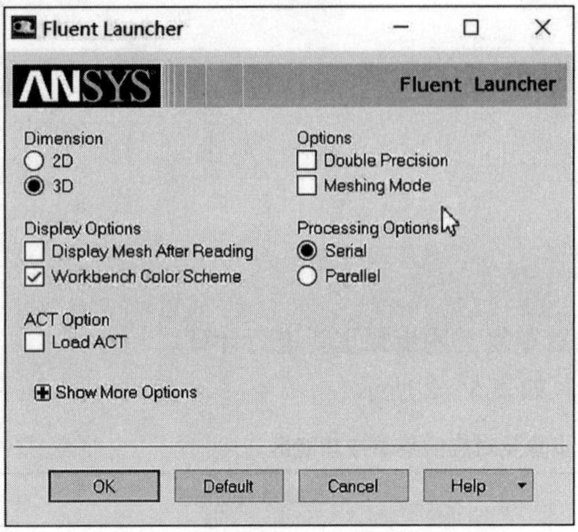

图 5－1　FLUENT 启动界面

FLUENT 17～19 版本的用户界面相似，FLUENT 20 以上版本略有变化，变化不大，本书以 FLUENT 19 为例介绍其操作界面。FLUENT 启动后，弹出如图 5－2 的操作界面，可将其分为 6 个区域。操作界面最上面一排窗口为菜单栏，单击每个主菜单会激活相应的功能卡，所有的软件功能均可通过功能卡进行操作，但实际操作中常使用界面左下角的信息树(Tree)来实现软件功能；单击信息树区域的任一功能，在菜单栏下部的页面中间会出现对应的任务区(Task Page)，也称设置选项卡，具体功能可在任务区中设置完成；任务区右侧的蓝色窗口(Window 1)为图形区域，图形区域左侧的一列按钮为图形控制工具；图形界面下部是控制台即文本信息区(Console)，所有的操作会在该区域以文本信息的形式进行展示，所有的命令也都可以通过在该区域键入命令行发出。

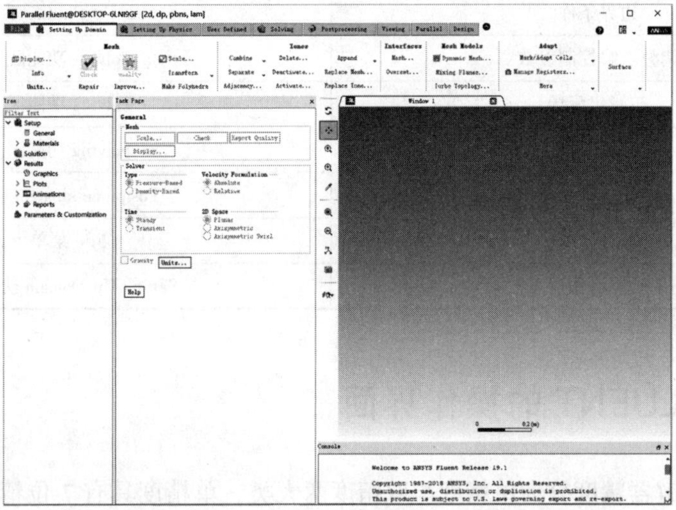

图 5－2　FLUENT 操作界面

5.3.1　文本命令与菜单

图 5－2 所示的 FLUENT 控制台是一个文本界面，用户可在此界面输入各种命令、数据和表达式，FLUENT 也利用这个窗口显示信息，从而达到用户与 FLUENT 交互的目的。需要特别说明的是，文本界面使用了一种叫作 scheme 的编程语言对用户输入的命令和表达式进行管理。Scheme 是 LISP 语言的一种，简单易学，尤其是其宏功能非常有用。利用 Scheme，用户可编写具有复杂功能的控制程序，以对 FLUENT 的界面及运行过程进行控制。

用于操作 FLUENT 的命令，按菜单的方式有层次地组织。用户既可从操作界面顶端的菜单栏中选择所需的命令，也可从窗口中的命令行上输入信息。当然个别与操作系统有关的命令只能通过命令行输入。

界面顶端的菜单条共包含 9 个菜单。菜单正下方是其对应的功能区，与以往菜单下拉的使用方式不同，子菜单以功能区中的选项按钮形式出现在菜单栏下方。通过 File 菜单可以导入或导出文件、保存分析结果。除支持网格文件、算例文件、进程文件等格式外，还兼容了常见的 CFX、ABAQUS、GAMBIT、ANSYS、TGrid 等其他软件的相应格式。通过 Setting up Domain 菜单对网格模型进行检查、修改。通过 Setting Up Physics 菜单设置求解器格式、选择计算模型、设置运行环境、设置材料特性、设置边界条件等。通过 Solving 菜单调整用于控制求解的有关参数、初始化流场、启动求解过程。选择 Display、Plots、Reports 子菜单，可对网格、计算过程、计算结果、相关报表等信息进行显示和查询。通过 Adapt 子菜单可对网格进行自适应的设置和调整，Parallel 菜单专用于并行环境下的计算。

命令行提示符位于文本界面最下面，刚一启动 FLUENT 时，显示为“ > ”。用户可在此提示符下可输入各种命令或 Scheme 表达式，直接按 Enter 键可显示当前菜单层次下的所有命令。例如，在“根目录”下按 Enter 键，显示菜单栏中的 9 个菜单相对应的同名命令。如果在“ > ”提示下输入“Flie”，则进入 Flie 命令层，提示符同时变为“/File > ”。

许多 FLUENT 命令，都有简化的形式。

5.3.2 Scheme 表达式

在命令行提示符下，用户除了可以输入 FLUENT 命令，还可以输入由 Scheme 函数组成的具有复杂功能的 Scheme 表达式。

Scheme 在 FLUENT 中有很广泛的用途，FLUENT 允许用户编写具有专用功能的 Scheme 源程序文件。详细信息请参阅 FLUENT 用户手册。

5.3.3 图形控制及鼠标使用

从 FLUENT 控制台的 Viewing 菜单中选择一项命令，可在图形窗口中显示相应的内容。如选择 Viewing/Display/Options 命令，可更改图形窗口中的图形显示属性。

选择 Viewing/Mouse 命令，可以调整鼠标按钮的定义。默认的鼠标按钮功能是：按住左键拖动，移动图形；按住中键拖动，缩放图形；按住右键拖动，执行用户预定义的操作。

5.4 使用网格

FLUENT 不能自己生成网格，需要导入由 GAMBIT、ICEM CFD 等前处理软件生成的网格。导入网格后，可以在 FLUENT 中对网格进行修改，如平移或缩放节点坐标，为并行计算划分子域，对单元重新排序以减少带宽，合并或分割不同的区域等。FLUENT 还可对网格进行诊断、报告内存的使用情况及网格的拓扑结构、显示网格中节点、面及单元的个数、确定计算域内单元体积的最大值和最小值、检查每一单元上是否包含合适的节点数和面数等。

5.4.1 导入网格

FLUENT 导入网格类型众多，能够读取 GAMBIT、TGrid、GeoMesh、preBFC、ICEM CFD、I-DEAS、NASTRAN、PATRAN、ARIES 等产生的网格，也可处理 FLUENT 家族的 FLUENT/UNS、RAMPANT 和 FLUENT 的网格，还可将来自不同网格文件的网格组合成一个新的网格。现就各类网格的导入方式进行简单介绍。

(1)导入 GAMBIT、TGrid、GeoMesh 和 ANSYS 网格文件

在 GAMBIT、TGrid 和 GeoMesh 等专用前处理软件内部，直接有生成 FLUENT 网格的选项。这些前处理软件生成的网格文件一般被称为案例文件，具有 cas 扩展名，可直接在 FLUENT 中选择 File/Read/Case 命令，然后在弹出的 File 对话框中选择所要导入的文件，FLUENT 在导入过程中会报告网格的相关信息，如节点数、不同类型的单元数目等，也可使用 File/Import/GAMBIT 命令导入未生成 cas 扩展名的 GAMBIT 网格文件。

(2)导入 FLUENT/UNS、RAMPANT 网格文件

可直接在 FLUENT 中使用 File/Read/Case 命令导入，但需要注意的是，在导入 FLUENT/UNS 网格文件后，FLUENT 只允许用户使用其分离式求解器；在导入 RAMPANT 网格文件后，FLUENT 只允许使用耦合显式求解器。

(3)导入 FLUENT 4 网格文件

在 FLUENT 中使用 File/Import/FLUENT 4 Case 命令导入。需要注意对压力边界的处理，FLUENT 4 与当前版本的 FLUENT 可能有区别，必须关注在导入过程中给出的信息，并根据信息对网格做适当修改。

(4)导入 ICEM CFD 网格文件

ICEM CFD 可以产生两种方式的 FLUENT 网格文件：一种是 FLUENT 4 方式的结构网格，另一种是 RAMPANT 方式的非结构网格。对于这两种网格，都可通过 File/Read/Case 命令导入。

(5)导入 preBFC 网格文件

preBFC 可生成结构网格或非结构网格。对于结构网格，直接在 FLUENT 中使用 File/Import/preBFC Structured Mesh 命令导入。非结构网格实际为 RAMPANT 方式，通过 File/Read/Case 导入。

(6)导入 FIDAP 网格文件

在 FLUENT 中使用 File/Import/FIDAP 命令导入。

(7)导入其他 CAD/CAE 网格文件

要导入 I-DEAS、NASTRAN、PATRAN 等产生的网格，一般有以下 3 种方式可供选择：

①将各自普通的网格先导入 TGrid 前处理软件，再由 TGrid 导出 FLUENT 网格文件。

②直接通过 FLUENT 中的 File/Import/IDEAS Universal，File/Import/NASTRAN、File/

Import/PATRAN 命令导入。

③在 CAD/CAE 软件中生成 FLUENT 格式的网格文件，然后在 FLUENT 中通过 File/Read/Case 导入。注意 CAD/CAE 软件中有些单元是 FLUENT 不接受的，一般只接受线性的三角形、四边形、四面体、六面体、楔形体单元。

(8)处理多重网格

有些情况下，可能需要从多个网格文件中读取信息，然后生成合并的网格。例如，对于复杂的形状来说，在生成软件时分块制作并单独保存网格文件，可能会使效率更高一些。FLUENT 并不要求各块网格在分界面处网格节点一定完全对应，因为它可以处理非一致的网格边界。读入多重网格的步骤如下：

①在网格生成器中分别生成整个计算域的各块网格，将每块网格单独保存成一个网格文件。需要注意的是，如果某个网格是结构网格，必须先使用 FLUENT 提供的转换器 fl42seg 对其进行转换。

②用 TGrid 或 Tmerge 转换器将各网格文件合并成一个网格文件。相对来讲，使用 TGrid 更为方便。合并的过程是，在 TGrid 中读入所有的网格文件，TGrid 会自动合并网格，然后保存成一个网格文件。

③将合并后的网格文件按导入 TGrid 网格文件的标准做法导入即可。

5.4.2 检查网格

在将网格导入 FLUENT 以后，必须对网格进行检查，用以确定是否可以直接用于 CFD 求解。网格的检查能力包括域的范围、体积的数据统计、网格拓扑和周期边界信息等。选择 Setting up Domain/Check 命令，FLUENT 会自动完成网格检查，同时报告计算域、体、面、节点的统计信息。若发现错误，FLUENT 会给出相关提示，用户需要按提示进行相应修改。如果 FLUENT 报告“WARNING: node on face thread 2 has multiple shadows”，说明有重复的影子节点存在。在设置周期性壁面边界时可能出现此问题，可选择 Setting Up Domain/Modify - zones/Repair - periodic 命令修改。

5.4.3 显示网格

在将网格导入 FLUENT 后，用户可随时查看网格图。选择 Setting up Domain/Display 命令，弹出 Mesh Display 对话框，如图 5 - 3 所示。

一般情况下，用户可在 Options 选项组中选中 Edges(单元边)复选框，在 Edge Type 选项组中选择 All(所有类型的边)单选按钮，在单击 Display 按钮后，即可将 Surfaces 列表框中选中的面的网格显示在图形窗口。

在 Options 选项组中，Nodes 表示显示节点，Faces 表示显示单元面(线)，Partitions 表示显示并行计算中子域边界。

在 Surfaces 列表框中给出了可供显示的所有的面。单击右上角带 × 号的图标，表示取消当前选中的面；单击带√号的图标，表示选中所有的面。

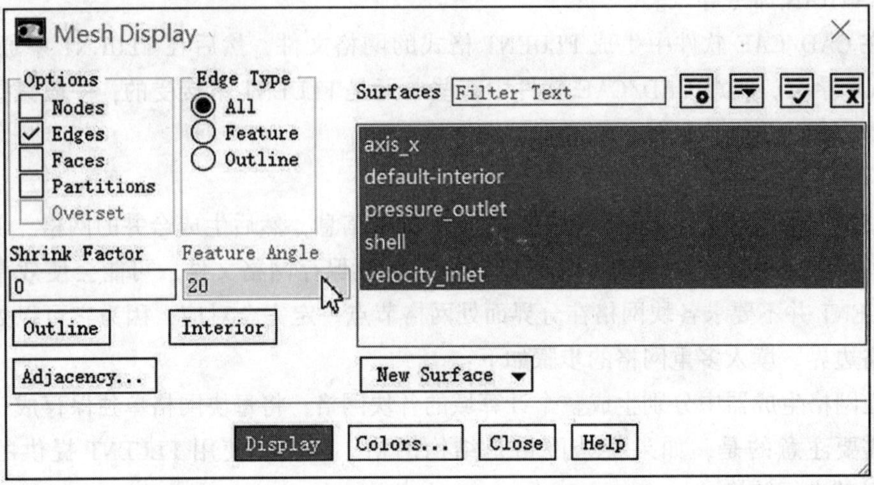

图 5-3　Mesh Display 对话框

单击 Surface Types 列表中的某项，满足该类型的所有的面被选中；单击左下角的 Outline 按钮，选中(或取消选中)所有边界上的面；单击左下角的 Interior 按钮，选中(或取消选中)所有内部边界面；单击 Colors 按钮，改变网格的颜色。

5.4.4　修改网格

对于不满意的网格，可选择相应命令进行修改。常用的操作如下：

(1)缩放网格

FLUENT 内部存储网格的长度单位为 m，用户在 GAMBIT 等软件中使用的单位为 mm，因此，在将 GAMBIT 网格导入 FLUENT 时，需要将其缩小至千分之一。选择 Setting Up Domain/Scale 命令，弹出 Scale Mesh 对话框，如图 5-4 所示。在该对话框的 X 及 Y 文本框中均输入“0.001”即可。注意，FLUENT 在 Domain Extents 选项组中给出了网格整体的对角点的坐标，查看这个范围值可以确定当前的长度单位是否需要改变。

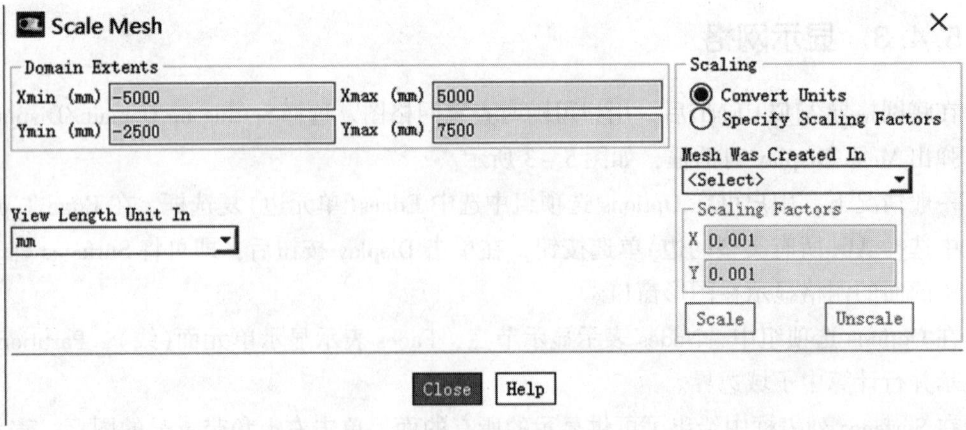

图 5-4　Scale Mesh 对话框

(2)网格平移

选择 Setting Up Domain/Translate 命令，可对网格进行整体平移。

(3)合并区域

选择 Setting Up Domain/Combine/Merge 命令，可将具有相同类型的多重区域合并为一个。合并后，会使边界条件的设置及后处理变得更简单。

(4)分解区域

FLUENT 允许用户将单一表面或单元区域分为同一类型的多个区域。例如，在生成管道的网格时，只创建了一个壁面区域，但是该壁面区域在不同的位置温度不同，就需要在 FLUENT 中将这个壁面区域分为多个小区域。再如，如果想用滑移网格模型或多重参考系(Multiple Reference Frame，MRF)进行求解，但在起初生成网格时没有为具有不同滑动速度的流体区域创建不同的区域，就需要将这个区域分解。使用分解区域命令时，需要先标记一个区域。首先使用子菜单 Adapt > Mark/Adapt Cells > Region，再进入 Setting Up Domain/Separate/Cells，最终进入 Region Adaption 对话框完成。

(5)创建周期性区域

FLUENT 允许用户使用一致的或非一致的周期性区域建立周期性边界。创建两类周期性边界的命令是 Mesh/Modify - zones/Make - periodic，分别输入两个边界面的 ID 或名称并回车，然后输入 yes 或 no 确定边界类型。

(6)解除周期性区域

如果希望将原来已定义为周期性边界的两个区域解除关联关系，则可通过选择 Mesh/modify - zones/slit - periodic 来实现。

(7)融合表面区域

当采用多个网格合并生成一个大的网格时，在各网格的分界面上有两个边界区域，可选择 Setting Up Domain/Combine/Fuse 命令将两个子块的网格界面融合。

(8)将一个表面区域分割为两个表面区域

FLUENT 允许用户将任何具有双边类型的单一边界区域(即在边界两侧均有单元存在)剪开，分为两个不同的区域，或者将耦合在一起的壁面区域完全解耦为两个单独的区域。当剪开表面区域后，求解器会复制所有表面和节点(位于 2D 的端点或 3D 的边上的节点除外)，其中一组表面和节点属于新生成的一个边界区域，另一组表面和节点属于另一个区域。操作时将需处理的面的类型修改为 wall 或 interior，在控制台窗口输入 mesh/modify - zones/slit - face - zone，回车后按提示输入要处理的边界面的名称，再回车，即可完成分割。

(9)拉伸表面区域

拉伸表面区域功能可以让用户在不退出求解器的条件下，延伸求解的计算域。在控制对话框输入 Setting Up Domain/modify - zones/extrude - face - zone - delta，根据提示输入需延长的边界面的名称并回车，然后根据提示输入每一段拉伸长度(单位为 m)，每输入一个长度回车一次(不需再拉伸时不输长度直接回车)，最终的拉伸长度为每段之和。或者在控制台输入 mesh/modify - zones/extrude - face - zone - para，根据提示输入需延长的边界面的名称并回车，然后输入需拉伸的总长度，回车后依次输入每一段的比例参数(比例参数从0一直到1，如0，0.1，0.2，…，1，分别表示各段起点与拉伸起始面的距离占总长度的比例)。

(10)记录计算域和子区域

记录计算域和子区域功能可通过重新排列内存的节点、表面及单元提高求解器的计算性能。选择 Setting Up Domain/Reorder/Domain 和 GridReorder/Zones 命令可分别完成记录计算域和记录子区域的操作。然后选择 Setting Up Domain/Reorder/Print Bandwidth 命令，输出目前网格的划分。

(11)删除和抑制单元区域

出于求解过程中的某些特殊考虑，用户可彻底删除一个单元区域及与其相关的所有表面区域，或者临时抑制某些单元区域。删除单元区域的命令是 Setting Up Domain/Zone/Delete，抑制单元区域的命令是 Setting Up Domain/Zone/Deactivate，激活被抑制的单元区域的命令是 Setting Up Domain/Zone/Activate。

在上述操作后，注意保存新文件。

5.4.5 光顺网格与交换单元面

如果使用三角形或四面体网格，当网格检查通过后，还需光顺网格并交换单元面。

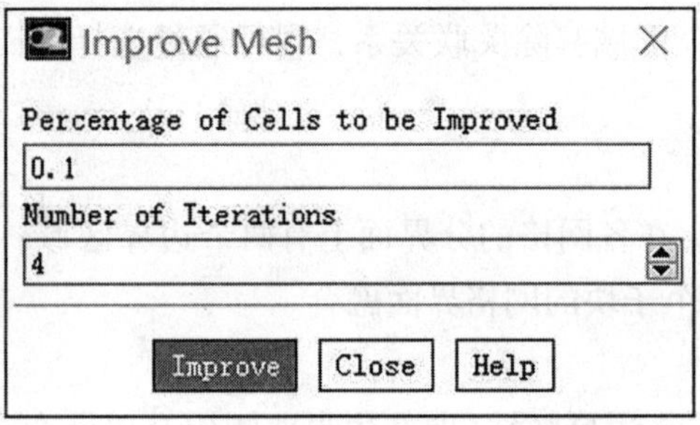

图5-5 Improve Mesh 对话框

光顺(smoothing)的目的是重新配置节点，交换单元面(swapping faces)的目的是修改单元连接性。该操作主要是改善网格质量，FLUENT 要求对三角形和四面体网格进行此操作，但不应对其他类型的网格进行此操作。

选择 Setting Up Domain/Mesh/Improve 命令，打开 Improve Mesh 对话框，如图5-5所示，单击 Improve 按钮完成。表示交换单元面对话框中给定优化网格的比例及迭代次数，优化网格的比例建议首先给定较小的值，然后逐次提高。

5.5 选择求解器及运行环境

在准备好网格后，就需要确定采用的求解器模式及采用的工作模式。这里，FLUENT 提供了分离式和耦合式两类求解器，而耦合式求解器又分为隐式和显式两种。在计算模式方面，FLUENT 允许用户指定计算是稳态的还是非稳态的，以及计算模型在空间上是普通的2D 或3D 问题，还是轴对称问题等。在运行环境方面，FLUENT 允许设置参考工作压力，以及由用户决定是否考虑重力。

5.5.1 分离式求解器

分离式求解器(Segregated Solver)是顺序地、逐一地求解各方程(关于 u、v、w、p 和 T 的方程)。也就是先在全部网格上解出一个方程(如 u 动量方程)后，再解另外一个方程(如 v 动量方程)。由于控制方程是非线性的，且相互之间是耦合的，在得到收敛解之前，要经过多轮迭代。每一轮迭代都有以下几个步骤：

(1)根据当前的解的结果，更新所有流动变量。如果计算刚刚开始，则用初始值来更新。

(2)按顺序分别求解 u、v 和 w 动量方程，得到速度场。注意在计算时，压力和单元界面的质量流量使用当前的已知值。

(3)由第(2)步得到的速度很可能不满足连续性方程，因此，用连续性方程和线性化的动量方程构造一个 Poisson 型的压力修正方程，然后求解该压力修正方程，得到压力场与速度场的修正值。

(4)利用新得到的速度场与压力场，求解其他标量(如温度、湍流动能和组分等)的控制方程。

(5)对于包含离散相的模拟，当内部存在相间耦合时，根据离散相的轨迹计算结果更新连续相的源项。

(6)检查方程组是否收敛。若不收敛，回到第(1)步，重复进行。

5.5.2 耦合式求解器

耦合式求解器(coupled solver)是先同时求解连续性方程、动量方程、能量方程及组分输运方程的耦合方程组，再逐一地求解湍流等标量方程。由于控制方程是非线性的，且相互之间是耦合的，在得到收敛解之前，要经过多轮迭代。每一轮迭代都有以下几个步骤：

(1)根据当前解的结果，更新所有流动变量。如果计算刚刚开始，则用初始值来更新。

(2)同时求解连续性方程、动量方程、能量方程及组分输运方程的耦合方程组(后两个方程视需要进行求解)。

(3)根据需要，逐一地求解湍流、辐射等标量方程。注意在求解之前，有关变量要用前面得到的结果更新。

(4)对于包含离散相的模拟，当内部存在相间耦合时，根据离散相的轨迹计算结果更新连续相的源项。

(5)检查方程组是否收敛。若不收敛，回到第(1)步，重复进行。

5.5.3 求解器中的显式与隐式方案

无论是在分离式还是在耦合式求解器中，都要想办法将离散的非线性控制方程线性化为在每一个计算单元中相关变量的方程组。为此，可采用显式和隐式两种方案实现这一线性化过程，这两种方式的物理意义如下。

· 隐式(Implicit)：对于给定变量，单元内的未知量用邻近单元的已知和未知值来计算。因此，每一个未知量会在不止一个方程中出现，这些方程必须同时求解才能得出未知量的值。

· 显式(Explicit)：对于给定变量，每一个单元内的未知量用只包含已知值的关系式来计算。因此，未知量只在一个方程中出现，而且每一个单元内的方程只需解一次就可以得到未知量的值。

在分离式求解器中，只采用隐式方案进行控制方程的线性化。由于分离式求解器是在全计算域上解出一个控制方程的解之后才去求解另一个方程，因此，区域内每一个单元只有一个方程，这些方程构成一个方程组。假定系统共有 M 个单元，则针对一个变量(如速度 u)生成一个由 M 个方程组成的线性代数方程组。FLUENT 使用点隐式 Gauss - Seidel 方法来求解这个方程组。总体来讲，分离式方法先同时考虑所有单元解出一个变量的场分布(如速度 u)，再同时考虑所有单元解出下一个变量(如速度 v)的场分布，直至所要求的几个变量(如 w、p、T)的场全部解出。

在耦合式求解器中，可采用隐式或显式两种方案进行控制方程的线性化。当然，这里的隐式和显式，只是针对耦合求解器中的耦合控制方程组(即由连续性方程、动量方程、能量方程及组分输运方程组成的方程组)而言，其他的独立方程(即湍流、辐射等方程)仍采用与分离式求解器相同的方法(即隐式方式)来求解。

· 耦合隐式(Coupled implicit)：耦合控制方程组中的每个方程在线性化时都要生成一个涉及所有相关未知量的方程。如果系统中耦合的控制方程有 N 个(一般是 3 ~ 6)，总共有 M 个单元，则针对计算域中每个单元生成 N 个线性方程。系统总共有 $M \times N$ 个方程。因为每一个单元中有 N 个方程，所以称这种方程组为分块方程组。FLUENT 将点隐式 Gauss - Seidel 方法与代数多重网格(Algebraic Multi - Grid，AMG)方法结合来求解分块方程组。总的来讲，耦合隐式方案最后同时解出所有单元内的变量(u、v、w、p 和 T)。

· 耦合显式(Coupled explicit)：耦合的一组控制方程都用显式的方式线性化。和隐式方案一样，通过这种方案也会得到区域内每一个单元具有 N 个方程的方程组。然而，方程中的 N 个未知量都是用已知值显式地表示，而且这 N 个未知量是耦合的。正因如此，不需要线性方程求解器。取而代之的，是使用多步(Runge - Kutta)方法来更新各未知量。总的来讲，耦合显式方案可以同时求解一个单元内的所有变量(u、v、w、p 和 T)。

5.5.4 求解器的比较与选择

分离式求解器以前主要用于不可压缩流体流动和微可压缩流体流动求解，而耦合式求解器用于高速可压缩流体流动求解。现在，两种求解器都广泛适用于从不可压到高速可压的流动，但总的来讲，当计算高速可压缩流体流动时，耦合式求解器比分离式求解器更有优势。

FLUENT 默认使用分离式求解器进行计算，但是，对于高速可压缩流体流动、由强体积力(如浮力或者旋转力等)导致的强耦合流动，或者在非常精细的网格上求解的流动，需要考虑耦合式求解器。耦合式求解器耦合了流动和能量方程，常常很快便可以收敛。耦合隐式求解器所需内存是分离式求解器的 1.5 ~2 倍，可以根据这一情况来选择求解器。在需要耦合隐式时，如果计算机内存不够，则采用分离式或耦合显式。耦合显式虽然也耦合了流动和能量方程，但是它需要的内存比耦合隐式小，当然它的收敛性也相应差一些。

需要注意的是，在分离式求解器中提供的几个物理模型，在耦合式求解器中是没有的。这些物理模型包括流体体积模型(VOF)、多项混合模型、欧拉混合模型、PDF 燃烧模型、预混合燃烧模型、部分预混合燃烧模型、烟灰和 NO_x 模型、Rosseland 辐射模型、熔化和凝固等相变模型、指定质量流量的周期流动模型、周期性热传导模型和壳传导模型等。而有些物理模型只在耦合式求解器中有效，在分离式求解器中无效，如理想气体模型、用户定义的理想气体模型、NIST 理想气体模型、非反射边界条件和用于层流火焰的化学模型。

一旦确定了求解器类型，即可在 FLUENT 中进行设置。在 FLUENT 19 中，可通过不同的途径进行相同的设置。单击信息树中的 General 项，弹出如图 5 -6 所示的 General (总体模型设定)对话框。在 General 对话框的 Solver 选项组中，可对求解器的类型进行设置。Pressure - Based 是基于压力法的求解器，使用压力修正算法，求解的控制方程是标量形式的，擅长求解不可压缩流动，对于可压缩流体流动也能够求解。Density - Based 是基于密度法的求解器，求解的控制方程是矢量形式的，主要离散格式有 Roe - FDS、AUSM。设计该方法的初衷是让 FLUENT 具有较好的求解可压缩流体流动能力，但目前格式未添加任何限制器，因此还不太完善。Density - Based 只有 Coupled 的算法，对于低速问题，可使用 Preconditioning 方法处理。Density - Based 下没有 SIMPLEC、PISO 选项，这些选项都采用压力修正算法，不会在这种类型的求解器中出现。因此，进行数值计算时一般还是使用 Pressure - Based，其他各选项和方式见下一小节内容。

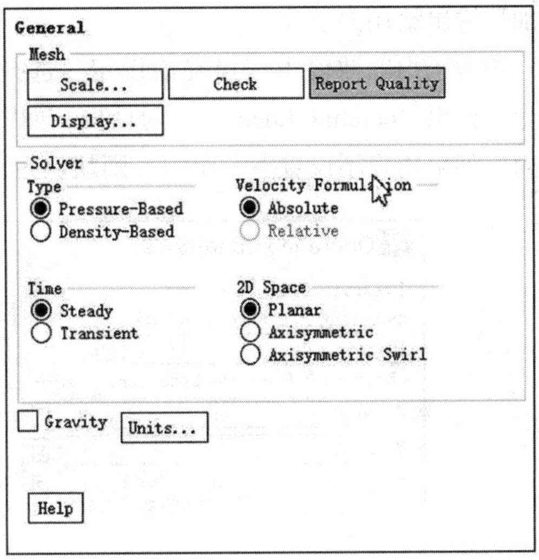

图 5 -6 General 对话框

5.5.5 计算模式的选择

除设置求解器类型外，用户还需要指定计算模式，如模型在空间上的特征，在时间上是稳态还是非稳态等。这些信息也通过图 5 -6 所示的对话框来输入。

在2D Space或3D Space选项组中，可选择的计算的对象的空间几何特征主要为Planar(平面)、Axisymmetric(轴对称)及Axisymmetric Swirl(轴对称回转)。

根据计算工况，在Time选项组可以指定所求解的问题在时间上是Steady(稳态)还是Transient(瞬态)。

在Velocity Fomrulation选项组可指定在计算时速度是按Absolute(绝对速度)还是Relative(相对速度)处理。注意，Relative选项只用于分离式求解器。

在完成对求解器及相关的设置后，选择File/Write/Case命令，FLUENT将结果保存为案例文件(＊.cas)。

5.5.6 运行环境的选择

(1)参考压力的选择

在FLUENT中，压力(包括总压和静压)都是相对的(gauge pressure)，即相对于运行参考压力(operating pressure)而言的。当需要绝对压力时，FLUENT会把相对压力与参考压力相加后输出给用户。

参考压力的数值由用户提前设定。选择Setting Up Physics/Solver/Operating Conditions命令，弹出Operating Conditions对话框，如图5-7所示。用户可以在此对话框中设置参考压力。如果用户不设置参考压力，则默认为标准大气压，即101325Pa。

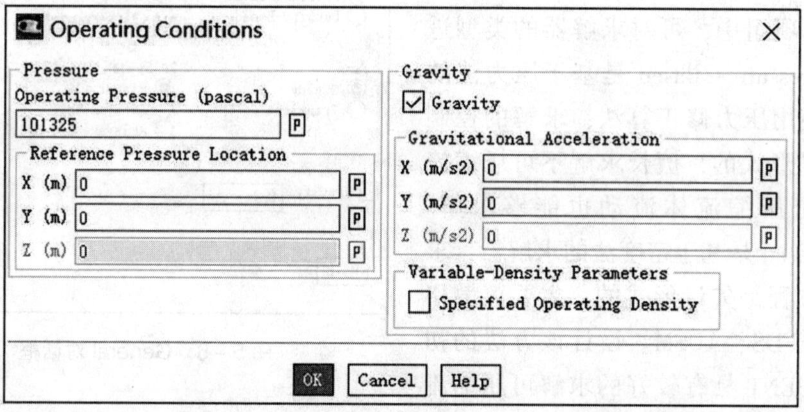

图5-7 Operating Conditions对话框

对于不可压缩流体流动，若边界条件中不包含压力边界条件，用户应设置一个参考压力位置。在计算中，FLUENT强制这点的相对压力值为0。实际上，FLUENT在每轮迭代结束后，整个压力场都要减去这个参考压力位置的压力值，从而使所有点的压力均按照参考压力位置的值来度量。如果用户不指定参考压力位置，则默认为(0，0，0)点。

(2)重力选项

如果计算的问题需要考虑重力影响，需要选Operating Conditions对话框中的Gravity复选框，同时在X、Y及Z 3个方向上指定重力加速度的分量值。在默认情况下，FLUENT不考虑重力影响。

5.6 确定计算模型

在准备好计算模型网格，并选择求解器的模式后，就需要确定采用何种计算模型，即指定计算时是否考虑传热，流动是无黏、层流还是湍流，是否为多相流动，是否包含相变，计算过程中是否存在化学组分变化和化学反应等。如果用户对这些模型不作任何设置，在默认情况下，FLUENT将只进行流场求解，不求解能量方程，并认为没有化学组分变化，没有相变发生。不存在多相流，不考虑氮氧化合物污染。下面对相关模型及其激活方法进行简要介绍。

5.6.1 多相流模型

在求解器设定完成后，需要根据计算的问题选择适当的物理模型，包括多相流模型、能量方程、湍流模型、辐射模型、组分输运和反应模型、离散相模型、凝固和熔化模型、气动噪声模型等。

FLUENT提供了4种多相流模型(Multiphase Model)：VOF(Volume of Fluid)模型、Mixture(混合)模型、Eulerian(欧拉)模型和Wet Steam(湿蒸汽)模型。常用的是前3种，Wet Steam模型只有在求解类型是Density－Based时才被激活。选择Seeting Up Physics/Models/Multiphase命令，弹出Multiphase Model对话框，或者在信息树中单击Models按钮，弹出Models(模型设定)对话框，再单击Multiphase Model按钮，弹出Multiphase Model对话框，如图5－8所示。

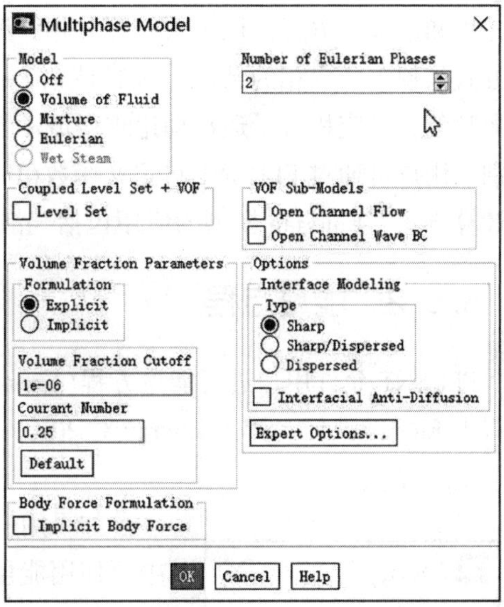

图5－8 Multiphase Model对话框

VOF模型、Mixture模型、Eulerian模型这3种模型都属于用欧拉观点处理多相流的方法。其中，VOF模型适合于求解分层流和需要追踪自由表面的问题，如水面波动、容器内液体的填充等；而Mixture模型和Eulerian模型适合计算体积浓度大于10%的流动问题。默认状态下，FLUENT屏蔽多相流计算，即Multiphase Model对话框的Off单选按钮处于选中状态。当用户选择了某种多相流模型时，对话框才会进一步展开，可以修改相应模型的有关参数。图5－8为选中Volume of Fluid单选按钮后得到的结果。下面对3种多相流模型进行介绍。

(1)VOF模型

VOF模型是一种在固定的欧拉网格下的表面跟踪方法。当需要得到一种或多种互不相容流体间的交界面时，可以采用这种模型。在 VOF 模型中，不同的流体组分共用一套动量方程，计算时在全流场的每个计算单元内都记录下各流体组分所占有的体积率，该模型用于模拟 2 种或 3 种不能混合的流体。VOF 模型的应用例子包括分层流、自由面流动，灌注、晃动、液体中大气泡的流动，水坝决堤时的水流，对喷射衰竭(jet breakup)表面张力的预测，以及求得任意液体气分界面的稳态或瞬时分界面等。

(2) Mixture 模型

Mixture 模型是一种简化的多相流模型，可用于模拟各相有不同速度的两相流或多相流(流体或颗粒)问题，也可用于模拟有强烈耦合的各向同性多相流和各相以相同速度运动的多相流。因为在 Eulerian 模型中，各相被处理为互相贯通的连续体，混合模型求解的是混合物的动量方程，并通过相对速度描述离散相。Mixture 模型的应用包括低负载的粒子负载流、气泡流、沉降及旋风分离器。

(3) Eulerian 模型

Eulerian 模型可模拟多相分离流及相互作用的相，相可以是液体、气体、固体。与在离散相模型中 Eulerian－Lagrangian 方案只用于离散相不同，在多相流模型中 Eulerian 方案可用于模型中的每一相。Eulerian 模型是 FLUENT 中最复杂的多相流模型。它包含 n 个动量方程和连续性方程，用于求解每一相。压力项和各界面交换系数是耦合在一起的。耦合的方式依赖于所含相的情况，颗粒流(流—固)的处理与非颗粒流(流—流)是不同的。对于颗粒流，可应用分子运动理论求得流动特性。不同相之间的动量交换也依赖于混合物的类别。用户可通过 FLUENT 自定义函数(User－Defined Functions，UDF)自己定义动量交换的计算方式。Eulerian 模型的应用包括气泡柱、上浮、颗粒悬浮及流化床等。

5.6.2 能量方程

FLUENT 允许用户进行能量方程(Enengy Equation)的计算。用户可在模型控制对话框中双击 Energy 按钮，弹出 Energy 对话框，如图 5－9 所示，选中 Energy Equation 复选框激活能量方程。

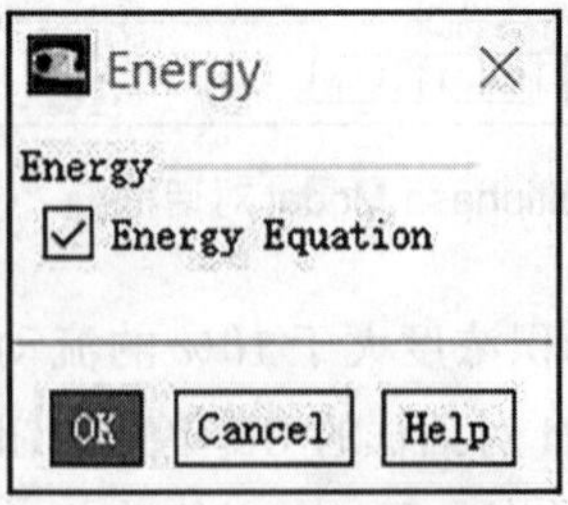

图 5－9　Energy 对话框

如果用户选中 Energy Equation 复选框，则表示计算过程中要使用能量方程，考虑热交换。对于一般的液体流动问题，如水利工程及水力机械流场分析，可不考虑传热；而在气体流动模拟时，需要考虑传热。

在 FLUENT 中使用其他模型时，如果考虑传热，用户需要激活相应的模型、提供热边界条件，给出控制传热和(或)依赖于温度而变化的各种介质参数。

如果模拟黏性流动，并且希望在能量方程中包含黏性生成热。在 Viscous Model 对话框中激活 Viscous Heating 选项(这一选项仅在激活能量方程的前提下出现，且只能用于分离式求解器)。默认状态下，FLUENT 在能量方程中忽略了黏性生成热，而耦合式求解器则包含黏性生成热。对于流体剪切应力较大(如流体润滑问题)

和高速可压缩流体流动，用户应该考虑黏性耗散。

5.6.3 黏性模型

FLUENT 共提供了多种黏性模型(Viscous Model)，如无黏、层流、Spalart - Allmuras 一方程模型、$k-\varepsilon$ 两方程模型、$k-\omega$ 两方程模型、Reynolds 应力模型和大涡模拟模型等。其中大涡模拟模型只对 3D 问题有效。选择 Setting Up Physics/Models/Visous 命令，弹出 Viscous Model 对话框，如图 5 - 10 所示。

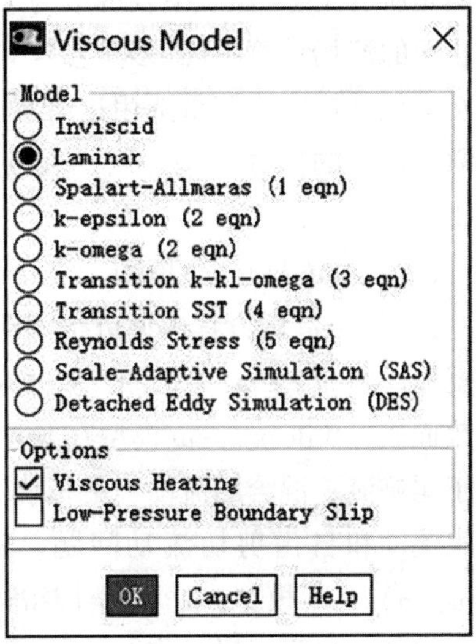

图 5 - 10 Viscous Model 对话框

(1) Inviscid 模型

进行无黏计算。

(2) Laminar 模型

用层流的模型进行流动模拟。层流模拟同无黏模拟相同，不需要用户输入任何与计算模型有关的参数。

(3) Spalart - Allmaras(一方程)模型

用 Spalart - Allmaras 一方程模型进行湍流计算。这是求解动力涡黏输运方程相对简单的一种模型，它包含一组最新发展的一方程模型，在这些方程里不必去计算和局部剪切层厚度相关的长度。Spalart - Allmaras 模型专门用于求解航空领域的壁面限制流动，对于受逆压力梯度作用的边界层流动，已取得很好的效果，在透平机械中的应用也越来越普遍。

原始的 Spahrt - Allmaras 模型是一种低雷诺数模型，要求在近壁面区的网格划分得很细。但在 FLUENT 中，由于引入了壁面函数法，Spalart - Allmaras 模型用在较粗的壁面网格时也可取得较好的结果。因此，当并不是十分需要精确的湍流计算时，这种模型是最好的选择。需要注意的是，Spalart - Allmara 模型是一种相对较新的模型，模型的稳定性较差，现在不能断定它适用于所有类型的复杂工程流动。一方程模型经常因为对长度尺度的变化不敏感而受到质疑，例如，壁面约束流动突然转变为自由剪切流就属于这种情况。

(4) $k-\varepsilon$(两方程)模型

使用 $k-\varepsilon$ 两方程模型进行湍流计算。在第 2 章中已介绍，这里简单总结。$k-\varepsilon$ 两方程模型又分为标准 $k-\varepsilon$ 模型、RNG $k-\varepsilon$ 模型和 Realizable $k-\varepsilon$ 模型 3 种。虽然得到最广泛的使用，但因为标准 $k-\varepsilon$ 模型假定湍流为各向同性的均匀湍流，所以在旋流(swirl flow)等非均匀湍流问题的计算中存在较大误差；RNG $k-\varepsilon$ 模型在形式上类似于标准 $k-\varepsilon$ 模型，但是在计算功能上强于标准 $k-\varepsilon$ 模型；Realizable $k-\varepsilon$ 模型满足对雷诺应力的约束条件，因此可以在雷诺应力上保持与真实湍流一致。这一点是标准 $k-\varepsilon$ 模型和 RNG $k-\varepsilon$ 模型都无法做到的。这个特点在计算中的好处是，可以更精确地模拟平面和圆形射流的扩散速度，同时在计算旋转流、带方向压强梯度的边界层和分离流等问题中，结果更符合真实情况。Realizable $k-\varepsilon$ 模型是新出现的 $k-\varepsilon$ 模型，虽然还无法证明其性能已经超过

RNG $k-\varepsilon$ 模型，但是分离流计算和带二次流的复杂流动计算的研究表明，Realizable $k-\varepsilon$ 模型是所有 $k-\varepsilon$ 模型中表现最为出色的湍流模型。Realizable $k-\varepsilon$ 模型在同时存在旋转和静止区的流场计算中(如多重参考系、旋转滑移网格等计算中)会产生非物理湍流黏性，因此在类似计算中应慎重选用这种模型。$k-\varepsilon$ 模型是目前黏性模拟使用最广泛的，各种模型需要输入的参数不同。用户在使用 FLUENT 之初，可用其默认值，待以后有经验时再修正。

(5)$k-\omega$(两方程)模型

使用 $k-\omega$ 两方程模型进行湍流计算。$k-\omega$ 两方程模型分为标准 $k-\omega$ 模型和 SST $k-\omega$ 模型。标准 $k-\omega$ 模型基于 Wilcox $k-\omega$ 模型，并考虑低雷诺数、可压缩性和剪切流特性修改而成。Wilcox $k-\omega$ 模型在预测自由剪切流传播速率时，取得了很好的效果，成功应用于尾迹流、混合层流动、平板绕流、圆柱绕流和放射状喷射等应用场景，擅长处理壁面约束流动和自由剪切流动问题。SST $k-\omega$ 模型的全称是剪切应力输运(shear - stress transport)$k-\omega$ 模型，是为了使标准 $k-\omega$ 模型在近壁面区有更好的精度和算法稳定性而发展起来的，也可以说是将 $k-\varepsilon$ 模型转换到 $k-\omega$ 模型的结果。因此，SST $k-\omega$ 模型在许多时候比标准 $k-\omega$ 模型更有效。

(6)Reynolds 应力模型

使用 Reynolds 应力模型(RSM)进行湍流计算。在 FLUENT 中，Reynolds 应力模型是最精细的湍流模型。它放弃了各向同性的涡黏假定，直接求解 Reynolds 应力方程。由于它比一方程和两方程模型更加严格地考虑了流线弯曲、旋涡、旋转和张力快速变化，对于复杂流动总体上有更高的预测精度。但是，为使 Reynolds 方程封闭而引入了附加模型(尤其是对计算精度有重要影响的压力应变项和耗散率项模型)，也会使这种方法的预测结果的真实性受到挑战。

总体来讲，Reynolds 应力模型的计算量很大：该模型不采用 Boussinesq 假设，而是直接求解雷诺平均 $N-S$ 方程中的雷诺应力项，同时求解耗散率方程，因此在 2D 问题中需要求解 5 个附加方程、在 3D 问题中需要求解 7 个附加方程。当需要考虑 Reynolds 应力的各向异性时，如飓风流动、燃烧室高速旋转流、管道中二次流，必须用 Reynolds 应力模型。

(7)大涡模拟模型

使用大涡模拟(Large Eddy Simulation，LES)模型进行湍流计算。该模型只对 3D 问题有效，是目前比较有潜力的湍流模型。

在上述几种湍流模型中，从计算的角度看，Spalart - Allmaras 模型在 FLUENT 中是最经济的湍流模型。标准 $k-\varepsilon$ 模型比 Spalart - Allmaras 模型耗费的计算资源更多。Realizable $k-\varepsilon$ 模型比标准 $k-\varepsilon$ 模型耗费的计算资源更多。而 RNG $k-\varepsilon$ 模型在控制方程中有额外的函数和非线性，因而比标准 $k-\varepsilon$ 模型多消耗 10% ~15% 的 CPU 时间。$k-\omega$ 模型也是两方程模型，计算时间与 $k-\varepsilon$ 相当。

与 $k-\varepsilon$ 模型和 $k-\omega$ 模型相比，RSM 因为增加了 Reynolds 应力方程而需要更多的内存和 CPU 时间。然而，FLUENT 的有效程序设计，使 RSM 算法并没有在 CPU 时间方面增加很多。在每个迭代法中，RSM 比 $k-\varepsilon$ 模型和 $k-\omega$ 模型要多耗费 50% ~60% 的 CPU 时间，以及多需要 15% ~20% 的内存。

5.6.4　辐射模型

FLUENT 共提供了 5 种辐射模型（Radiation Model），用户可以在传热计算中使用这些模型，这 5 种辐射模型分别是 Rossland（Rossland 辐射模型）、P1（P1 辐射模型）、DTRM（离散传播辐射模型）、S2S（表面辐射）和 DO（离散坐标辐射模型）。借助这些辐射模型，用户可以在其计算中考虑由于辐射而引起的加热/冷却，以及流体相由辐射引起的热量源/汇。一旦使用了辐射模型，每轮迭代过程中能量方程的求解计算就会包含辐射热流。同时，若用户激活了辐射模型，FLUENT 就会自动激活能量方程的计算。

选择 Setting Up Physics/Models/Radiation 命令，弹出 Radiation Model 对话框，如图 5 – 11 所示。

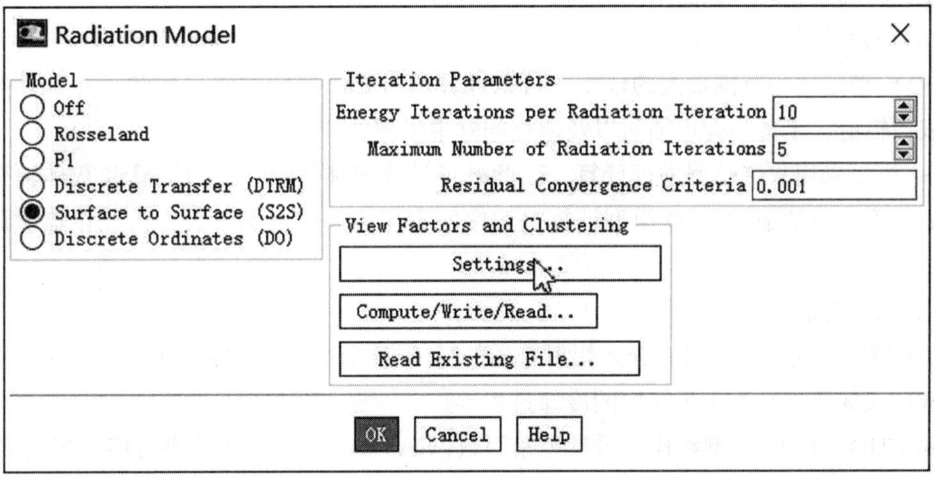

图 5 – 11　Radiation Model 对话框

Radiation Model 对话框显示了可供选择的辐射模型。默认情况下，FLUENT 是屏蔽辐射热传导计算的，即 Radiation Model 对话框的 Off 单选按钮为选中状态。一旦选择了某种辐射模型，对话框将会扩展并显示相应的设置参数。注意，辐射模型只能使用分离式求解器。

辐射模型能够应用的典型场合包括火焰辐射传热、表面辐射换热、导热—对流—辐射的耦合问题、采暖、通风、空调中通过窗口的辐射换热及汽车车厢的传热分析、玻璃加工及玻璃纤维拉拔和陶器加工等，辐射模型的特性及用法如下：

（1）DTRM 模型

DTRM 模型的优点是比较简单，通过增加射线数量就可以提高计算精度，同时适用的光学厚度（即计算辐射传输时，单位截面积上吸收和散射物质产生的总衰弱，是无量纲量）范围很大。其局限包括：①DTRM 模型假设所有表面都是漫射表面，即所有入射的辐射射线没有固定的反射角，而是均匀地反射到各个方向；②计算中未考虑辐射的散射效应；③计算中假定辐射是灰体辐射；④如果采用大量射线进行计算，就会给 CPU 增加很大负担。

(2) P1 模型

相对于 DTRM 模型，P1 模型有一定的优点。对于 P1 模型，辐射换热方程(RTE)是一个容易求解的扩散方程，同时模型中包含散射效应。在燃烧等光学厚度很大的计算问题中，P1 的计算效果都比较好。P1 模型还可在采用曲线坐标系的情况下计算复杂几何形状的问题。P1 模型的局限如下：①P1 模型也假设所有表面都是漫射表面；②P1 模型计算中采用灰体假设；③如果光学厚度比较小，同时几何形状又比较复杂，那么计算精度会受到影响；④在计算局部热源问题时，P1 模型在计算时容易出现辐射热流通量偏高的现象。

(3) Rosseland 模型

P1 模型需要计算额外的输运方程，而 Rosseland 模型的优点是不用计算此项，因此，Rosseland 模型计算速度更快，需要的内存更少。Rosseland 模型的缺点是仅能用于光学厚度大于 3 的问题，同时只能采用分离求解器进行计算。

(4) DO 模型

DO 模型是适用范围最大的模型，可以计算所有光学厚度的辐射问题，并且计算范围涵盖表面辐射、半透明介质辐射以及燃烧问题中出现的介入辐射等问题。

DO 模型采用灰带模型进行计算，因此既可计算灰体辐射，又可计算非灰体辐射。在网格划分不过分精细时，DO 模型计算过程中所占用的系统资源不大，因此在辐射计算中经常被使用。

(5) S2S 模型

S2S 模型适用于计算没有介入辐射介质的封闭空间内的辐射换热计算，如太阳能集热器、辐射式加热器和汽车机箱内的冷却过程等。

同 DTRM 和 DO 模型相比，虽然视角因数(view factor)的计算需要占用较多的 CPU 时间，但是 S2S 模型在每个迭代步中的计算速度都很快。S2S 模型的局限为：①S2S 模型假定所有表面都是漫射表面；②S2S 模型采用灰体辐射模型进行计算；③对内存等系统资源的需求随辐射表面的增加而激增。计算中可以将辐射表面组成集群的方式减少内存资源的占用；④S2S 模型不能计算介入辐射问题；⑤S2S 模型不能用于带有周期性边界条件或对称性边界条件的计算；⑥S2S 模型不能用于 2D 轴对称问题的计算；⑦S2S 模型不能用于多重封闭区域的辐射计算，只能用于单一封闭几何形状的计算。

5.6.5 组分输运和反应模型

组分输运和反应模型(Species Model)用于对化学组分的输运和燃烧等化学反应进行数值模拟，FLUIENT 提供的组分输运和反应模型包括 Generalized finite - rate model(通用有限速率模型，即 Species Transport)、Non - premixed combustion model(非预混燃烧模型)、Premixed combustion model(预混燃烧模型)、Partially premixed combustion model(部分预混燃烧模型)和 Composition PDF Transport model(组分 PDF 输运模型)。

选择 Setting Up Physics/Models/Species 命令，弹出 Species Model 对话框，如图 5－12 所示。

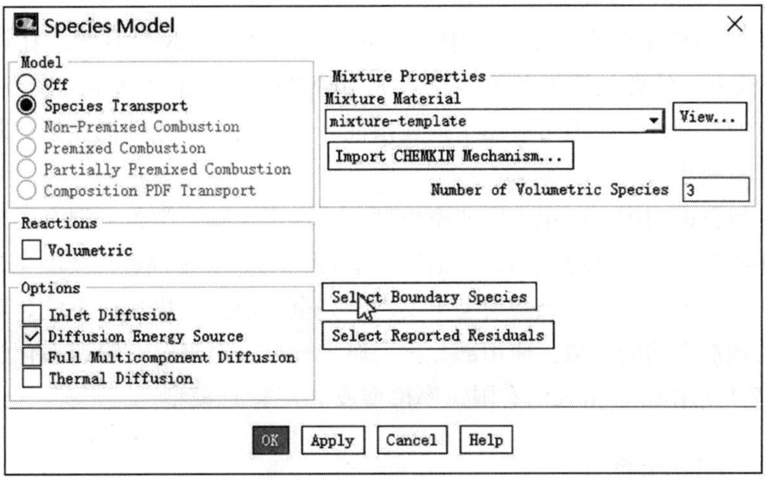

图 5－12 Species Model 对话框

Species Model 对话框显示出可供选择的组分模型。默认情况下，FLUENT 屏蔽组分计算，即 Species Model 对话框的 Off 单选按钮为选中状态。一旦选择了某种组分模型，对话框将会扩展显示相应的设置参数。各种模型的基本特性如下：

(1) Species Transport 模型

该方法基于组分质量分数的输运方程解，采用定义的化学反应机制，对化学反应进行模拟。反应速度在这种方法中以源项的形式出现在组分输运方程中。计算反应速度的方法有从 Arrhenius 速度表达式计算、从 Magnussen 和 Hjertager 的漩涡耗散模型计算和从 EDC 模型计算。这些模型的应用范围非常广泛，其中包括预混、部分预混和非预混的燃烧。

(2) Non－Premixed Combustion 模型

在 Non－Premixed Combustion 模型中，并不求解每一个组分输运方程，而是求解一个或两个守恒标量(混合份额)的输运方程，然后从预测的混合份额分布推导出每一个组分的浓度。该模型主要为模拟湍流扩散火焰而设计，并且在此方面比通用有限速率模型有更多优势。在守恒标量方法中，通过概率密度函数(Probability Density Function，PDF)考虑湍流的影响，使用 flame sheet(mixed－is－burned)方法或化学平衡计算处理反应系统。层流火焰面 flamelet 模型是非预混燃烧模型的扩展，考虑从化学平衡状态形成的空气动力学的应力诱导分离。

(3) Premixed Combustion 模型

Premixed Combustion 模型主要用于完全预混合的燃烧系统。在这些问题中，充分混合的反应物和增烧产物被火焰前缘分开。通过求解反应发展变量来预测前缘的位置。湍流的影响是由湍流火焰速度决定的。

(4) Partially Premixed Combustian 模型

Partially Premixed Combustian 模型用于描述非预混燃烧和完全预混燃烧相结合的系统。

在这种模型法中，通过分别求解混合份额方程和反应发展变量来确定组分浓度和火焰前缘位置。

(5) Composition PDF Transport 模型

组分 PDF 输运模型模拟湍流火焰中真实的有限速率化学反应现象。在该模型中使用 PDF。借助该模型，任意化学机制都能输入 FLUENT 中，如非均衡组分及点火/熄灭等运动效果都能被捕捉到。该模型可应用于描述预混、非预混及部分预混火焰，需要注意的是该模型的计算量相当大。

在上述各组分模型中。通用有限速率模型主要用于求解化学组分混合、输运和反应的问题以及壁面或粒子表面反应的问题(如化学基气沉积)。非预混燃烧模型主要用于包含湍流扩散火焰的反应系统。预混燃烧模型主要用于完全预混的燃烧反应系统。对于区域内具有变等值比的预混火焰的模拟，使用部分预混燃烧模型，对于对有限速率化学反应非常重要的湍动火焰，使用 EDC 格式的有限速率模型或 PDF 输运模型。

5.6.6 离散相模型

除了求解连续相的输运方程，FLUENT 也可借助离散相模型(Discrete Phase Model)在 Lagrangian 坐标下模拟流场中离散的第二相(Discrete Phase)。由球形颗粒(如液流或气泡等)构成的第二相分布在连续相中，FLUENT 可以计算这些颗粒的轨道以及由颗粒引起的热量/质量传递。相间耦合及耦合结果对离散相轨迹、连续相流动的影响均可考虑进去。借助 FLUENT 提供的离散相模型，可以用 Lagrangian 公式计算离散相的运动轨迹，预测连续相中湍流涡旋的作用对颗粒造成的影响、离散相的加热或冷却、液滴的蒸发与沸腾、液滴的破裂与合并、模拟煤粉燃烧及连续相与离散相间的耦合等。

选择 Setting Up Physics/Models/Discrete Phase 命令，弹出 Discrete Phase Model 对话框，如图 5－13 所示。

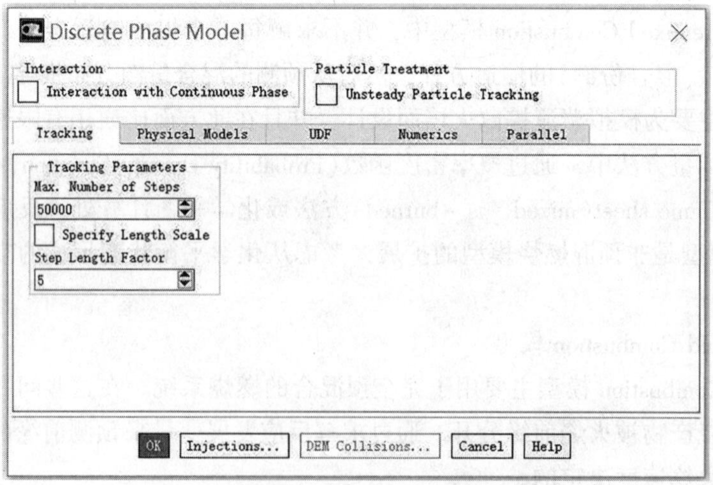

图 5－13 Discrete Phase Model 对话框

该对话框允许用户设置与粒子的离散相的计算相关的参数，包括是否激活离散相与连续相间的耦合计算，设置粒子轨迹跟踪的控制参数，设置计算中使用的其他模型，设置液滴破碎及碰撞的有关参数，通过用户自定义函数引入的对离散相模型的定制及是否采用并行计算等。

5.6.7 凝固和熔化

FLUENT 可用来求解包含有凝固(solidification)和(或)熔化(melting)的流体流动问题，这种凝固和熔化现象可以在一特定温度下发生(如纯金属熔化)，也可在一个温度范围内发生(如二元合金熔化)。流固模糊区域按多孔介质来处理，多孔部分等于液体所占份额，一个适当的动量"容器"被引入动量方程以考虑因固体材料的存在而引起的压降。在湍流方程中也同样引入了一个"容器"以考虑在固体区域中减少的多孔介质。借助 FLUENT 的凝固和熔化模型，可以计算纯金属及二元合金的液固凝结和熔化，模拟连续的铸造过程，模拟因空气间隙导致的固化的材料与壁面之间的热接触阻抗，模拟带有凝固和熔化的组分传输等。

选择 Setting Up Physics/Models/Solidification & Melting 命令，弹出 Solidification and Melting 对话框，如图 5-14 所示。

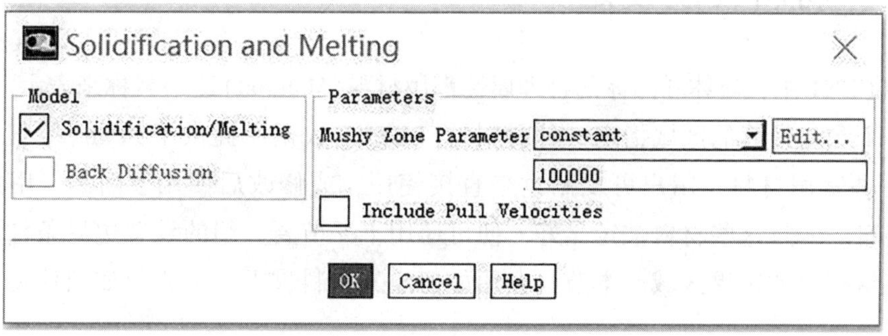

图 5-14 Solidification and Melting 对话框

默认情况下，FLUENT 是不进行凝固和熔化计算的。如果用户选中 Solidification/Melting 复选框，则表示计算过程中要进行凝固和熔化计算，同时需要用户给出 Mushy Zone Constant 值，范围为 $10^4 \sim 10^7$。激活该模型后，还需要同时在材料特性及边界条件中作相应设置。

5.6.8 气动噪声模型

FLUENT 可以用来预测空气动力学所产生的声学特性(Acoustics)，如噪声。

气动噪声的生成和传播可通过求解可压 $N-S$ 方程的方式进行数值模拟。然而与流场流动的能量相比，声波的能量要小几个数量级，客观上，气动噪声计算所采用的格式应有很高的精度，同时从声源到声音测试点划分的网格也要足够精细，因此进行直接模拟对系统资源的要求很高，而且计算时间也很长。

为了弥补直接模拟的这个缺点，可以采用 Lighthill 的声学近似模型，即将声音的产生与传播过程分别进行计算，从而达到加快计算速度的目的。

FLUENT 中采用 Ffowcs Williams 和 Hawkings 提出的 FW－H 方程，模拟声音的产生与传播，在这个方程中采用 Lighthill 的声学近似模型。FLUENT 采用在时间域上积分的方法，在接收声音的位置上，用两个面积分直接计算声音信号的历史。这些积分可以显示声音模型中单极子、偶极子和四极子等基本解的分布。

积分中需要用到的流场变量包括压强、速度分量和声源曲面的密度等，这些变量的解在时间方向上必须满足一定的精度要求。满足时间精度要求的解可通过求解非定常雷诺平均方程(URANS)获得，也可通过大涡模拟(LES)或分离涡模拟(DES)获得。声源表面既可以是固体壁面，又可以是流场内部的一个曲面。噪声的频率范围取决于流场特征、湍流模型和流场计算中的时间尺度。

选择 Setting Up Physics/Models/Acoustics 命令，弹出 Acoustics Model 对话框。

在全部模型设置完成后，选择 File/Write/Case 命令，FLUENT 将结果保存到案例文件(＊.cas)中。

5.7 材料性质设定

在 FLUENT 中，流体和固体的物理属性都用材料(Material)这个名称来表示。FLUENT 要求为每个参与计算的区域指定一种材料。FLUENT 数据库提供了如 air(空气)和 water(水)等一些常用材料，用户可复制过来直接使用，或修改后使用。当然，用户还可创建新的材料。一旦这些材料被定义好，便可使用下一节要介绍的设置边界条件的方法将材料分配给相应的边界区域。本节只介绍如何定义材料，下一节介绍如何使用已定义的材料。

5.7.1 材料简介

在 FLUENT 中，常用的材料包括 Fluid(流体)与 Solid(固体)两种，在组分计算中专门定义了 Mixture(混合)材料，在离散相模型中还定义了附加的材料类型。

Fluid 材料的属性有：

· 密度或分子量(Density and/or molecular weights)。

· 黏度(Viscosity)。

· 比热容(Specific heat capacity)。

· 热传导系数(Thermal conductivity)。

· 质量扩散系数(Mass diffusion coefficients)。

· 标准状态焓(Standard state enthalpies)。

· 分子运动论参数(Kinetic theory parameters)。

Solid 材料只有密度、比热容和热传导系数属性(对于模拟辐射时使用的半透明性质的固体材料，允许附加辐射属性)。

在使用分离式求解器时，固体材料不需要密度和比热容属性，除非模拟非稳态流动或固体区域是运动的。在稳态流动计算时，虽然在属性列表中出现了比热容，但只是在处理焓时才使用，并不参与流动计算。

5.7.2 定义材料的方法

FLUENT 预定义了一些材料，用户可自定义新材料，还可从材料数据库中复制已有材料，或者修改已有材料。所有材料的定义、复制与修改，都是通过 Materials 对话框来实现的。选择 Setting Up Physics/Materials 命令，弹出如图 5－15 所示的 Create/Edit Materials 对话框。

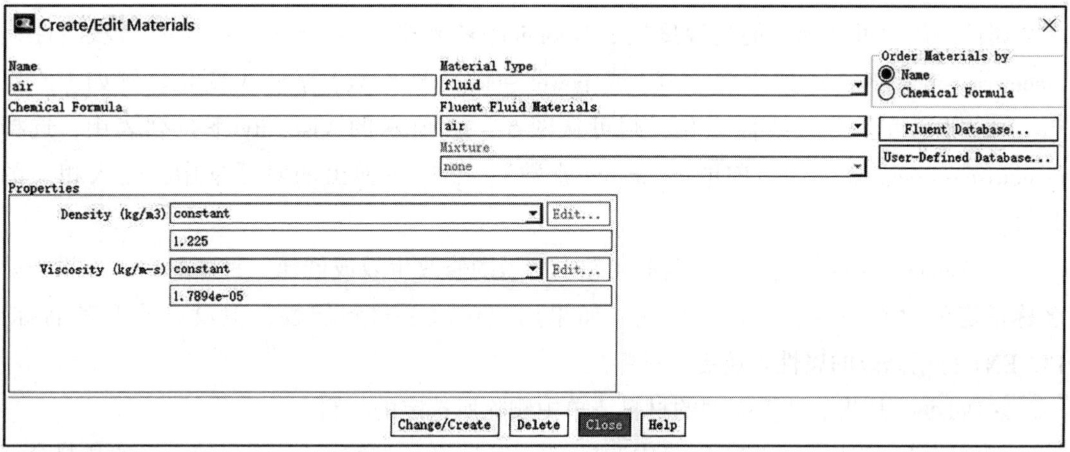

图 5－15 Create/Edit Materials 对话框

在图 5－15 所示的对话框中，可在相应条目下选择或输入数据，从而实现对材料的创建、修改或删除。下面结合主要条目来介绍对话框的使用方法。

· Name：显示当前材料的名称，用户要生成新材料，无论是创建还是复制，都可以在此输入所要生成的材料名称。如果修改已存在的材料属性，则需要从右侧的 Fluent Fluid Materials(或 Fluent Solid Materials，这取决于在 Material Type 项中的选择)下拉菜单中选择已有材料。

· Chemical Formula：显示材料的化学式，一般情况下保持不变，用户不应修改该文本框，除非自己创建全新的材料。

· Material Type：该下拉菜单包含所有可用的材料类型。FLUENT 默认的材料类型只有 Fluid 和 Solid，如果模拟组分输运，FLUENT 会增加 Mixture(混合)材料类型。如果模拟离散相，还可能出现其他类型。

· Fluent Fluid Materials/Solid Materials：该下拉菜单包含在 Material Type 中所选材料类型相对应的已定义的全部材料。用户可以从这个列表中选择一种材料进行修改或删除。

· Order Materials by：允许用户对已存在的材料名称进行排序。排序方式可按 Name（名称）或 Chemical Formula（化学式）。

· Fluent Database：打开 FLUENT 提供的材料数据库，用户可从中复制预定义的材料到当前求解器中。数据库提供了许多常用的材料。例如，可以从数据库中将 water 复制过来，然后在这个对话框中对其做适当修改（如果需要的话），water 便成了当前求解器中可以使用的材料。默认情况下，只有 air 和 aluminum（铝）出现在当前求解器中。

· Properties：包含材料的各种属性，可以让用户进行确认或修改。这些属性的取值范围根据当前使用的计算模型不同而不同。经常使用的条目包括 Density、cp（定压比热容）、Thermal conductivity、Viscosity 等，用户可以根据实际流体介质的物理特性输入相关参数。注意有些属性可能是随温度或其他条件变化的，这时可借助 profile 文件来设置。对于绝大多数属性，用户可选择它们随温度按 polynomial（多项式）、piecewise - linear（分段线性）、piecewise - polynomial（分段多项式）或 power - low（幂指数）等形式变化。例如，假定 Viscosity 随温度呈分段线性变化，则可从图 5 - 15 所示的 Viscosity 下拉列表中，选择 piecewise - linear 来替代当前的 constant（常数），然后在弹出的对话框中，输入相关的系数。

· Change/Create：使用户在当前状态下所做的修改生效或创建一种新材料。如果当前名称指定的材料不存在，则创建它。如果用户修改了材料属性，但没有改变其名称，FLUENT 将用修改的属性直接更新材料。

· Delete：从当前计算模型的材料清单中删除所选定的材料。

材料定义完成后，从 FLUENT 中选择 File/Write/Case 命令，可将当前定义的材料全部保存到案例文件（ *. cas）中。

5. 8　设置边界条件

在导入网格并检查没有任何问题，并且已经按照第 5. 5 节和第 5. 6 节的方法确定了求解器的格式及使用的各个计算模型后，就可按本节介绍的方法设置边界条件。本节只介绍设计边界条件的总体方法和过程，各种常用的边界条件将在下一节进行介绍。

5. 8. 1　FLUENT 提供的边界条件类型

FLUENT 提供了数十种边界条件，分成四大类，表 5 - 3 所列为基本的边界条件。

表 5-3 FLUENT 提供的基本边界条件类型

类别	边界条件名称	物理意义
进口和出口边界	速度入口 (velocity - inlet)	用于定义流动进口边界处的速度和流动的其他标量型变量
	压力入口 (pressure - inlet)	用来定义流动进口边界的总压(总能量)和其他标量型变量(如温度)，即进口边界上总压等标量型变量是固定的
	质量入口 (mass - flow - inlet)	用来规定进口的质量流量，即进口边界上质量流量固定，而总压等可变，该边界条件与压力入口边界条件相反。该边界条件只用于可压缩流体流动，对于不可压缩流体流动，请使用速度入口边界条件
	出流 (outflow)	用于规定在求解前流速和压力未知的出口边界。该边界条件适用于出口处的流动是完全发展的情况。在该边界用户不需定义任何内容(除非模拟辐射传热、离散相及多口出流)。该条件不能用于可压缩流体流动。该条件也不能与压力入口边界条件一起使用，这时可用压力出口边界条件
	压力出口 (pressure outlet)	用于定义流动出口的静压(如果有回流存在，还包括其他的标量型变量)。当有回流时，使用压力出口边界条件来代替出流边界条件常常有更好的收敛速度
	压强远场 (pressure - far - fictd)	用来描述无穷远处的自由可压缩流体流动。该边界条件只用于可压缩流体流动，气体的密度通过理想气体定律来计算。为了得到理想计算结果，要使该边界远离用户所关心的计算区域
	进风口 (inlet vent)	用于描述具有指定的损失系数、流动方向、周围(进口)总压和温度的进风口
	排风口 (outlet vent)	用于描述具有指定的损失系数、周围(排放处)的静压和湿度的排风口
	进气扇 (intake fan)	用于描述具有指定的压力阶跃、流动方向、周围(进口)总压和温度的外部进气扇
	排气扇 (exhaust fan)	用于描述具有指定的压力阶跃、周围(排放处)的静压的外部排气扇
壁面重复轴类边界	壁面 (wall)	用于限定流体和固体区域。在黏性流动中，壁函处默认为无滑移边界条件，但用户可以根据壁面边界区域的平移或者转动来指定一个切向速度分量，或者通过指定期切来模拟一个“滑移”壁面
	对称 (symmetry)	用于物理外形及所期望的流动的解具有镜像对称特征的情况，也可用来描述黏性流动中的零滑移壁面。在对称边界上，不需要定义任何边界条件，但必须定义对称边界的位置。注意，对于轴对称问题中的中心线，应使用轴边界条件来定义，而不是对称边界条件
	周期性 (periodic)	用于所计算的物理几何模型和所期待的流动的解具有周期性重复的情况
	轴 (axis)	用于描述轴对称几何体的中心线。在轴边界上，不必定义任何边界条件

续表

类别	边界条件名称	物理意义
内部单元区域	流体(fluid)	流体区域是一个单元组，所有激活的方程(在第5.6节选定计算模型后就被激活)都要在这些单元上进行求解。向流体区域输入的信息只是流体介质(材料)的类型。对于当前材料列表中没有的材料，需要用户自行定义。注意，将多孔介质也当作流体区域对待
	固体(solid)	固体区域也是一个单元组，只不过这组单元仅仅用来进行传热求解计算，不进行任何流动计算。作为固体处理的材料可能事实上是流体，但假定其中没有对流发生。固体区域仅需要输入材料类型
	散热器(radiator)	是热交换器(如散热器或冷凝器)的集总参数模型，用于模拟热交换器对流场的影响。在这种边界条件下，允许用户指定压降与传热系数作为正对着散热器方向的速度的函数
	多孔介质阶跃(porous jump)	用于模拟速度和压降特性均为已知的薄膜。它本质上是内部单元区域中使用的多孔介质模型的一维简化。这种边界条件可用于通过筛子和过滤器的压降模拟，以及不考虑热传导影响的散热器模拟。该模型比完整的多孔介质模型更可靠、更容易收敛，应尽可能采用
	内部边界(interior)	用在两个区域(如水泵中同叶轮一起旋转的流体区域与周围的非旋转流体区域)的界面处，将两个区域"隔开"。在该边界上，不需要用户输入任何内容，只需指定其位置

5.8.2 设置边界条件的方法

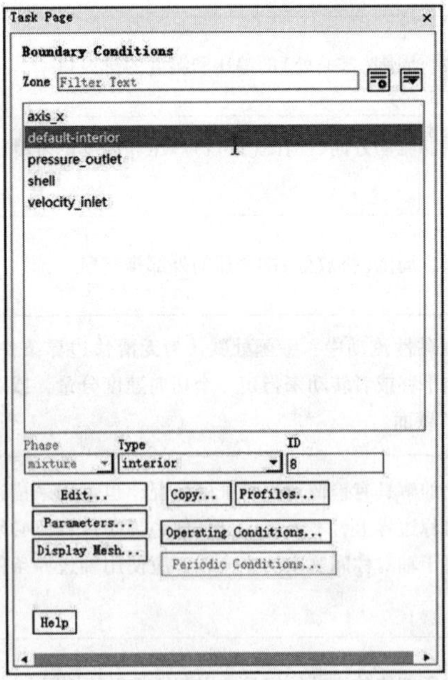

图5-16 Boundary Conditions 对话框

在FLUENT中设置边界条件之前，在生成网格模型时，就需将具有不同边界条件类型的边界和区域标记出来。进入FLUENT后，通过Boundary Conditions对话框来完成设置边界条件的工作。选择Setting Up Physics/Zones/Boundaries命令，弹出如图5-16所示的Boundary Conditions对话框。

在该对话框中，Zone列表自动显示出在生成网格模型时所设置的各边界和区域的名称，Type列表显示出对应的边界条件类型。有关操作方式为：

(1)设置边界条件

为了给一个特定的区域设置边界条件，可单击Zone列表中的边界或区域名称，在Type列表中单击边界类型，然后单击Set按钮，弹出相应的对话框，如Velocity Inlet对话框。用户在新对话框中可为当前边界设置具体数值。设置方法有两种，一是直接在对话框中输入数值；二是利用 Profile 文件。在 5.9 节将结合常用边界条件介绍在对话框中直接输入数值的方法，在 5.14 节将介绍通过 Profile 文件输入数据的方法，在 5.13 节结合具体实例演示如何设置进口速度、壁面、出口、内部边界、Fluid 区域、旋转参考系等的边界条件。

(2)改变边界类型

某些时候，需要对边界的类型进行更改。例如，在生成网格时指定某边界是压力进口，但是用户现在想使用速度进口，这就需要先把压力进口改为速度进口，然后进行边界条件的设置。改变边界类型的步骤是：在 Zone 列表中选定要修改的边界区域，在 Type 列表中选择正确的边界区域类型，弹出相应边界条件设置对话框，用户输入边界条件的相关数值后，单击 OK 按钮即可确定边界区域类型。

注意，不能将当前边界修改为任意其他类型，只能修改为同类别。表 5 - 4 列出了边界的类型转换限制，只能在表中每一个类别中改变边界类型。

表 5 - 4 边界类型转换限制

分类	边界类型
面(Faces)	轴、出流、质量进口、压力远场、压力进口、压力出口、对称边界、速度进口、壁面、进风口、进气扇、排风口、排气扇
双重面(Double - Sided Faces)	风扇、内部边界、多孔介质阶跃、散热器、壁面
周期	周期边界
单元(Cells)	流体、固体(多孔介质按流动区域对待)

(3)复制边界条件

对于系统中具有相同或相近边界条件的区域，可采用复制的方法快速地设置边界条件。在 Boundary Conditions 对话框中，单击 Copy 按钮，弹出 Copy Conditions 对话框，然后选中要复制的目标即可。

(4)在图形区选择边界区域

在 Boundary Conditions 对话框中，边界区域是以名称表示的，显示不直观。在为边界区域设置边界条件时，可用鼠标在图形窗口选择适当的区域。先选择 Setting Up Domain/Display 命令，显示计算模型的网格图，然后在所需要的边界上右击，选中的边界区域将自动出现在信息树 Boundary Conditions 对话框的 Zone 列表中。

(5)改变边界区域名称

在默认情况下，边界区域的名称由其类型名加一个编号组成，如 pressure - inlet - 3。为使其名称所指更明确，可修改这个默认名称。在 Boundary Conditions 对话框的 Zone 列表中选择要重命名的边界区域，单击 Edit 按钮，打开新的对话框，在 Zone Name 文本框中输入新名称。

(6)定义非均匀的边界条件

当某一边界上的物理量不是常数时，其边界条件可通过 Profile 文件来设置。在这个文件中，可使用各种数据，包括实验数据和前面求解得到的数据，还可使用用户自定义函数

(UDF)功能定义的函数。

(7)定义随时间变化的边界条件

随时间变化的边界条件是瞬态边界条件，FLUENT 只允许边界值随时间变化，在空间上必须是均匀的。要设置这类边界条件，必须使用瞬态信息文件(transient profile)。详细内容参见 FLUENT 用户手册。

(8)保存边界条件

选择 File/Write/Case 命令，可将当前设置的边界条件保存为案例文件(*.cas)。不同的边界条件组合，可保存为不同的案例文件。

5.8.3 给定湍流参数

在进行流动与传热计算时，多数情况下流动处于湍流状态，这样，在计算区域的进口、出口及远场边界时，就需要给定输运的湍流参数。本节将介绍在一些常用的计算模型中，哪些湍流参数需要给定，以及如何给定。

(1)需要用户给定的湍流参数

无论用户使用哪种进口、出口及远场边界条件，在输入边界上物理量数值的对话框中，都会出现 Turbulence Specification Method 窗口，让用户指定一种模型来输入湍流参数。这时，FLUENT 会给出以下的一个(或几个)选项(所给出的选项的数目取决于当前使用的湍流模型)：

· $k-\varepsilon$(湍流动能 k 和湍流耗散率 ε)。

· $k-\omega$(湍流动能 k 和比耗散率 ω)。

· Reynolds - Stress Components(Reynolds 应力分量$\overline{u_i'u_j'}$)。

· Modified Turbulent Viscosity(修正的湍流黏度 $\tilde{\nu}$)。

· Intensity and Length Scale(湍流强度 I 和湍流长度 l)。

· Intensity and Viscosity Ratio(湍流强度 I 和湍动黏度比 μ_t/μ)。

· Intensity and Hydraulic Diameterf(湍流强度 I 和水力直径 D_H)。

· Turbulent Viscosity Ratio(湍动黏度比 μ_t/μ)。

用户可从上面给出的选项中选择其一，然后按给出的公式计算选定的湍流参数，并作为边界上的值输入边界条件对话框。为便于选择，表 5-5 给出了在设置边界湍流特性时，各种湍流模型经常使用的湍流参数组合。注意，表 5-5 中的对应关系不是绝对的，如有时用湍流强度 I 和湍动黏度比 μ_t/μ 的组合方式为 $k-\varepsilon$ 模型在边界上赋值。

表 5-5 在设置边界湍流特性时经常使用的湍流参数组合

湍流模型	湍流参数组合
Spalart - Allmaras 模型	修正的湍流黏度 $\tilde{\nu}$ 湍流强度 I 和湍流长度尺度 l 湍流强度 I 和湍动黏度比 μ_t/μ 湍流强度 I 和水力直径 D_H

续表

湍流模型	湍流参数组合
$k-\varepsilon$ 模型	湍流动能 k 和湍流耗散率 ε
$k-\omega$ 模型	湍流动能 k 和比耗散率 ω
RSM	湍流动能 k 和湍流耗散率 ε，或湍流强度 I Reynolds 应力分量 $\overline{u_i'u_j'}$
LES 模型	湍流强度 I

(2)湍流参数的计算式

湍流强度 I(Turbulence Intensity)可按式(5-1)计算：

$$I = u'/\overline{u} = 0.16(Re_{D_H})^{-1/8} \tag{5-1}$$

式中，u' 和 $\overline{u}$ 分别为湍流脉动速度与平均速度；Re_{D_H} 为按水力直径 D_H 计算得到的雷诺数。对于圆管，水力直径 D_H 等于圆管直径，其他几何形状按等效水力直径确定。

湍流长度尺度 l(Turbulence Length Scale)可按式(5-2)计算：

$$l = 0.07L \tag{5-2}$$

这里，L 为关联尺寸。对于充分发展的湍流，可取 L 等于水力直径。湍动黏度比 μ_t/μ(Turbulent Viscosity Ratio)正比于湍动雷诺数，一般可取 $1 < \mu_t/\mu < 10$。

修正的湍流黏度 $\tilde{\nu}$(Modified Turbulent Viscosity)可按式(5-3)计算：

$$\tilde{\nu} = \sqrt{\frac{3}{2}}\overline{u}Il \tag{5-3}$$

湍流动能 k(Turbulent Kinetic Energy)可按式(5-4)计算：

$$k = \frac{3}{2}(\overline{u}I) \tag{5-4}$$

如果已知湍流长度尺度 l，则湍流耗散率 ε(Turbulent Dissipation Rate)可按式(5-5)计算：

$$\varepsilon = C_\mu^{3/4}\frac{k^{3/2}}{l} \tag{5-5}$$

式中，C_μ 取0.09。如果已知湍动黏度比 μ_t/μ，则湍动耗散率 ε 可按式(5-6)计算：

$$\varepsilon = \rho C_\mu \frac{k^2}{\mu}\left(\frac{\mu_t}{\mu}\right)^{-1} \tag{5-6}$$

如果已知湍流长度尺度 l，则比耗散率 ω(Specific Dissipation Rate)可按式(5-7)计算：

$$\omega = \frac{k^{1/2}}{C_\mu^{1/4}l} \tag{5-7}$$

如果已知湍动黏度比 μ_t/μ，比耗散率 ω 可按式(5-8)计算：

$$\omega = \rho\frac{k}{\mu}\left(\frac{\mu_t}{\mu}\right)^{-1} \tag{5-8}$$

当使用 RSM 时，除通过湍流强度 I 给定湍流量外，还可直接给定 Reynolds 应力分量 $\overline{u_i'u_j'}$。这里，可按式(5-9)计算：

$$\overline{u_i'u_j'}=0 \quad (i\neq j) \tag{5-9a}$$

$$\overline{u_i'u_j'}=\frac{2}{3}k \quad (i=j) \tag{5-9b}$$

(3)使用 Profile 输入边界上的湍流参数

上面给出了边界上各湍流物理量的计算公式。如果在整个边界上，湍流物理量是均匀分布(处处相等)，则可直接通过对话框输入这些湍流参数，若湍流参数在边界上随空间坐标而变化，则必须使用 Profile 文件。

借助实验数据和经验公式，可以更加准确地给定拟解决问题边界上不同位置的湍流物理量大小，用户可通过离散点给定湍流量，也可通过某种解析表达式(如果可以找到的话)，在 Profile 文件中精确地描述湍流物理量在边界上的分布结果。

对于 Profile 文件，既可通过 Scheme 语言创建，也可通过 C 语言(即 UDF 功能)创建。在 5.14 节将简要介绍 UDF 的使用方式。

5.9 常用边界条件类型

5.8 节给出了设置边界条件的基本方法和过程，为了使读者更好地掌握和应用各种常见的边界条件，本节选取几种典型的边界条件进行专门介绍。

5.9.1 压力入口边界条件

压力入口边界条件用于定义流动进口的压力以及流动的其他标量特性参数。这种边界条件对可压缩和不可压缩流体流动计算均适用。可用于入口的压力已知但流量或速度未知的情况，如浮力驱动的流动。压力入口边界条件也可用来定义外部流动或无约束流动中的“自由”边界。

压力入口边界条件的有关数据通过 Pressure Inlet 对话框输入。在图 5-16 所示的 Boundary Conditions 对话框中为某个边界选择 pressure-inlet 类型，并单击 Set 按钮，或者更改某个边界的类型为 pressure-inlet 后，弹出 Pressure Inlet 对话框，如图 5-17 所示。

在讨论该对话框中各参数之前，首先需要了解一些与压力有关的定义。FLUENT 中有总压(total pressure)、静压(static pressure)和动压(dynamic pressure)；绝对压力(absolute pressure)、参考压力(relative pressure)和操作压力(operating pressure)。这些压力之间的关系是：总压=静压+动压；绝对压力=操作压力+表压(gauge pressure)。其中，总压、静压和动压是流体力学中关于压力的概念。静压是测量到的压力；动压是有关速度动能的压力，是有关速度动能的压力，是流动速度能量的体现；总压等于静压与动压之和。而绝对压力、操作压力和表压是 FLUENT 引入的压力参考量，在 FLUENT 中，所有设定的压力都

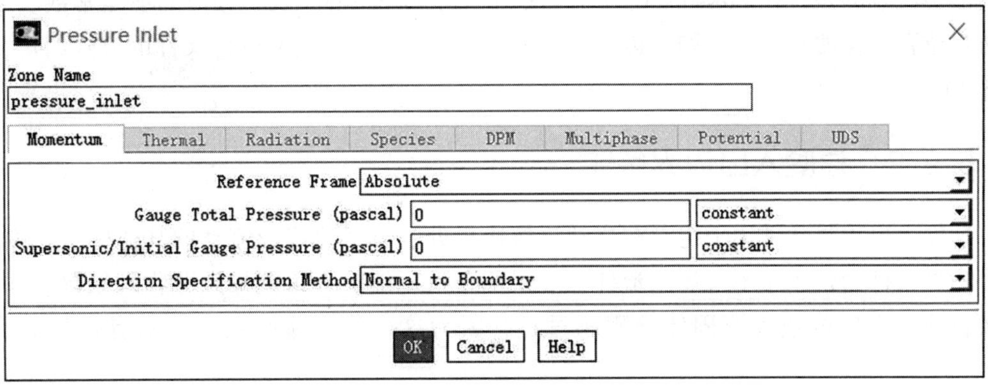

图 5-17 Pressure Inlet 对话框

默认为表压。对于低马赫数的可压缩流体流动而言，相比绝对静压，总压降很小，因此其计算精度很容易受到数值截断误差的影响。需要采取措施避免此误差。FLUENT 通过表压(由绝对压力减去操作压力得来)的形式来避免截断误差的影响。操作压力一般等于流场中的平均总压。参考压力的数值由用户通过 Setting Up Physics/Operating Conditions 命令来设置。若用户不设置参考压力，则默认参考压力为标准大气压，即 101325Pa。

下面对 Pressure Inlet 对话框中的主要内容进行简单介绍。注意因 FLUENT 允许用户激活不同的计算模型，并允许在不同的坐标系下，以不同方式设置压力及相关物理量的值，因此，该对话框中选项的数目和形式经常有变化，现只对部分常用选项进行介绍。

· Zone Name：设置边界区域的名称。默认名称由 FLUENT 根据边界区域的性质自行给定，用户在此可修改名称。

· 总压：设置流体进口的总压 p_0。注意该值是相对于参考压力而言的。

· 总温：设置流体进口的总温度。该项在用户激活能量模型后才出现。

· 流动方向。在 Pressure Inlet 对话框中可用分量定义方式定义流动方向。在入口速度垂直于边界面时，也可直接将流动方向定义为“垂直于边界”。具体设置过程中，既可用直角坐标形式定义 x、y、z 3 个方向的速度分量，又可用柱坐标形式定义径向、切向和轴向 3 个方向的速度分量。

· 静压。静压在 FLUENT 中被称为 Supersonic/Initial Gauge Pressure(超声速/初始表压)，如果入口流动是超声速的，或者用户准备用压力入口边界条件进行计算的初始化工作，那么必须定义静压。

· 用于湍流计算的湍流参数。

· 用于 P1 模型、DTRM 模型、DO 模型计算的辐射参数。

· 用于组分计算的化学组分质量浓度。

· 用于非预混或部分预混燃烧计算的混合物浓度和增量。

· 用于预混或部分预混燃烧计算的过程变量。

· 用于弥散相计算的弥散相边界条件。

· 多相流边界条件(用于普通多相流计算)。

需要注意的是，在 Pressure Inlet 对话框中，字符 constant 表示相应的项是常数。对于随边界位置变化的物理量，如果边界不等于常数，就必须通过 Profile 文件的方式给定，详见5.14节。

5.9.2 速度入口边界条件

速度入口边界条件用于定义在流动进口边界处的流动速度及流动的其他标量型变量。这一边界条件通常用于不可压缩流体，如果用于可压缩流体可能导致非物理结果。注意：不要让速度入口的边界离固体障碍物过近，因为这会使入流驻点特性具有较高的非一致性。

速度入口边界条件的有关数据通过 Velocity Inlet 对话框输入。在图 5－16 所示的 Boundary Conditions 对话框中为某个边界选择 velocity－inlet 类型，并单击 Set 按钮，或者更改某个边界的类型为 velocity－inlet 后，弹出 Velocity Inlet 对话框，如图5－18 所示。

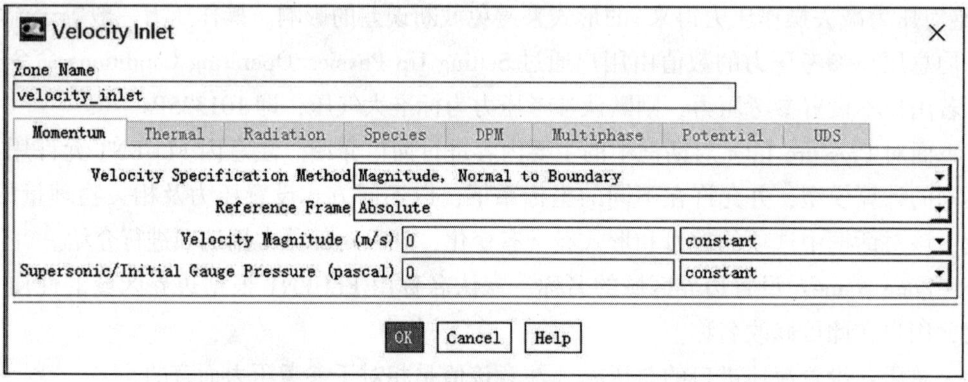

图5－18 Velocity Inlet 对话框

在该对话框中，需要用户给定流体进口边界上速度及相关变量的值，因 FLUENT 允许用户激活不同的计算模型，且可以在不同的坐标系下，以不同方式设置速度的大小和方向，在使用速度入口边界条件时需要输入下列参数。

· 速度值及方向，或速度分量。因为速度为矢量，所以定义速度包括定义速度的大小和方向两方面。在 FLUENT 中定义速度的方式有 3 种：第一种是将速度看作速度的绝对值与一个单位方向矢量的乘积，然后通过定义速度的绝对值和方向矢量分量来定义速度；第二种是将速度看作在 3 个坐标方向上的分量的矢量和，然后通过分别给定速度 3 个分量大小来定义速度；第三种是假定速度垂直于边界面(因此速度方向已知)，只需要给定速度的绝对值，就能够定义速度。

· 2D 轴对称问题中的旋转速度。在计算模型是轴对称带旋转流动时，除可以定义旋转速度外，还可以定义旋转角速度。类似地，如果选择柱坐标系或局部柱坐标系，那么除了可以定义切向速度，还可以定义入口处的角速度。如果将角速度看作矢量，那么其定义与速度矢量定义是类似的。

· 用于能量计算的温度值。如果计算中包含能量方程，则需要在入口速度边界处给定静温。

· 使用耦合求解器时的出流表压。如果采用耦合求解器，那么可以在速度入口边界上定义出流表压(Outflow Gauge Pressure)。如果在计算过程中速度入口边界上出现回流，那个面就被作为压强出口边界处理，使用的压强就是在这里定义的出流表压。

· 湍流计算中的湍流参数。

· 采用 P1 模型、DTRM 模型、DO 模型时的辐射参数。

· 组元计算中的化学组元质量浓度。

· 非预混模型或部分预混模型燃烧计算中的混合物浓度及增量。

· 预混模型或部分预混模型燃烧计算中的过程变量。

· 弥散相计算中弥散相的边界条件。

· 多相流计算中的多相流边界条件。

5.9.3 质量入口边界条件

质量入口边界条件用来规定进口的质量流量。设置入口边界上的质量总流量后，允许总压随着内部求解进程而变化。该边界条件与压力入口边界条件正好相反，在压力入口边界条件中，质量流量变化，总压固定。

与总压的匹配要求相比，对规定的质量流量的匹配要求显得更重要，要使用质量入口边界条件。一个应用此边界条件的典型应用是：一股小的冷却喷射流动以固定的流量与主流场相混合，而主流的流速由压力入口和压力出口边界条件所控制。

需要注意的是，进口总压的调整可能会降低解的收敛性，所以如果压力入口边界条件和质量入口条件都可以接受，用户应该选择压力入口边界条件。还需要注意的是，对于不可压缩流体流动，不必使用质量入口边界条件，因为密度是常数，速度入口边界条件就已确定了质量流量。因此，质量入口边界条件只用于可压缩流体流动，对于不可压缩流体流动，用户应使用速度入口边界条件。

质量入口边界条件的有关数据可通过 Mass – Flow Intlet 对话框输入，如图 5 – 19 所示。该对话框从图 5 – 16 所示的 Boundary Conditions 对话框中打开。

在采用质量入口条件时，需要输入下列参数：

· 质量流量、质量通量或混合面模型计算时的平均质量通量。可以在入口边界上定义质量流量，对于随时间变化的质量流量，可以定义平均流量。

· 如果在边界条件中定义的是质量流量，FLUENT 就会自动将其转换为质量通量。当然，也可采用形函数或用户自定义函数的形式定义质量通量。

· 静压。如果入口流动是超声速流动，或者计算是基于压力入口边界条件进行的，那么需要在 Supersonic/Initial Gauge Pressure(超声速/初始表压)一栏中输入静压的值。在流动是亚声速时，这一栏中的输入内容将被 FLUENT 忽略。如果流场的初始化过程是基于质

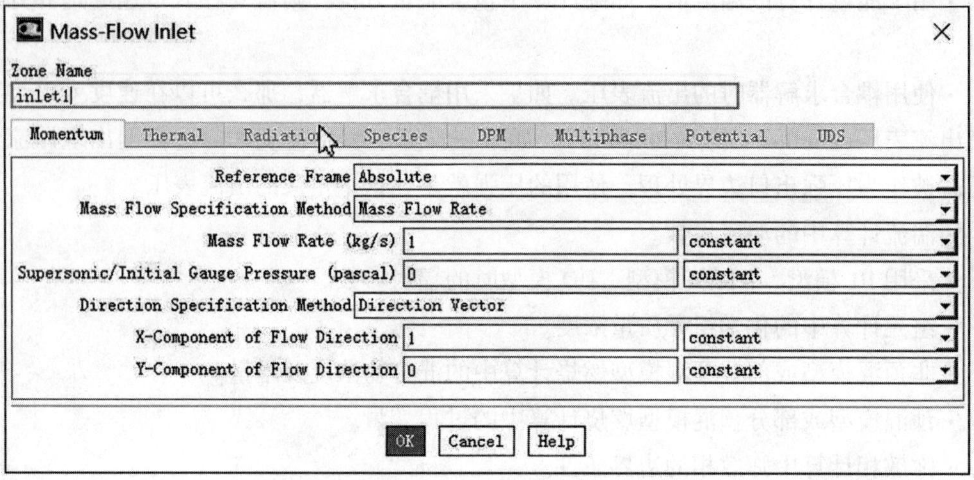

图 5-19 Mass-Flow Inlet 对话框

量入口条件的，需要输入静压计算初始总压。

· 流动方向。在 Direction Specification Method(方向定义方法)中可选择质量入口边界上流动方向的定义方式。在流动方向与边界面不垂直时，选择 Direction Vector(方向矢量)方式。在流动方向与边界垂直时，可以直接定义为 Normal to Boundary(垂直于边界)。如果与入口相邻的网格单元是移动的，那么在 Reference Frame(参考坐标系)下拉列表中选择 Absolute(绝对坐标系)或 Relative(相对坐标系)指定定义方向矢量的坐标系形式。如果相邻网格单元不是移动的，那么两种定义方式是等价的，无须进行任何选择。

· 在湍流计算中输入湍流参数。

· 在使用辐射模型时输入辐射参数。

· 在带组元计算中输入化学组元质量浓度。

· 在非预混和部分预混燃烧计算中输入混合物浓度与增量。

· 在预混或部分预混燃烧计算中输入过程变量。

· 在弥散相模型计算中设定弥散相边界条件。

· 在多相流计算中定义多相流边界条件。

5.9.4 压力出口边界条件

压力出口边界条件需要在出口边界处设置静压(注意这里是相对压力)。静压值的设置只用于亚声速流动。如果当地流动变为超声速，所设置的压力就不再被使用，此时压力要从内部流动中推断。在这种边界条件下，其他的流动属性都从内部推断。

在设置这种边界条件时，还有一组“回流(backflow)”条件需要用户指定。在 FLUENT 求解过程中，当压力出口边界上流动反向时，就使用这组回流条件。当指定了较真实的回流方向时，收敛困难的程度可被降到最低。

压力出口边界条件的有关数据通过 Pressure Outlet 对话框输入，如图 5-20 所示。该对话框从图 5-16 所示的 Boundary Conditions 对话框中打开。

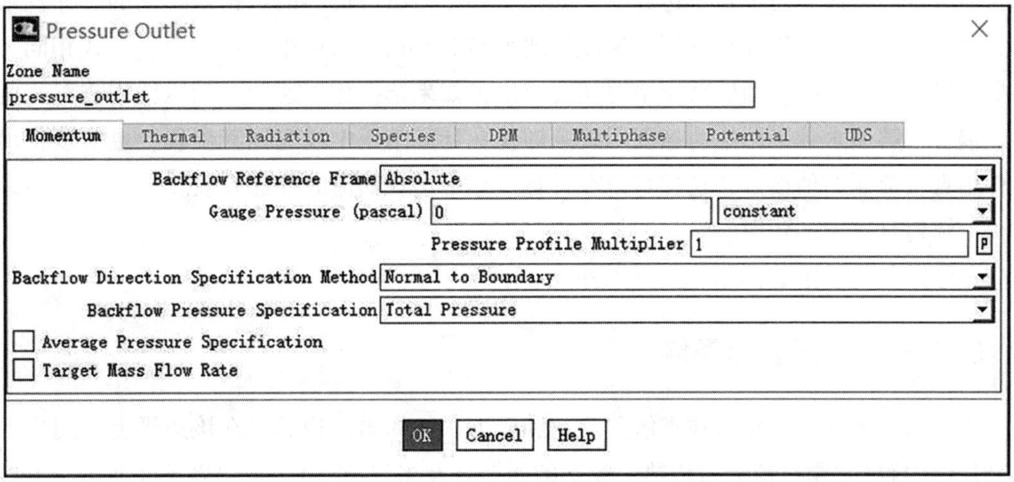

图 5-20 Pressure Outlet 对话框

在该对话框中，压力出口边界的输入参数如下。

· 静压。在 Gauge Pressure(表压)一栏中输入静压的值。在流动为亚声速时会用到这个值，如果在出口边界附近流动转变为超声速，压力值可以从上游流场中外插得到。在 FLUENT 中还可以使用径向平衡出口边界条件。勾选 Radial Equilibrium Pressure Distribution (径向平衡压力分布)复选框，即可启用这项功能。径向平衡是指在出口平面上径向压力梯度与离心力的平衡关系。这种边界条件只需要设定最小半径处的压力值，FLUENT 可以根据径向平衡关系计算出口平面其余部分的压力值。

· 回流条件。包括以下几个方面：

➢ 能量计算中的总温。在包含能量计算的问题中需要设定回流总温(Backflow Total Temperature)。

➢ 回流方向定义方法。在回流的流动方向已知，并且与流场解相关时，可以在 Backflow Direction Specification Method(回流方向定义方法)下拉列表中选择一种方法定义回流方向。系统默认设置为 Normal to Boundary(垂直于边界)，即认为流动方向与边界平面垂直，这种情况下不需要另外输入参数。如果选择 Direction Vector(方向矢量)选项，对话框上就会出现定义回流方向矢量分量的输入栏。如果计算使用的是 3D 求解器，那么还会出现坐标系列表。如果选择 From Neighboring Cell(导自邻近单元)选项，FLUENT 就会用紧邻压力出口的网格单元中的流动方向定义出口边界面上的流动方向。

➢ 湍流计算中的湍流参数。

➢ 组元计算中的化学组元质量浓度。

➢ 非预混或部分预混燃烧计算中的混合物浓度和增量。

➢ 预混或部分预混燃烧计算中的过程变量。

➢ 多相流计算中的多相流边界条件。

需要注意的是，如果出现回流，Gauge Pressure 一栏中的压力值就会被作为总压使用，同时回流方向被认为是垂直于边界的。如果紧邻压力出口边界的网格是移动的，并且求解器为分离求解器，动压计算采用的速度形式就与 Solver 对话框中选择的速度形式相同，即如果选择了绝对速度，动压就用绝对速度求出，如果选择相对速度，动压就用相对速度求出。耦合求解器永远采用绝对速度形式。即使在计算结果中没有回流出现，也应该将出口条件用真实流场的值设定，这样可以在计算过程中出现回流时加速收敛。

· 辐射计算中的辐射参数。

· 弥散相计算中的弥散相边界条件。

5.9.5 出流边界条件

出流边界条件用于模拟在求解前流速和压力未知的出口边界。在该边界上，用户不需定义任何内容(除非模拟辐射传热、粒子的离散相及多口出流)。该边界条件适用于出口处的流动是完全发展的情况。完全发展，表示出流面上的流动情况由区域内部外推得到，且对上游流动没有影响。出口边界条件不能用于可压缩流体流动，也不能与压力入口边界条件一起使用(压力入口边界条件可与压力出口边界条件一起使用)。

设置出流边界条件比较简单。从图 5 - 16 所示的 Boundary Conditions 对话框中可打开 Outflow 对话框，如图 5 - 21 所示。用户只需给定出流边界上流体的流出量的权重(占总流出量的百分比)，如果系统只有一个出口。则直接输入“1”即可。

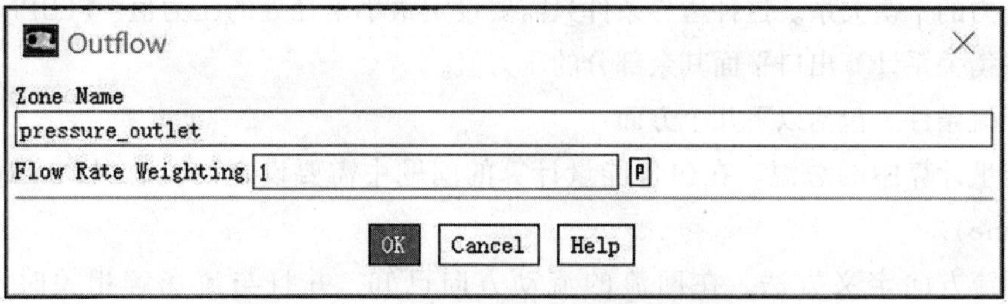

图 5 - 21　Outflow 对话框

注意：在使用出流边界条件时，如果在计算过程中，在出流边界上的任何一点有回流，计算的收敛性都会受到影响，尤其在进行湍流计算时，这种现象比较明显。这里，可尝试使用压力出口边界条件代替出流边界条件。

5.9.6 压强远场边界条件

压强远场边界条件用来描述无限远处的自由可压缩气体流动，气体的密度通过理想气体定律来计算。为了得到理想计算结果，要将该边界远离用户所关心的计算区域。

压强远场条件的有关数据通过 Pressure Far - Field 对话框输入，如图 5 - 22 所示。该对话框从图 5－16 所示的 Boundary Conditions 对话框中打开。

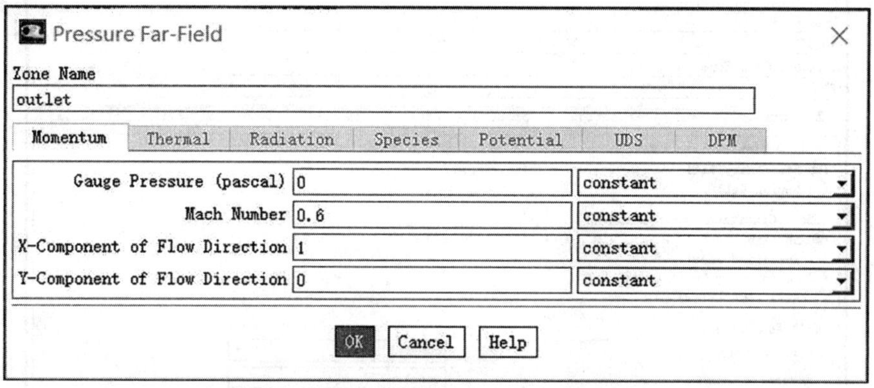

图 5－22 Pressure Far－Field 对话框

在压强远场边界条件中需要输入下列参数：

· 静压。

· 马赫数。

· 温度。

· 流动方向。

· 湍流计算中的湍流参数。

· 辐射计算中的辐射参数。

· 组元计算中的组元质量浓度。

· 弥散相计算中的弥散相边界条件。

5.9.7 壁面边界条件

壁面用于限定 fluid 和 solid 区域。在黏性流动中，壁面处默认为无滑移边界条件，但用户可以根据壁面边界区域的平移或转动来指定一个切向速度分量，或者通过指定剪切来模拟一个“滑移”壁面。流体和壁面之间的剪应力和热传导可根据流场内部的流动参数来计算。

壁面边界条件的有关数据通过 Wall 对话框输入，如图 5－23 所示。该对话框从图 5－16 所示的 Boundary Conditions 对话框中打开。

下面简单介绍壁面边界条件需要输入的参数。

· 在热交换计算中的热力学边界条件。

Wall 对话框的 Thermal（热力学）选项卡中的热力条件有以下几项。

➢ 热通量边界条件：当边界条件的热通量固定值时，可以单击 Heat Flux（热通量）选项设置热通量。系统的默认热通量为零，即假定壁面为绝热。计算中可以根据实际情况，在这一项中输入已知的热通量数据。

➢ 温度边界条件：如果边界上的温度是固定值，那么可以选择输入温度边界条件。只

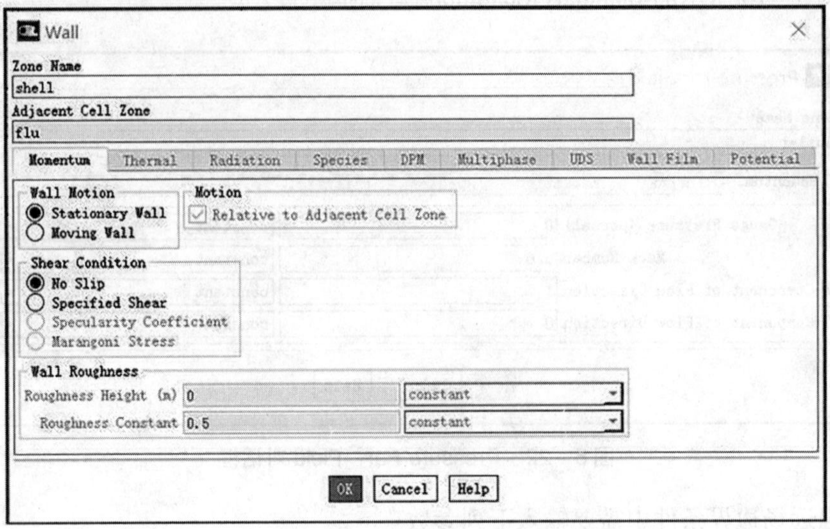

图 5－23　Wall 对话框

要选择 Temperature（温度）选项，在相应位置输入壁面温度值就可以完成壁面边界条件的输入。

➢ 对流热交换边界条件：选择 Convection（对流）选项，输入 Heat Transfer Coefficient（热交换系数）和 Free Stream Temperature（自由流温度），FLUENT 就可以用后面的方程进行壁面上的热交换计算。

➢ 外部辐射边界条件：如果计算中需要考虑外界对流场的辐射，那么应该选择设定 Radiation（辐射）条件，然后设定 External Emissivity（外部辐射率）和 External Radiation Temperature（外部辐射温度）。

➢ 对流与外部辐射混合边界条件：选择 Mixed（混合）选项，可以同时设定对流与外部辐射边界条件。在这种情况下，可以设置的参数包括 Heat Transfer Coeffcient（热交换系数）、Free Stream Temperature、External Emissivity 和 External Radiation Temperature。

➢ 薄壁热阻参数：在默认设置中，壁面厚度等于零。但是，在设定热力学条件时，可以在两个计算域之间定义一个带厚度的薄层。比如，在计算插入流场中的一个薄金属板时，可以给予薄板一个厚度用于热力学计算。在这种情况下，FLUENT 在壁面附近用一维流假设计算由壁面引起的热阻和壁面上热量的生成量。

➢ 双侧壁面的热力学边界条件：如果壁面两侧均为计算域，就称其为双侧壁面。这种类型的网格文件读入 FLUENT 后，FLUENT 中将自动生成影子（shadow）区域，即壁面的每个面都有一个计算区域与之对应。在 Wall 对话框中，影子区域的名字显示在 Shadow Face Zone（影子表面区域）中。

➢ 壁面上的薄壳热导率：在壁面边界条件中选中薄壳热导率（Shell Conduction）就可以用定义薄壳热导率的形式定义热力学边界条件。在使用这种方式定义热力学边界条件时，热力学条件的定义方法与前面的薄壁热阻参数定义方法相同。

· 在移动、转动壁面计算中的壁面运动条件。

壁面边界可以是静止的，也可以是运动的。移动壁面边界条件采用壁面的平移或转动的速度或速度分量值进行定义。壁面运动在 Wall(壁面)对话框的 Momentum(动量)选项卡中进行定义，单击 Momentum 选项卡可以看到与壁面运动有关的所有定义形式。

➢ 定义静止壁面。在 Wall Motion(壁面运动)选项组中选中 Stationary Wall(静止壁面)单选按钮，将壁面设置为静止壁面。

➢ 定义运动壁面的速度。如果计算中壁面存在切向运动，就需要在边界条件中定义平移、转动速度或速度分量。在 Wall Motion 选项组中选中 Moving Wall(移动壁面)单选按钮，Wall 对话框随即展开。

➢ 定义相对或绝对速度。如果壁面附近的网格是移动网格，那么可以用相对速度的方式定义壁面运动，即取移动网格为参考定义壁面的运动速度，此时选中 Relative to Adjacent Cell Zone(相对于邻近网格)单选按钮即可进行设置。如果选择 Absolute(绝对速度)选项，那么可以通过定义壁面在绝对坐标系中的速度定义壁面运动。如果邻近的网格单元是静止的，相对速度和绝对速度的定义就是等价的。

➢ 壁面的平移运动。在壁面存在直线平移运动时，选择 Translational(平移)选项，并在 Speed(速度)和 Direction(方向)栏中定义壁面运动速度矢量。默认情况下，系统认为壁面是静止的，所以速度值被设为零。

➢ 壁面的旋转运动。选择旋转(Rotational)选项并确定绕指定转动轴的旋转速度，即可确定壁面的旋转运动。用 Rotation - Axis Direction(转动轴方向)和 Rotation - Axis Origin(转动轴原点)可以确定唯一转动轴。在 3D 计算中，转动轴是通过转动轴原点并平行于转动轴方向的直线。在 2D 计算中，无须指定转动轴方向，只需指定转动轴原点，转动轴是通过原点并与 z 方向平行的直线。在 2D 轴对称问题中，转动轴永远是 x 轴。

➢ 用速度分量定义壁面运动。选择 Components(速度分量)选项，可以通过定义壁面运动的速度分量定义壁面的平移运动。这里定义的平移运动可以是直线运动，也可以是非直线运动，运动方向可以用速度分量函数或自定义函数的形式进行定义。

· 滑移壁面中的剪切条件。

可以定义 3 种类型的剪切条件。

➢ 无滑移条件。在 Shear Condition(剪切条件)下选择 No Slip(无滑移)选项就可以在壁面上设定无滑移条件。无滑移条件是黏性流计算中所有壁面的默认设置。

➢ 指定剪切力条件。在剪切条件下选择 Specified Shear(指定剪切力)选项就可以为壁面设定剪切力的值，然后可以通过输入剪切力的 x、y、z 分量定义剪切力的值。在剪切力给定后，湍流计算中的壁面函数条件就不再使用。

➢ Marangoni 应力条件。FLUENT 可以定义由温度引起的表面张力的变化。对于所有移动壁面只能设定无滑移条件，其他类型的剪切条件仅适用于静止壁面。无滑移条件是系统默认设置，其物理意义是紧邻壁面的流体将与壁面结合在一起，并以相同的速度运动。

· 湍流计算中的壁面粗糙度。

壁面粗糙度对流动阻力和传热、传质都有影响，在湍流计算中通过加入粗糙度的方式对壁面律(Law of the wall，由普朗特和冯卡门建立的经典理论)做出修正。

· 组元计算中的组元边界条件。

在默认设置中，除了参与壁面反应的组元，所有组元在壁面附近的梯度均为零，但是同时可以设定壁面上的质量浓度。也就是说，在入口边界上采用的 Dirichlet 边界条件也可以用于壁面边界。

如果系统的默认设置不能满足要求，那么可以用下列步骤进行修改。

步骤 1：单击 Wall 对话框中 Species 选项卡，可以看到壁面上的组元边界条件。

步骤 2：在 Species Boundary Condition(组元边界条件)下，在组元名称下拉列表中选择 Specified Mass Fraction(指定质量浓度)，而不是默认的 Zero Diffusive Flux(零扩散通量)，就会出现定义 Species Mass Fractions(组元质量浓度)选项。

步骤 3：在组元质量浓度中定义组元的质量浓度。每个组元的边界条件都是单独定义的，所以在定义组元边界条件时可以对不同组元采用不同的定义方法。如果某个组元参与了壁面反应，那么单击 Reaction(反应)选项并从 Reaction Mechanisms(反应机制)列表中选择相应的反应，为组元设定反应。

· 在表面化学反应计算中的化学反应边界条件。

开启或关闭表面反应(Surface Reactions)选项，可以设定壁面条件中是否包含表面反应。

· 辐射计算中的辐射边界条件。

如果计算中使用了 P1 模型、DTRM 模型、DO 模型或面到面模型，就需要在 Wall 对话框的 Radiation(辐射)部分设定壁面辐射率。如果使用 Rosseland 模型，就无须设定任何参数，因为 FLUENT 已经将辐射率设定为 1。如果使用 DO 模型，那么还需要设定壁面类型为扩散型、镜面型或半透型。

· 弥散相计算中的弥散相边界条件。

如果计算中使用了弥散相模型，就需要在 Wall 对话框的 DPM 部分设定粒子轨迹的限定条件。

· VOF 计算中的多相流边界条件。

如果计算中使用了 VOF 模型，就可以在 Wall 对话框的 Momentum 部分定义两相之间的接触角。

5.9.8 流体条件

与前面介绍的各种边界条件不同，流体条件实际上并不是针对具体边界而言的，而是一个单元组，即一个区域，被称为流体区域条件。所有激活的方程(在 5.6 节选定计算模型时被激活)都要在这些单元上进行求解。向流体区域输入的信息只是具有 Fluid 类型的材料名称。用户可从 5.7 节定义的 Fluid 类型的材料中选择。

如果模拟组分输运或燃烧，不必在这里选择材料类型，因为在用户激活组分模型时，Species Model 对话框会要求用户指定 mixture 类型的材料。对于多相流模拟，也同样不在这里指定材料类型。

在设置流体区域时，允许设置热量、质量、动量、湍流动能、组分及其他标量型变量的源项。如果是运动区域，还需指明区域运动的方向和速度。如果存在与流体区域相邻的旋转周期性边界，则需要指定旋转轴。如果使用两方程模型或 Spalart - AUmaras 一方程模型来模拟湍流，可以选择将流体区域定义为层流区。如果用 DO 模型模拟辐射，可以指定流体是否参加辐射。

设置流体区域的有关数据通过 Fluid 对话框输入，如图 5 - 24 所示。该对话框从信息树中的 Cell Zone Conditions 对话框中打开。

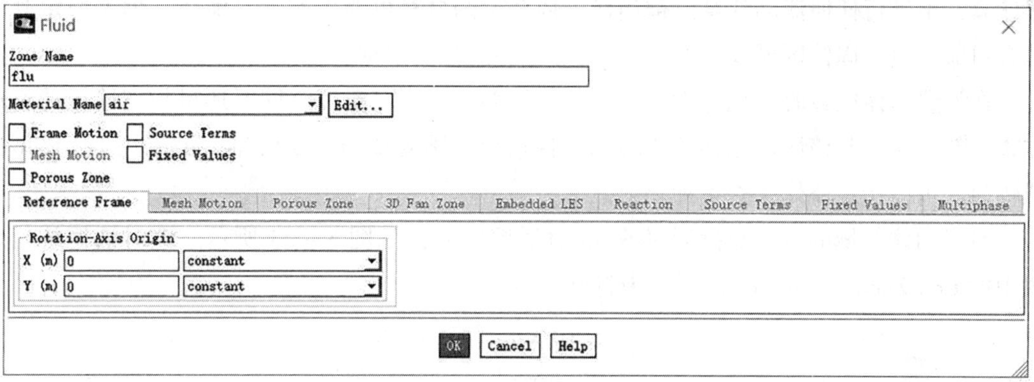

图 5 - 24　Fluid 对话框

流体条件需要输入的参数如下：

· 定义流体属性。可以从材料列表中选择材料，如果材料参数不符合要求，那么可以编辑材料参数以满足计算要求。

· 定义源项。在 Source Terms（源项）选项中可以定义热量、质量、动量、湍流、组元和其他流动变量的源项。

· 定义固定参数值。选中 Fixed Values（固定值）复选框，可以为流体区域中的变量设置固定值。

· 设定层流区。在计算中使用 $k-\varepsilon$ 模型、$k-\omega$ 模型或 Spalart - Allmaras 模型时，可以在特定的区间关闭湍流设置，从而设定一个层流区域。该功能在已知转换点位置或层流区和湍流区时非常有用。

· 定义化学反应机制。选中 Reaction 选项后，在 Reaction Mechanisms 列表中选择需要的反应机制，从而计算带化学反应的组元输运过程。

· 定义旋转轴。如果流体区域周围存在周期性边界，或者流体区域是旋转的，那么计算时必须指定转动轴。通过定义 Rotation - Axis Direction 和 Rotation - Axis Origin 可以定义

3D 问题中的转动轴。在 2D 问题中，只需指定转轴原点就可以确定转动轴。

· 定义区域的运动。在 Motion Type(运动类型)列表中选择 Moving Reference Frame(移动参考系)，可以为运动的流体区域定义转动或平动的参考系。如果想为滑移网格定义区域的运动，那么在运动类型列表中选择 Moving Mesh(移动网格)，然后完成相关参数设置。对于平动运动，只要在 Translational Velocity(平动速度)中设定速度的 x、y、z 分量即可。

· 定义辐射参数。如果计算中使用了 DO 辐射模型，那么可以在 Participates in Radiation(是否参与辐射)中确定流体区域是否参与了辐射过程。

5.9.9 固体条件

同流体区域类似，固体区域也是一个单元组，只不过这组单元仅用来进行传热过程求解计算，不进行任何流动计算。被当作固体对待的材料可能事实上是流体，但是假定其中没有对流发生。固体区域仅需要输入 Solid 类型的材料名称。

在设置固体区域时，允许设定热量的体积源项或指定温度，同时还可指定区域的运动方式。如果存在与该区域相邻的旋转周期性边界，则需要指定旋转轴。如果用 DO 模型模拟辐射，可以指定流体是否参加辐射。

设置固体区域的有关数据通过 Solid 对话框输入，如图 5－25 所示。该对话框从信息树中的 Cell Zone Conditions 对话框中打开。

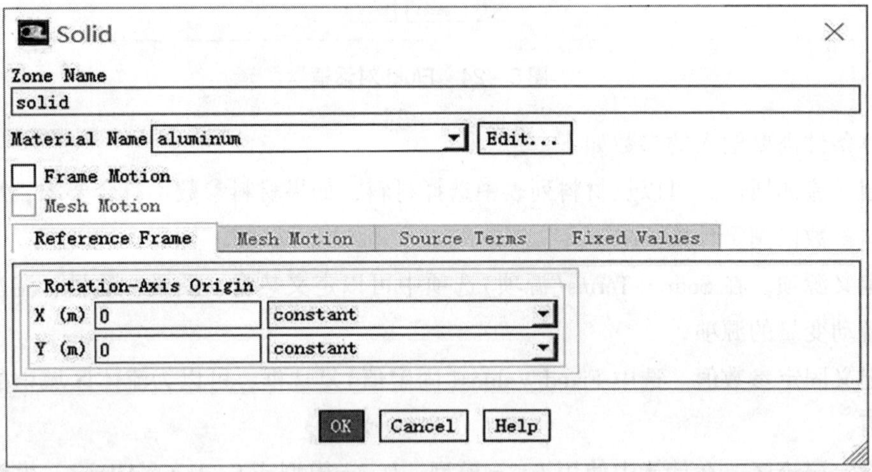

图 5－25 Solid 对话框

固体条件需要输入的参数如下。

· 定义固体材料。在材料名称(Material Name)下拉列表中选择固体的材料，如果材料参数不符合要求，那么可以通过编辑改变这些参数。

· 定义热源。选择 Source Terms 可以为固体区域设置热源。

· 定义固定温度。Fixed Values 选项中可以为固体区域设置一个固定的温度值。

· 定义转动轴。转动轴仍然是通过定义轴的方向和原点位置进行定义的，在 2D 情况下确定转轴原点即可。

· 定义区域运动。定义参考坐标系可以在 Motion Type 列表中选择 Moving Reference Frame 完成定义。定义移动网格可以在运动类型的 Moving Mesh 中完成。对于带有直线运动的固体区域，可以用定义 Translational Velocity 的 3 个分量定义。

· 定义辐射参数。如果使用 DO 模型计算辐射过程，那么可以在 Participates in Radiation 选项中确定固体区域是否参与了辐射过程。

5.9.10 周期性边界条件

周期性边界条件用于所计算的物理几何模型和所期待的流动的解具有周期性重复的情况。通过图 5 – 26 所示的 Periodic 对话框设置周期性边界条件。

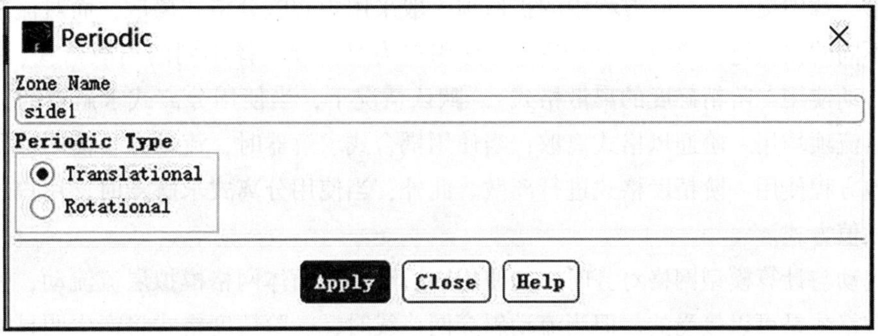

图 5 – 26 Periodic 对话框

在该对话框中，可指定周期性边界的形式：Translational 或 Rotational。如果使用耦合式求解器，还会出现 Periodic Pressure Jump 文本框，用于设置穿过周期性边界的压力增加(或降低)，即允许通过周期性平面具有压力降。

需要注意的是，使用周期性边界条件，必须在建模软件中生成网格时就提前对对称边界的网格分布作相应设置。

5.9.11 对称边界条件

对称边界条件用于物理外形及所期望的流动的解具有镜像对称特征的情况，也可用来描述黏性流动中的零滑移壁面。在对称边界上，不需要定义任何边界条件，但必须定义对称边界的位置。注意，对于轴对称问题中的中心线，应使用轴边界条件来定义，而不是用对称边界条件。

5.9.12 内部边界条件

内部(interior)边界条件用在两个区域(如水泵中同叶轮一起旋转的流体区域与周围的非旋转流体区域)的界面处，将两个区域“隔开”。在该边界上，不需要用户输入任何内容，只需指定其位置。

5.10 设置求解控制参数

在完成了网格、计算模型、材料和边界条件的设置后，原则上就可以让 FLUENT 进行求解计算，但为了更好地控制求解过程，需要在求解器中进行某些设置。设置的内容主要包括选择离散格式、设置亚松弛因子、初始化场变量及激活监视变量等。下面按操作流程介绍这些内容。

5.10.1 设置离散格式

(1)对流项离散格式的选择

在第 2 章中提到，控制方程中的扩散项一般采用中心差分格式离散，而对流项则可采用多种不同的格式进行离散。FLUENT 允许用户为对流项选择不同的离散格式(注意黏性项总是自动使用二阶精确度的离散格式)。默认情况下，当使用分离式求解器时，所有方程中的对流项均用一阶迎风格式离散；当使用耦合式求解器时，流动方程使用二阶精度格式，其他方程使用一阶精度格式进行离散。此外，当使用分离式求解器时，用户还可为压力选择插值方式。

当流动与计算模型网格对齐时，如使用四边形或六面体网格模拟层流流动，使用一阶精度离散格式是可以接受的。但当流动斜穿网格线时，一阶精度格式将产生明显的离散误差(数值扩散)。因此，对于 2D 三角形及 3D 四面体网格，要使用二阶精度格式，特别是对复杂流动。一般来讲，在一阶精度格式下容易收敛，但精度较差。有时，为了加快计算速度，可先在一阶精度格式下计算，再转到二阶精度格式下计算。如果使用二阶精度格式遇到难以收敛的情况，则可考虑改换一阶精度格式。

对于转动及有旋流的计算，在使用四边形及六面体网格时，具有三阶精度的 QUICK 格式可能产生比二阶精度更好的结果。但是，一般情况下，用二阶精度就已足够，即使使用 QUICK 格式，结果也不一定好。乘方格式(Power - law scheme)一般会有与一阶精度格式相同精度的结果。中心差分格式一般只用于大涡模拟模型，而且要求网格很细。

(2)压力插值格式的选择

在默认情况下，FLUENT 使用动量方程系数来处理表面的压力插值。只要单元中心的压力变化比较平滑，这个程序就可以计算得很好。当控制体之间的动量源项有跳跃或者有较大的梯度时，在单元表面处的压力轮廓会有较大的梯度，此时不可以用这种格式来插值。否则，就会出现单元速度过大和过小的问题。

使用标准压力插值格式会出现问题的流动包括具有大体积力的流动，如强烈的旋流、高 Rayleigh 数自然对流等。在这种情况下，有必要在大梯度区域处理网格，以便较好地分辨压力的变化。

FLUENT 的另一个误差源是假定壁面法向压力梯度为零。这种假定对于边界层是有效的，但是对于出现体积力或者曲率的情况就不适用。此外，压力梯度计算较明显的错误是速度矢量指向或者指出壁面。

当标准压力插值格式不可用时，FLUENT 提供了以下几种可选的方法：

· 线性格式用相邻单元压力的平均值来计算表面压力。

· 二阶格式用二阶精度对流项中的方法来重建表面压力。这一格式可能会比标准和线性格式更好，但是如果将其用于初始计算和较差网格计算，可能会出现一些问题。

· 体积力加权格式假定压力和体积力之间的差值梯度为常数来计算表面压力。如果动量方程中的体积力已知(如浮力和轴对称涡流的计算)，那么这一格式会处理得很好。

· PRESTO(PREssure STaggering Option)格式使用离散连续性平衡来计算交错压力表面处的交错体积。这一格式和非结构网格中使用的交错网格格式相似。注意：PRESTO 格式只用于四边形或者六面体网格。当使用分离式求解器时，有很多压力插值格式可供用户选择。对于大多数情况，标准格式已经足够，但是对于特定的某些模型而言，使用其他格式可能会更好。

· 对于具有较大体积力的问题，推荐使用体积力加权格式。

· 对于具有高涡流数、高 Rayleigh 数自然对流、高速旋转流动、包含多孔介质的流动和高度扭曲区域的流动，应使用 PRESTO 格式。

(3)密度插值格式

在用分离式算法计算单相可压缩流体流动时，有三种密度插值格式可供选择，即一阶迎风格式(First Order Upwind)、二阶迎风格式(Second Order Upwind)和 QUICK 格式。一阶迎风格式具有良好的稳定性，但是在计算带激波的可压缩流体流动时，会对激波解产生“抹平”作用，因此应该选用二阶迎风格式或 QUICK 格式。在用四边形网格、六面体网格或混合网格计算带激波的流动时，最好使用 QUICK 格式计算所有变量。需要注意的是，在计算可压缩多相流时，只能用一阶迎风格式。

在 FLUENT 中选择计算格式是在 Solution Methods(求解方法控制)对话框中，如图 5－27 所示。进行 Solve/Methods 操作即可弹出该对话框。

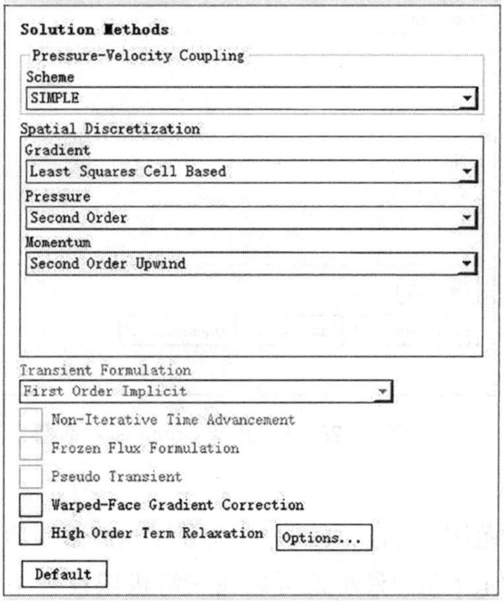

图 5－27 Solution Methods 对话框

在 Spatial Discretization(离散)选项组中，可以在使用分离求解器时定义动量、能量、湍流动能等项目，并为这些项目选择一阶迎风格式、二阶迎风格式、指数律格式、QUICK 格式和中心差分格式(在 LES 湍流模式计算中)。也可以在使用耦合求解器时定义湍流动能、湍流耗散率等项目，并为这些项目选择一阶迎风格式、二阶迎风格式。需要注意的是，采用耦合算法时 Solution Methods 对话框的外观会有所不同。

在使用分离式求解器时，在 Pressure 下拉列表中选择压强插值格式，包括标准格式、线性格式、二阶迎风格式、体积力加权格式和 PRESTO 格式。在计算可压缩流体时，需要在 Momentum 下拉列表中选择密度插值格式，包括一阶迎风格式、二阶迎风格式和 QUICK 格式。单击 Default 按钮可以恢复为默认设置。

5.10.2 设置亚松弛因子

亚松弛因子是分离式求解器所使用的一个加速收敛的参数，用于控制每个迭代步内所计算的场变量的更新。注意，除耦合方程之外的所有方程，包括耦合隐式求解器中的非耦合方程(如湍流方程)，均有与之相关的亚松弛因子。FLUENT 为这些亚松弛因子提供了默认值。如压力、动量、k 和 ε 的默认亚松弛因子分别为 0.2、0.5、0.5 和 0.5，一般情况下，用户没有必要改变这些值。

但是为尽可能地加速收敛，可在启动计算时，先用默认值。在迭代 5 ~ 10 次以后，检查残差是增加还是减小。若增大，则减小亚松弛因子的值；反之，增大亚松弛因子的值。总之，在迭代过程中，通过观察残差变化来选择合适的亚松弛因子。注意，黏度和密度均做欠松弛处理。

在 FLUENT 中设置离散格式时，单击 Solving 功能区下的 Controls 按钮，弹出如图 5 – 28 所示的 Solution Controls (求解过程控制)对话框。

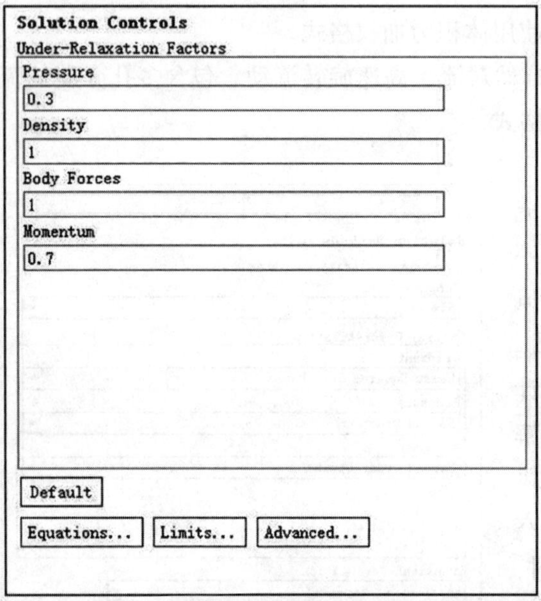

图 5 – 28　Solution Controls 对话框

5.10.3 求解极限设置

FLUENT 在某些极端条件下会出现解的不稳定，为了保证流场变量在指定的范围内之内，FLUENT 提供了求解限制功能来设置这些范围值。流场变量在计算过程中的最大值、最小值可以在求解极限设置中设定，设置求解极限需要单击 Solving 功能区 Controls 区下的 Limits 按钮，弹出如图 5 – 29 所示的 Solution Limits(求解极限)对话框。

设置解变量极限的目的是避免在计算中出现非物理解，如密度或温度变成负值，或者大得远远超过真实值。

可以看到，对绝对压力和湍流量等使用了限制值。如果计算的某个压力值小于最小绝对压力或大于最大绝对压力，求解器就会用相应的极限值取代计算值。对于能量计算中的温度也做相似的处理。

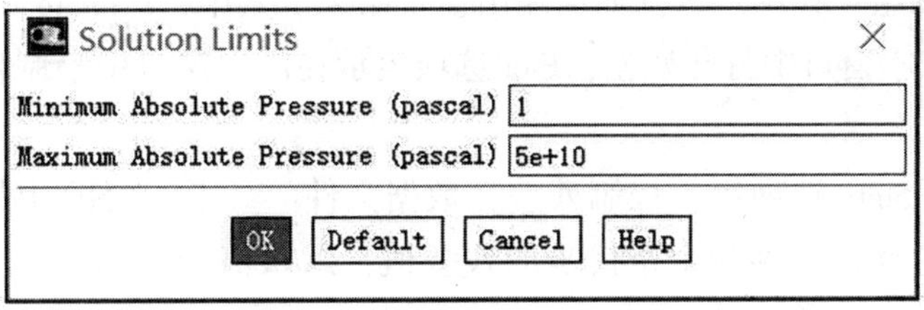

图 5-29 Solution Limits 对话框

一般来说，不需要改变默认的求解限制范围。如果压力、温度或者湍流量被重复地重置到限制值，控制台窗口就会出现警告消息，此时，用户需要检查尺寸、边界条件和属性以确保设定正确，并找出问题中变量过小或过大的原因。可以用标记功能来辨别哪个单元的值等于所设定的限制值(用等值面创建功能)。

在耦合式求解器中，温度下降的速度由正向速度极限来控制。例如，默认值为 0.2 就意味着两次迭代之间的温度不可以减少超过 20%。如果温度的改变超过这个极限值，求解器就会将时间步长减小，从而将变化改回原来的范围，同时会给出时间步长减小的警告。

如果想回到 FLUENT 设定的默认值，在重新打开 Solution Limits 对话框以后，可单击 Default 按钮。

5.10.4 设置求解过程的监视参数

在求解过程中，通过检查变量的残差、统计值、力、面积分和体积分等，用户可以动态地监视计算的收敛性和当前的结果，显示或打印升力、阻力、力矩系数、表面积分及各个变量的残差。对于非稳定流动，用户还可监视时间进程。

所有的监视命令都在信息树中的 Monitors(监视)选项中设置，单击信息树 Solution 选项卡中的 Monitors，弹出 Monitors 树形窗，双击 Residual，弹出图 5-30 所示的 Residual Monitors(残差监视)对话框。

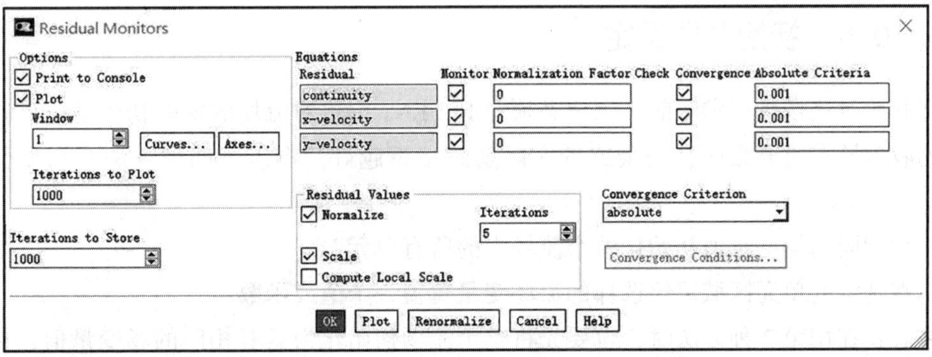

图 5-30 Residual Monitors 对话框

在该对话框中，用户可以设置要监视哪些变量的残差、如何监视，每隔多少个迭代步监视一次、如何输出监视结果等。现对对话框中的各个选项进行简单介绍。

· Options 选项组：让用户选择如何输出监视结果。其中，Print to Console 选项表示在每一轮迭代后在文本窗口中打印残差，Plot 选项表示在图形窗口中绘制残差随迭代次数的变化结果图。

· Iterations to Store 选项组：控制残差在数据文件(*. dat 文件)中的存储。其中，文本框中的数值表示要保存多少个迭代步的残差值，默认值为 1000，意味着保存 1000 个迭代步的残差值。如果计算超过 1000 步，只保存后 1000 步的数据。如果计算包含相当多的迭代步，则需要加大这个数值，但过大的数值会导致内存及绘制残差图均开支较大。

· Normalize 选项组用于对残差进行规格化及缩放处理。当选中 Normalize 复选框后，表示要将残差值被指定的 Normalization Factor 除，即取相对残差值进行显示输出，默认的 Normalization Factor 为前 5 个迭代步中的相应变量的最大残差值，选中 Scale 复选框，表示对每种变量的残差进行缩放处理，以便于观察。

· Plot 选项组：包含与残差绘制有关的参数。其中，Window 设置在哪个窗口中绘制，该文本框可让用户将不同的结果在不同的窗口中单独保存，Iterations to Plot 文本框表示要绘制多少个迭代步的残差。Axes 选项控制残差图中坐标轴的属性。Curves 选项控制残差曲线的属性。

· Residual 表示具有残差信息的变量名称。Monitor 复选框表示是否要监视所对应的变量的残差。Normalization Factor 显示对每个变量进行规格化处理时所使用的系数，当 Normalize 复选框没有选中时，该项不出现。Check Convergence 表示是否监视对应变量的收敛性。若选中 Check Convergence 复选框，表示当每个变量满足其指定的收敛判据时，计算过程自动停止。Absolute Criteria 表示当相应变量达到该文本框中规定的数值时，则认为计算已收敛，用户可以手动设置该值。

· Plot 按钮表示绘制当前残差历史记录。

· Renormalize 按钮表示设置残差规格化因子为线差历史中的最大值。

5.10.5 初始条件设定

在开始对流场进行求解前，用户必须向 FLUENT 提供对流场的解的初始值。该初始值对解的收敛性有重要影响，与最终的实际解越接近越好。有以下两种方法来初始化流场的解：

· 用相同的场变量值初始化整个流场中的所有单元。

· 在选定的单元区域里给选择的流场变量覆盖一个值或函数。

注意：在用第 2 种方法时，也要先将整个流场初始化为具有相同的场变量值，再对选中的单元用新值覆盖初始值。

要用相同的场变量值初始化整个流场，须激活 Solution Initialization 对话框。在 Solving 功能区的 Initialization 区操作，单击 Options 按钮，弹出如图 5 – 31 所示的 Solution Initialization(初始化设置)对话框。

在该对话框中，Initial Values 选项组中显示出当前模型所有激活的场变量的数值，当单击 Initialize 按钮后，FLUENT 将使用这一组数值初始化整个流场中各个变量的数值。注意，各单元都具有相同的初值，用户可在 Compute from 下拉列表中选择获得初值的方式。这里共有以下 3 种方式：

· 在列表框中选择特定的区域名称，这就意味着要根据该区域的边界条件来计算初值。

· 在列表框中选择 all - zones，意味着根据所有边界区域的边界条件来计算初值。

· 在 Initial Values 选项组中手动输入初值。

在 Compute from 下拉列表中选择特定区域的名称或选择 all - zones 项后，FLUENT 会根据所选区域的边界条件自动得出各场变量的初值，显示在 Initial Values 选项组中。

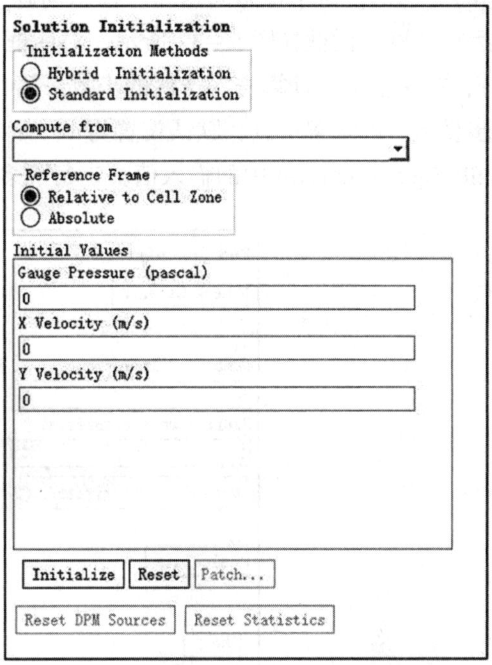

图 5 - 31 Solution Initialization 对话框

如果求解的问题包括运动参考系或者滑动网格，可以在对话框中说明为速度指定的值是相对速度值还是绝对速度值。如果计算域中大多数区域是旋转的，使用相对方式可能更好。

一旦确定了对话栏中显示的初值，即可单击 Initialize 按钮，对流场的计算进行初始化，该初始值将被同时保存。如果初始化过程有错误，初始值有错误，或者使用了错误的区域作为开始区域，可以单击 Reset 按钮将初始值恢复为默认值。

如果用户想使用前面提到的第 2 种方法为部分单元单独设置初值，则须选择 Solve/Initialize/Patch 命令，然后在打开的 Patch 对话框中进行设置。由于这种初始化操作不是必要，在此不做更多介绍。

在完成相关设置后，选择 File/Write/Case 命令，可将当前定义的全部信息保存到案例文件(*. cas)中。

5. 11 流场迭代计算

在完成了前面各项设置以后，便可开始流场的迭代计算。由于稳态问题与瞬态问题的迭代计算方法有区别，本节分别介绍如何启动这两类问题的 CFD 模拟。

5. 11. 1 稳态问题的求解

设置求解控制参数需单击信息树中的 Run Calculation 选项，弹出 Run Calculation(运行计算)对话框。对于稳态问题和非稳态问题，弹出的运行计算对话框是不同的。稳态问题的运行计算对话框如图5-32所示，对话框中第一个输入栏为Number of Iterations(迭代步数)，在这里填入计算需要迭代的步数；第二栏为Reporting Interval(报告间隔)，即每隔多少步显示一次求解信息，默认设置为1；如果计算中使用了UDF函数，那么可以用第三栏Profile Update Interval中的输入值决定每隔多少步输出一次UDF函数的更新信息。

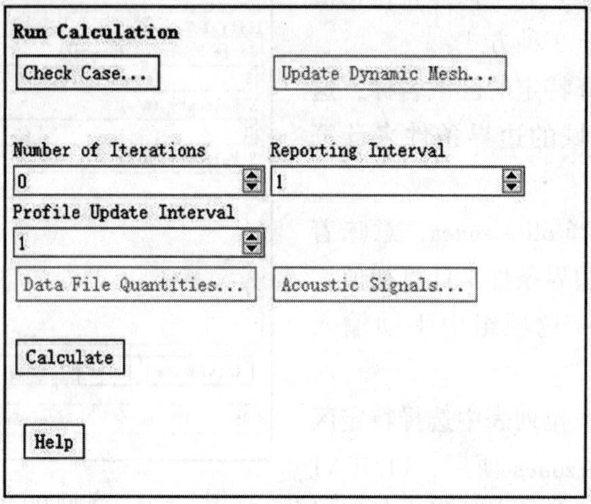

图5-32　稳态问题Run Calculation对话框

设置完毕后，单击Calculate(计算)按钮即可开始计算。在计算开始后，弹出一个工作窗口提示迭代正在进行，如果想中断计算，那么单击窗口中的Cancel(取消)按钮。如果想继续计算，那么单击Iterate(重复)按钮即可。如果对计算结果不满意，希望重新计算，就要重新初始化一次。

计算收敛前所需的迭代次数，和模型求解的难易程度、网格细密程度、使用的算法、收敛判据等有很大的关系。如果FLUENT在未达到Number of Iterations指定的迭代次数前就已收敛，则停止计算。如果达到Number of Iterations指定的迭代次数，但尚未收敛，也会停止迭代计算。因此，用户可根据经验在Number of Iterations微调框中输入一个稍大的迭代次数。

迭代计算完成以后，可选择第5.12节将要介绍的方法查看计算结果，还可选择File/Write/Case&Date命令，将当前定义的全部信息及计算结果保存到案例文件(＊.cas)和data文件(＊.dat)中。

5.11.2　非稳态问题的求解

当用户在图5-6所示的General对话框中，选择Time为Transient后，则表明当前的求解对象是一个与时间相关的非稳态问题。对于非稳态问题的计算，用户仍需从Run Calculation对话框中启动计算进程。但是，与稳态问题相比，非稳态问题的Run Calculation对话框有一些变化。对于非稳态问题，当用户在FLUENT中选择Solve/Iterate命令后，弹出如图5-33所示的Run Calculation对话框。

用户可在该对话框中，为非稳态问题设置迭代参数。

在 Time Stepping Method 中选择时间步长的方法共有两种：Fixed 表示计算过程中时间步长固定不变；Adaptive 表示时间步长是可变的。单击 Settings 按钮，打开如图 5－34 所示的 Adaptive Time Step Settings（可变时间步长设置）对话框，其中：

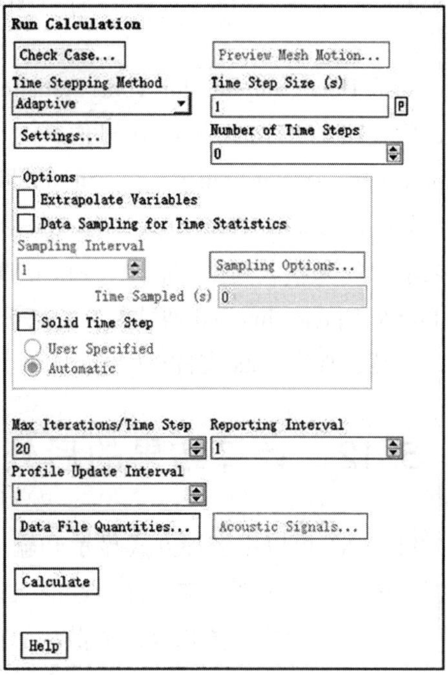

图 5－33 非稳态问题 Run Calculation 对话框

· Truncation Error Tolerance（截断误差容限），即与截断误差进行对比的判据。增加该参数的值，时间步长将会增加，而计算精度将会下降；减小该参数的值，时间步长将会减小，而计算精度将会上升。系统设定的默认值为 0.01。

· Ending Time（结束时间）。因为在适应性时间推进算法中，时间步长是变化的，所以需要事先设定一个结束时间，在累积时间达到结束时间时计算自动结束。

· Minimum/Maximum Time Step Size（最小/最大时间步长），即时间步长的上下限。

· Minimum/Maximum Step Change Factor（最小/最大步长改变因子），即时间步长变化的限制因子，采用这个参数主要是限制时间步长发生剧烈变化。

· Number of Fixed Time Steps（固定时间步的数量），即在时间步长发生变化之前的迭代步数。

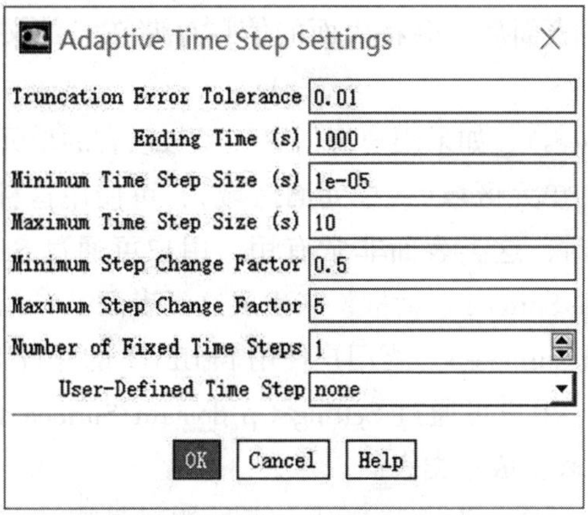

图 5－34 Adaptive Time Step Settings 对话框

在图 5－33 所示对话框中，Time Step Size 指时间步长大小，Number of Time Steps 是需要求解的时间步数。如果选择的时间步长是可变的，那么 Time Step Size 中设定的值作为初始的时间步长，然后视求解过程自动对时间步长的大小进行调节，使其与求解的问题相适应。

勾选 Data Sampling for Time Statistics 复选框，FLUENT 会向用户报告某些物理量在某些迭代步内的平均值和均方根值，这个迭代步间隔的起始位置是用户在选择 Solve→Initialization→Reset Statistics 命令时的即时迭代步。

Max Iterations/Time Step 设置在每个时间步内的最大迭代计算次数。在到达这个迭代数之前，如果收敛判据被满足，FLUENT 会转至下一个时间步进行计算。Reporting Interval 和 Profile Update Interval 两项与在稳态问题中的作用相同。

注意，保存 data 文件(*. dat 文件)，以便以后需要时继续进行非稳态的计算。

5.12 计算结果的后处理

FLUENT 可以用多种方式显示和输出计算结果，如显示速度矢量图、压力等值线图、等温线图、压力云图、流线图，绘制 XY 散点图、残差图，生成流场变化的动画，报告流量、力、界面积分、体积分及离散相的信息等。本节只对这些功能进行简单介绍。

5.12.1 创建要进行后处理的表面

FLUENT 中的可视化信息基本都是以表面(surface)为基础的。有些表面，如计算的进口表面和壁面等，可能已经存在，在对计算结果进行后处理时直接使用即可。但多数情况下，为了对空间任意位置上的某些变量进行观察、统计及制作 XY 散点图，需要创建新的表面。对于 3D 问题，因为不可能对整个区域进行矢量、等值线、XY 曲线的绘制，所以必须创建表面进行相关操作。另一种情况是，无论是 2D 还是 3D，如果希望创建表面积分报告，就必须建立表面。FLUENT 提供了多种方法，用以生成各种类型的表面。FLUENT 在生成这些表面后，会将表面的信息存储在案例文件中。现简要介绍这些表面。

区域表面(Zone Surfaces)，如果用户想创建一个与现有的单元区域(或单元面区域)包含相同单元(或单元面)的单元区域(或单元面区域)，可使用这种方式创建区域表面。当需要在边界上显示结果时，这类表面非常有用。用户可通过 Setting Up domain/Surface/Create Zone 命令打开 Zone Surface 对话框，来生成这类表面。

· 子域表面(Partition Surfaces)。当用户使用 FLUENT 的并行版本时，可通过两个网格子域的边界来生成表面。用户可通过 Setting Up domain/Surface/Create Partition 命令打开 Partition Surface 对话框，来生成这类表面。

· 点表面(Point Surfaces)。为了监视某一点处的变量或函数的值，需要创建这类表面。用户可通过 Setting Up domain/Surface/Create Point 命令打开 Point Surface 对话框，来生成这类表面。

· 线和耙表面(Line and Rake Surfaces)。为了生成流线，用户必须指定一个表面，粒子将从这个表面释放出来。线表面和耙表面是专为此设计的。一个耙表面由一组在两个指定点间均匀分布的若干个点组成，一个线表面只是一个指定端点且在计算域内延伸的一条线。用户可通过 Setting Up domain/Surface/Create Line/Rake Surface 命令打开 Line/Rake Surface 对话框，来生成这类表面。

· 平面(Plane Surfaces)：如果想显示计算域内指定平面上的流场数据，则可创建这类表面。该类表面通过指定 3 个点来定义。用户可通过 Setting Up domain/Surface/Create Plane 命令打开 Plane Surface 对话框，来生成这类表面。

· 二次曲面(Quadric Surfaces)：为了显示在一条直线、平面、圆、球或二次曲面上的数据，用户可输入用于定义这个几何对象的二次函数的系数来创建它。该特性让用户直接定义表面。用户可通过 Setting Up domain/Surface/Create Surface/Quadric 命令打开 Quadric Surface 对话框，来生成这类表面。

· 轴侧面：用户可使用一个轴侧面来显示具有相等变量值的单元上的结果。根据 x、y 或 z 坐标生成轴侧面将给出计算域的 x、y 或 z 的垂直断面。在为压力生成的轴侧面上用户可以显示在常压面上的其他变量数据。用户可通过 Setting Up domain/Surface/Create Iso - Surface 命令打开 Iso Surfece Surface 对话框，来生成这类表面。

除了上述基本的生成表面的方法外，FLUENT 还提供了 3 种对表面进行编辑和加工的功能，也可以生成新表面。

· 剪切表面(Clipping Surfaces)：如果已经创建了一个表面，但不想使用整个表面来显示数据，可通过剪切功能从中截取一部分。用户可通过 Setting Up domain/Surface/Create Iso - Clip 命令打开 Iso - Clip 对话框，来生成这类表面。

· 变换表面(Transforming Surfaces)：用户可针对一个已有表面，进行平移或旋转变换后，得到新的表面。用户可通过 Setting Up domain/Surface/Create Surface/Transform 命令打开 Transform Surfeces 对话框，来生成这类表面。

· 组合、重命名和删除表面(Grouping, Renaming, and Deleting Surfaces)：创建了多个表面后，用户可调用此功能对表面进行组合、重命名和删除操作，组合表面让用户将多个表面组合成一个表面，这样便于同时在较大区域内观察结果。用户可通过 Setting Up domain/Surface/Manage 命令打开 Surfaces 对话框，来生成这类表面。

5.12.2 显示等值线图、速度矢量图和流线图

(1)等值线图

等值线是在指定的表面上通过若干个点的线，在这条线上变量(如压力)为定值。等值线图是在物理区域内由同一变量的多条等值线组成的图形。等值线图分为线条图形和云图两种。云图实际是用特定的颜色来填充表面上变量取相近值的区域。

生成等值线和轮廓图需单击 Postprocessing 功能区 Graphics 区中 Contours 按钮下的 New 或 Edit 选项。也可以单击信息树中的 Graphics(图形和动画)选项，弹出 Graphics 对话框。双击 Contours(等值线)选项，弹出如图 5 - 35 所示的 Contours 对话框。在该对话框中，用

户可通过 Contours of 下拉列表框确定显示哪个变量的等值线，通过 Surfaces 确定显示哪个面上的值，在 Options 选项组中选择是否以填充方式(云图方式)显示，是否同时显示网格。

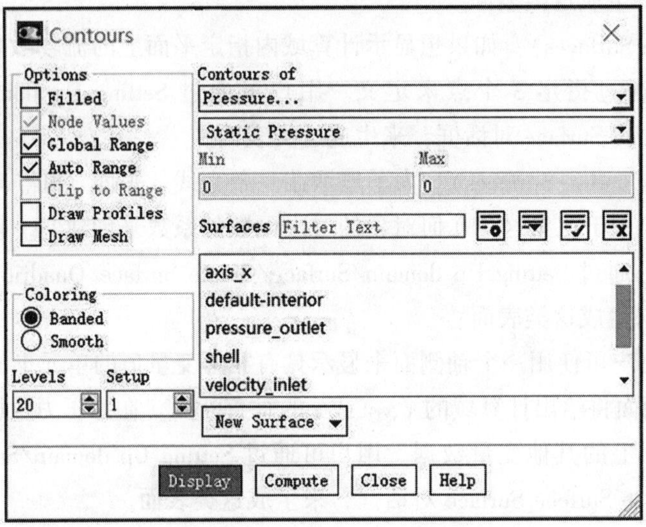

图 5 - 35　Contours 对话框

在 Min 及 Max 栏中指定了要显示的等值线的取值范围。默认情况下，FLUENT 根据整个计算域上的数值来决定这两个值的大小。有时，这种情况可能造成颜色显示上的失调，即某种颜色占据绝对支配地位。如 blue 对应 0，red 对应 10，如果关心的表面上变量的取值范围为 4 ~6，整个表面上的颜色可能全是 green。为此，用户可以关闭 Auto Range 选项，然后在 Min 及 Max 文本框输入特定的范围值，如分别输入 4 和 6。当用户想显示默认范围时，单击 Compute 按钮后，Min 及 Max 的值得到更新。选中 Clip to Range，表示凡是超出显示范围的值，不予显示。

此外，用户还可通过取消选中 Global Range，告诉 FLUENT 不要从整个计算域内确定显示范围，而是从当前表面的区域内确定取值范围。

(2)速度矢量图

速度矢量图是反映速度变化、旋涡、回流等流动性能的有效手段，是流场分析最常用的图谱之一。在默认情况下，矢量在每个网格单元的中心绘制，用箭头表示矢量的方向，用箭头的长度和颜色表示矢量的大小。

单击信息树中的 Graphics 选项，双击 Vectors(矢量)选项，弹出图 5 - 36 所示的 Vectors 对话框。用户可通过 Surfaces 列表指定要显示哪个表面的速度矢量，通过 Vectors of 决定显示哪种速度(绝对速度或相对速度)及根据什么变量(如温度值、湍动能等)的值来决定颜色，通过 Style 决定箭头的大小和形式，通过 Options 设置类似 Contours 对话框中的选项。

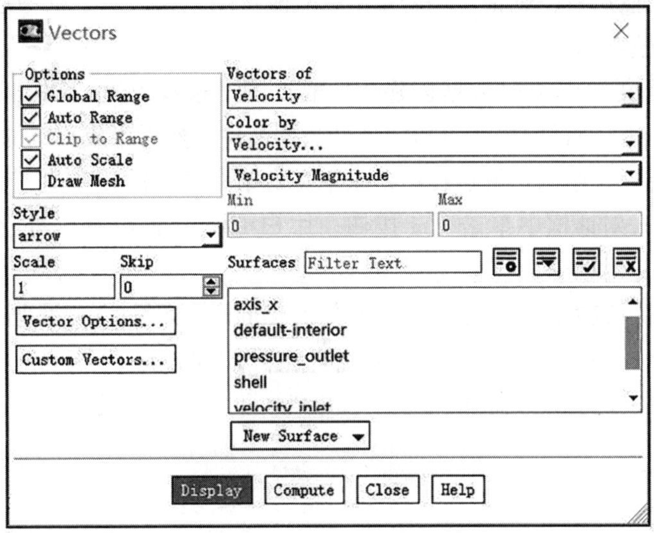

图 5－36 Vectors 对话框

(3)流线图

将计算域内无质量粒子的流动情况可视化。这些粒子从用户创建的一个或多个表面上释放(用户可通过 Surface 命令中的相关工具创建表面)。

选择 Graphics/Pathlines 命令，弹出 Pathlines 对话框。用户可指定粒子从哪个表面上释放出来，然后说明相关选项，如 Step Size 和 Steps，便可显示流线。这里，Step Size 用于计算粒子在下一个位置的长度间隔，Steps 用于设置粒子在前行过程中的最大的间隔数。

(4)显示卷曲面上的结果

即使不创建相应的表面，FLUENT 也可以使用卷曲面(Sweep Surface)来检查各种不同的计算域截面上的网格、等值线或矢量。例如，要显示 3D 燃烧室内的结果，不需要在各个不同位置创建多个横截面，只使用卷曲面就可达到观察整个燃烧室内流动及温度变化情况。要使用 Sweep Surface 功能，可选择 Postprocessing/Animation/Sweep Surface 命令，然后在打开的 Sweep Surface 对话框中进行设置即可。

5.12.3 绘制直方图与 XY 散点图

FLUENT 允许用户从解的结果、data 文件、残差数据中提取数据，来生成直方图与 XY 散点图。直方图是由数据条所组成的图形，XY 散点图是由一系列离散数据构成的线或符号图表。FLUENT 允许用户在这类图表中虚拟地定义任何变量或函数。为了将计算结果与实验结果对比，FLUENT 允许用户从外部数据文件中读取数据。用户还可使用 XY 散点图绘制某个变量的残差历程，或其随时间变化的情况。用户可以使用来自若干个区域、表面或文件中的数据生成非常复杂的 XY 散点图。常用的方法包括：

· 根据当前流场的计算结果创建 XY 散点图。选择 Postprocessing/Plots/XY plot 命令，打开如图 5－37 所示的 Solution XY Plot 对话框，在对话框中选择与当前流场有关的参数，并进行相关设置，然后可得到指定场变量的 XY 散点图。在该对话框中还有用于将生成的 XY 散点图存盘的选项。

· 从外部数据文件中读取数据创建 XY 散点图。选择 Postprocessing/Plots/File 命令，在打开的 File XY Plot 对话框中，可指定外部数据文件，然后生成相应的 XY 散点图。

· 绘制残差图。要绘制求解过程中记录下来的某个变量的残差值，可在图 5 - 30 所示的 Residual Monitors 对话框中单击 Plot 按钮。用户可使用 Postprocessing/Plots/Residuals 打开 Residual Monitors 对话框。

· 绘制直方图。直方图的横坐标是所希望的解的量(如密度)，纵坐标是单元总数的百分比。使用 Postprocessing/Plots/Histogram 命令，打开 Solution Histogram 对话框，用户可设置要绘制的直方图的内容及坐标轴，然后单击 Plot 即可绘制完成。

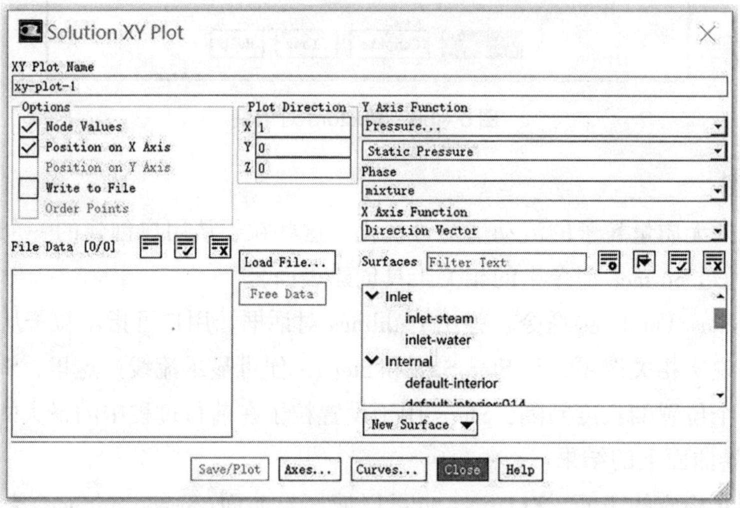

图 5 - 37　Solution XY Plot 对话框

5.12.4　生成动画

用户在 FLUENT 软件中可以制作动画，通过把静态的图像转化为动态的图像，可以大大加强演示效果。用户可在图形窗口中构造场景，通过移动或缩放对象来修改场景，改变某些对象的颜色和可见性等。FLUENT 可平滑处理两帧画面之间的过渡，创建具有指定帧数的多媒体画面。

这些工作可借助 Animate 对话框完成。选择 Postprocessing/Scene Animation 命令，弹出 Animate 对话框，如图 5 - 38 所示。用户不仅可在该对话框中创建动画，还可播放或保存动画文件，方便以后的查阅和结果的展示。

FLUENT 支持 3 种动画格式：动画文件(FLUENT 专用)、图形文件和 Video 文件。其中，动画文件只可以被 FLUENT 软件识别和读取，特点是文件小、不失真；图形文件把动画的每一帧生成一个图像，可以生成不同的图像格式(如 jpg、bmp 和 tiff 格式)；Video 文件将动画转化为视频文件。

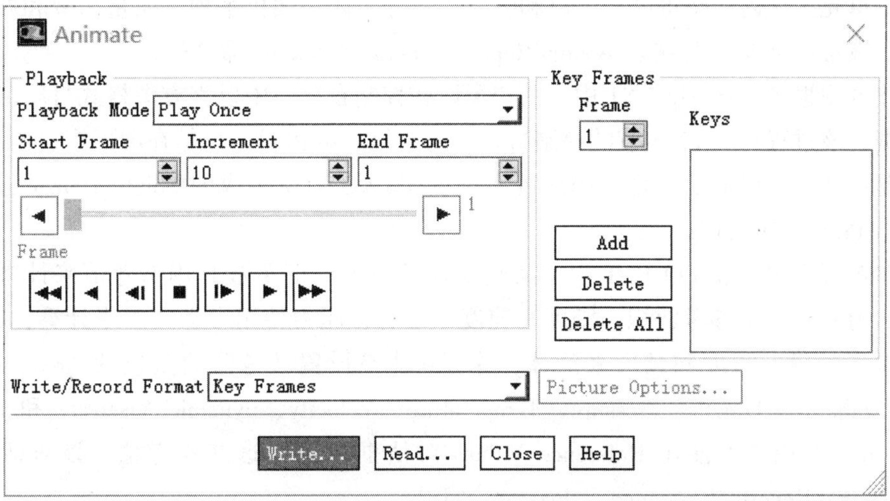

图5－38　Animate对话框

5.12.5　报告统计信息

FLUENT提供了许多计算和报告表面和边界积分值的工具。这些工具可以让用户得到通过边界的物质质量流量和热量传递速率，在边界处的作用力及动量值，还可以得到在一个面上或者在一个体中的面积、积分、流量、平均值和质量平均值(其他量)。另外，用户还可以得到几何形状和求解数据的直方图，设置无因次系数的参考值及计算投影表面积。用户也能打印或者存储一个包括当前案例中的模型设置、边界条件和求解设定等情况的摘要报告。可报告的信息主要包括：

·通过边界的流量。使用Flux Reports对话框，用户可获得在选择的边界区域上的质量流量、热传导率或者辐射热传导率。该对话框可通过Postprocessing/Reports/Fluxes命令打开。

·边界上的作用力。使用Force Reports对话框，用户可获得指定壁面区域内沿着指定矢量方向的作用力或关于指定中心位置的力矩的报告。这个特性可以用于报告如升力、阻力及机翼计算的动量系数等空气动力学系数。该对话框可通过Postprocessing/Reports/Forces命令打开。

·投影面积。使用Projected Surface Areas对话框，对已选择的面沿着x、y或z轴方向(如在yz、xz或xy平面上)计算估计的投影面积，这一特性仅在3D情况下可以使用。该对话框可通过Postprocessing/Reports/Projected Areas命令打开。

·表面积分。使用Surface Integrals对话框，用户可以针对一个选定的场变量，在计算域内指定的表面上，获得面积信息、质量流量、积分、总和、面最大值、面最小值、顶点最大值、顶点最小值，或质量平均量、面积平均量、表面平均量、顶点平均量等。该对话框通过Postprocessing/Reports/Surface Integrals命令打开。

·体积分。使用Volume Integrals对话框，用户可以针对一个选定的场变量，在计算域内指定的单元区域内，获得体积、总和、体积积分、体积加权平均、质量积分和质量加权积分等。该对话框通过 Postprocessing/Reports/Volume Integrals 命令打开。

· 直方图报告。在 FLUENT 中，用户可以在控制台窗口中以直方图格式打印出几何和结果数据。该过程与 5.12.3 节的绘制直方图的过程基本相同，只是在图形窗口给出信息，而这里是在文本窗口显示信息。用户可通过在 5.12.3 节所生成的 Solution Histogram 对话框中单击 Print 按钮实现这一过程。

· 参考值设定。在 FLUENT 中，某些物理量或无量纲系数是用参考值来计算的，例如，作用力系数使用参考面积、密度和速度来计算，压力使用参考压力来计算，Reynolds 数使用参考长度、密度和黏度来计算，等等。能被设置参考值的量包括 Area、Density、Depth、Enthalpy、Length、Pressure、Temperature、Velocity、dynamic Viscosity 和 Ratio Of Specific Heats。用户可使用 Reference Values 对话框来设置这些参考值。该对话框通过 Postprocessing/Reports/Reference Values 命令打开。

· 模型总体信息。FLUENT 允许用户得到案例文件中的当前设定，即列出物理模型、边界条件、材料属性和求解控制等设置情况。该报告可以让用户对当前的问题定义有一个总的看法，而不用逐个打开对话框进行检查。该功能通过 Summary 对话框完成。

5.13 UDF 简介

前面介绍的 FLUENT 功能，均是在交互方式下使用的。可以设想，对于复杂的边界条件或用户自定义的方程源项，很难直接通过对话框输入 FLUENT，因此，需要使用 FLUENT 提供的用户自定义函数(UDF)，来扩展 FLUENT 的用法。本节只对 UDF 进行简单介绍，详细内容参见 *Ansys FLUENT UDF Manual*。

5.13.1 UDF 功能

UDF(User - Defined Function，用户自定义函数)是一个在 C 语言基础上扩展了 FLUENT 特定功能后的编程接口。借助 UDF，用户可以使用 C 语言编写扩展 FLUENT 的程序代码，然后动态加载到 FLUENT 环境中，供 FLUENT 使用。UDF 的主要功能包括：

· 定制边界条件、材料属性、表面和体积反应率、FLUENT 输运方程的源项、用户自定义的标量方程的源项、扩散函数等。

· 调整每次迭代后的计算结果。

· 初始化流场的解。

·(在需要时)UDF 的异步执行。

· 强化后处理功能。

· 强化现有 FLUENT 模型(如离散相模型、多项流模型等)。

· 向 FLUENT 传送返回值、修改 FLUENT 变量、操作外部案例文件和 data 文件。

5.13.2 UDF 基本用法

(1)用户程序的结构

用户可在任何 C 语言编辑器中编写 UDF 程序，注意保存文件时其扩展名为 .c，UDF 程序的开头必须显式地包含 udf.h 文件(该文件存放于 FLUENT 的安装目录下)，用户的函数必须通过 DEFINE 宏来定义，必须通过预定义宏来访问 FLUENT 求解器。UDF 使用国际单位制向 FLUENT 传送数值。

(2)可使用的数据类型

除了标准 C 的数据类型，FLUENT 还提供了以下数据类型：

· cell_ t 为单元的标识提供的数据类型，定义一个在给定 Thread 内的特定单元。

· face_ t 为单元面的标识提供的数据类型，定义一个指定 Thread 内的特定单元面。

· Thread 是一个 C 的结构，相当于一个容器，包含一组单元或单元面的公共数据。

· Node 是一个 C 的结构，相当于一个容器，包含与一个单元或单元面相关的各个角点的数据。

· Domain 是一个 C 的结构，相当于一个容器，包含与网格中一部分节点、单元面、单元组成的集合相关的数据。

(3)用户函数的定义

用户必须通过 DEFINE 宏来定义自己的函数，如 DEFINE_ PROFILE(inlet_ x_ velocity，thread，index)定义了一个名为 inlet_ x_ velocity 的函数。thread 和 index 是由 FLUENT 传送给该函数的两个参数，thread 表示边界条件区域的代号，index 用于识别被存储的变量。一旦该 UDF 被加载到 FLUENT 中，它的名称(inlet_ x_ velocity)将出现在相应边界条件对话框(如 Velocity Inlet 对话框)的下拉列表中，用户可以看到，也可以访问。

(4)用户程序的使用

在将程序保存后，用户可利用 FLUENT 支持的外部 C 语言编译器对程序进行编译和链接，也可直接作为解释型语言交给 FLUENT 解释执行。在两种方式下，程序结构及内容是基本一致的，唯一区别是二者可以调用的 C 语句不同，有些 C 语句在解释型程序中不能使用(如 goto 语句)。编译型的 UDF 程序要比解释型的 UDF 程序功能强大，但要占用较多的内存资源。当然，解释型的程序完全可以用来编译。一般使用解释型的 UDF 程序就足够。

要将 UDF 源程序在 FLUENT 中运行，须遵循以下基本步骤：

· 定义要求解的问题。

· 编制基于 C 语言的 UDF 源代码。

· 运行 FLUENT，读入并设置案例文件。

· 将 UDF 源代码装入解释器进行解释。

· 将 UDF 与 FLUENT 进行关联。

· 开始计算。

· 分析计算结果，并与期望值比较。

本章小结

本章首先介绍了 FLUENT 的总体功能，然后介绍了软件的操作步骤和基本用法。总体来讲，FLUENT 的用法分为网格导入与检查、求解器与计算模型的选择、边界条件的设置、求解器的设置、求解计算和后处理等几大环节。首先，边界条件的设置是最不容易掌握、对计算结果有重要影响的关键环节，读者应该掌握对于不同的问题、在不同的情况下如何选择和使用边界条件。对于复杂的边界，应学习使用 UDF 来定义边界条件。其次，与计算模型有关的内容，如湍流、多相流、离散相、辐射和组分输运等，涉及的知识较多，部分读者可能难以理解和掌握，但工程实际问题往往是这些模型的组合，因此，需要多花些时间补充相关知识。再次，要想在 FLUENT 中得到一个真实的解，计算模式与控制参数也是很重要的，如离散格式的选取、亚松弛因子的设置、参考压力的设置、流场的初始化等。最后，计算网格虽然不是在 FLUENT 中创建，但网格的类型、网格的密度及局部的处理等对计算效率及精度有很大影响，有时甚至决定计算能否进行。因此，一个实际问题的计算，需要从一开始就深思熟虑，并精心安排计算过程的每个环节，注意分析和比较得到的计算结果，在大量实践的基础上，积累经验。

复习思考题

(1) FLUENT 的主要功能包括哪些？

(2) FLUENT 提供了哪些主要计算模型，各用在什么场景下？

(3) 何时需要使用能量方程？请各举 3 个可以不使用和必须使用能量方程的例子。并说明在 FLUENT 中哪些环节涉及能量计算。

(4) 如果在水轮机的流体中含有砂粒，应使用什么样的模型求解内部流场，叶片表面的作用力如何得到？

(5) 在 FLUENT 中，压力是相对值还是绝对值？参考压力有何作用，如何设置和利用它？

(6) 何为流体区域（fluid zone）和固体区域（solid zone）？为何要使用区域的概念？FLUENT 怎样使用区域？

(7) 在 FLUENT 中，材料包含哪些属性？用在何处？如何使用 FLUENT 数据库中已定义好的材料？

(8) 常用的边界条件有哪些？周期性边界条件和对称性边界条件如何使用？请列举两个不同的计算问题，给出其边界条件组合。

(9) 分析各种空间离散格式对解的影响及其适用性。

(10) 简述分离式求解器与耦合式求解器的适用场合，分析两种求解器在计算效率与精度方面的区别。

(11)如何监视 FLUENT 的计算结果？如何判断计算是否发散？分析影响计算收敛性的各控制参数，并说明如何选择和设置这些参数。

(12)在计算完成后，如何显示某一断面上的温度值？如何得到速度矢量图？如何得到流线？

(13)假定在室内中央有一风扇，现使用风扇(fan)边界条件，在 FLUENT 中制作 2D 分析模型，分析风扇对室内流场的影响(分室内封闭和开窗两种情况)。室内尺寸和风扇性能由读者自己设计。要求给出计算步骤和计算结果，并以等值线、矢量图及流线三种方式显示流场结果。

第 6 章　FLUENT 应用算例

本章将通过对多种物理模型内部流动的分析实例介绍 FLUENT 前处理、求解和后处理的基本操作，以便熟悉 FLUENT 的组成部分和使用方法，使读者能够通过本章节的学习掌握网格模型的导入、计算域的生成、边界条件的设定、湍流模型的选择、离散格式的选取、后处理等 FLUENT 软件的基本操作，并进一步掌握 FLUENT 在不同计算问题上的处理方式。

6.1　圆柱绕流模拟

6.1.1　算例介绍

圆柱绕流，是指二维圆柱低速定常绕流的流型只与 *Re* 有关。在 $Re \leqslant 1$ 时，流场中的惯性力与黏性力相比居次要地位，圆柱上下游的流线前后对称，阻力系数近似与 *Re* 成反比，此 *Re* 范围的绕流称为斯托克斯区；随着 *Re* 的增大，圆柱上下游的流线逐渐失去对称性。圆柱绕流是流体力学中非常经典的问题之一，受到研究者的广泛关注。圆柱绕流应用于众多实际工程中，如能源工程、水利工程和船舶工程等，因此对圆柱绕流进行研究，不仅具有重要的理论意义，而且具有广泛的工程应用价值。

对于小 *Re* 数的圆柱绕流情况，进口处的扰动很容易被黏性力抑制，因此流动是稳态、对称的。但是随着 *Re* 的增加，上游的扰动不能够被抑制，从而导致圆柱下游产生一个非常重要的周期性现象，通常被称为“涡脱落”。本算例的目的是描述如何设置和求解绕过圆柱的非稳定流动，以及研究圆柱绕流产生的涡脱落过程。

本算例将描述如何执行以下操作。

· 读取网格文件。

· 检查网格量纲和质量。

· 执行时间相关模拟。

· 设置升力系数监测对话框，并观察涡脱落现象。

· 设置动画，描述涡脱落现象。

6.1.2　问题描述

考虑一个单位直径的圆柱(见图 6 - 1)，计算区域上游边界距离圆柱 11.5*D*，下游边界距离圆柱 20D，两侧边界距离圆柱 12.5D。基于圆柱直径 D 定义的 $Re = \frac{\rho UD}{\mu} = 150$。

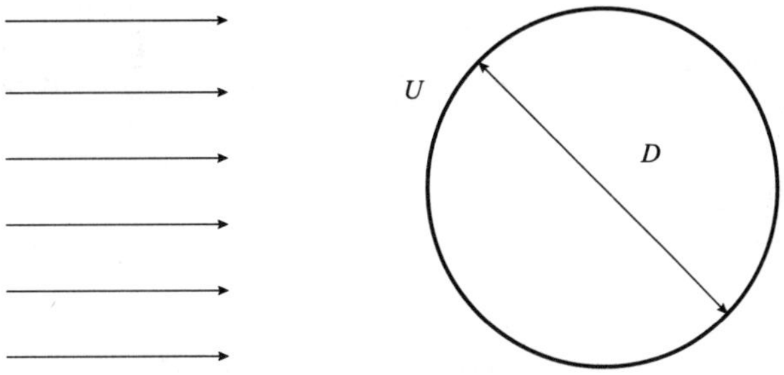

图6－1 圆柱绕流示意

6.1.3 准备

· 复制网格文件 cyl.msh 到工作目录中。

· 启动2D双精度 FLUENT 19 求解器，见图6－2。

6.1.4 设置和求解

步骤一：导入网格

(1) 读取网格文件 cyl.msh

选择 File/Read/Mesh 命令，FLUENT 将读取网格文件，并显示读取过程。

(2) 检查网格

选择 Mesh/Check 命令对网格质量进行检查。该过程检查网格的质量，其中最小网格体积必须为正值。

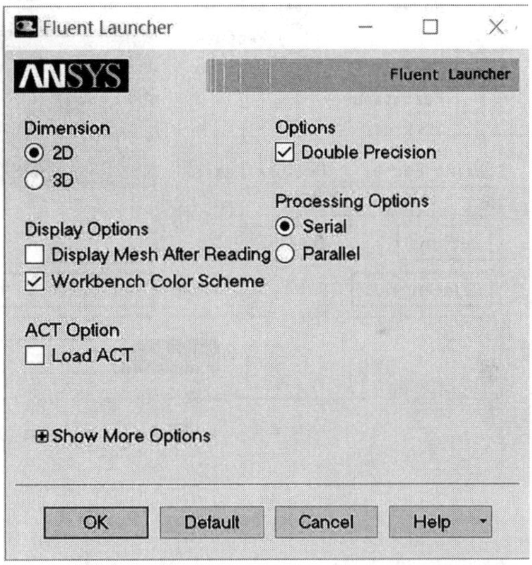

图6－2 启动2D双精度 FLUENT 19 求解器对话框

(3) 检查网格尺度

选择 Mesh/Scale 命令，打开如图6－3 所示的 Scale Mesh 对话框。检查模型的计算区域，看其是否与实际物理量纲相符。如果其与实际物理量纲不相符，网格必须用合适的单位进行尺度化，反之，网格不需要进行尺度化。

(4) 显示网格

选择 Display/Mesh 命令打开如图6－4 所示的 Mesh Display 对话框。选择计算区域中的所有表面，单击 Display 按钮，即可得到圆柱绕流整体网格(见图6－5)，进一步利用鼠标中键对网格进行放大，用户可以看到圆柱表面的网格非常细密(见图6－6)。

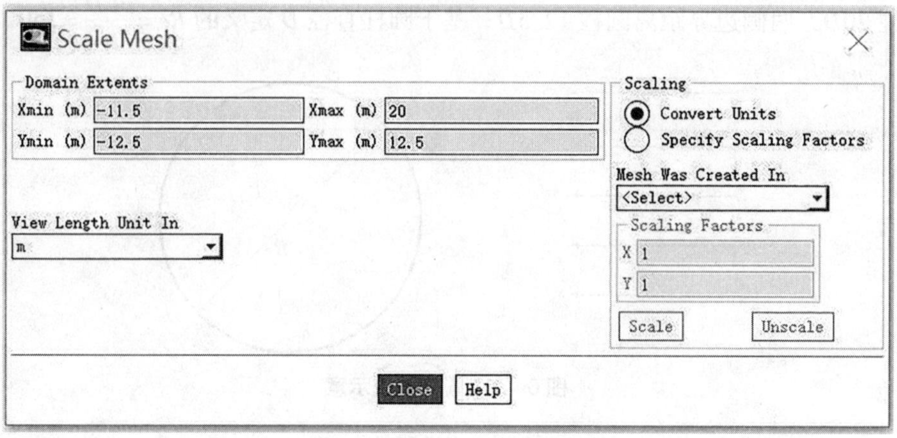

图 6－3　Scale Mesh 对话框

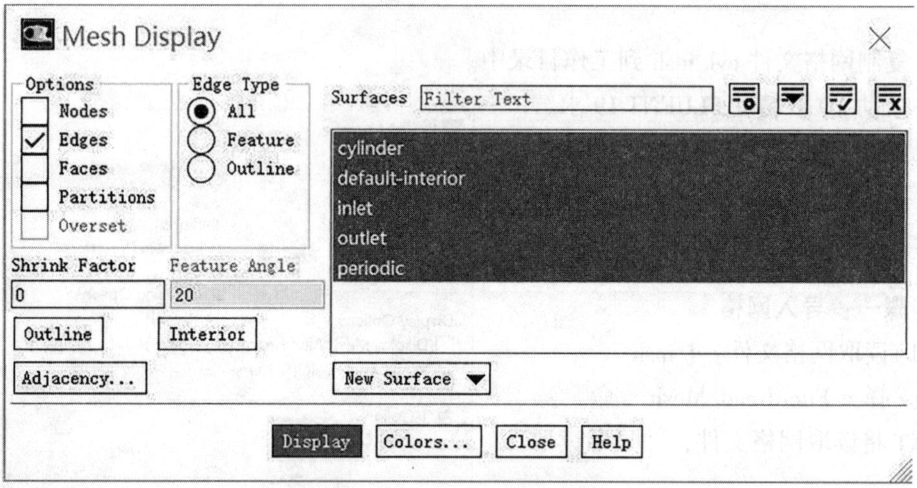

图 6－4　Mesh Display 对话框

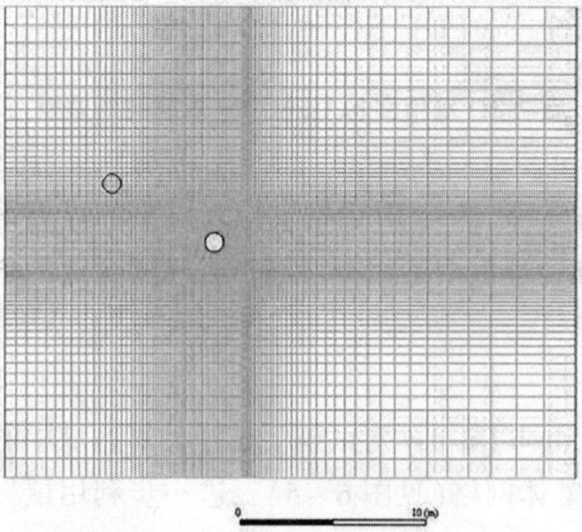

图 6－5　圆柱绕流整体网格

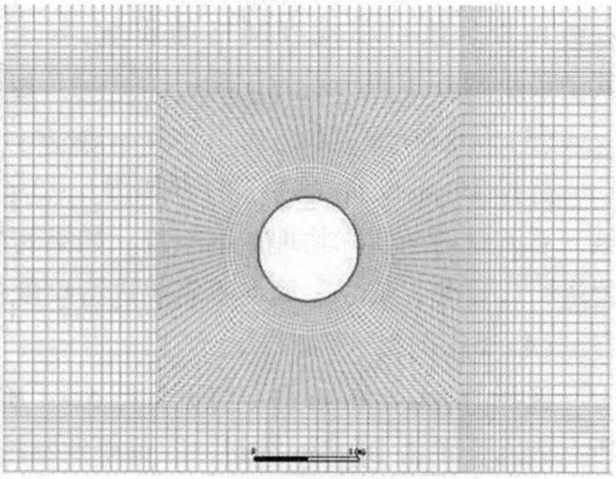

图 6－6　圆柱表面网格分布

步骤二：模型设置

这是一个几何对称的非稳态问题。在实验中，流体入口处无法控制的扰动会引起涡脱落。类似地，在计算模型中，虽然存在数值误差，但也能引起涡脱落现象。

(1)设置非稳态求解器

选择 Setup/General 命令，在如图 6－7 所示的 General 对话框中选中 Transient(瞬态)单选项。

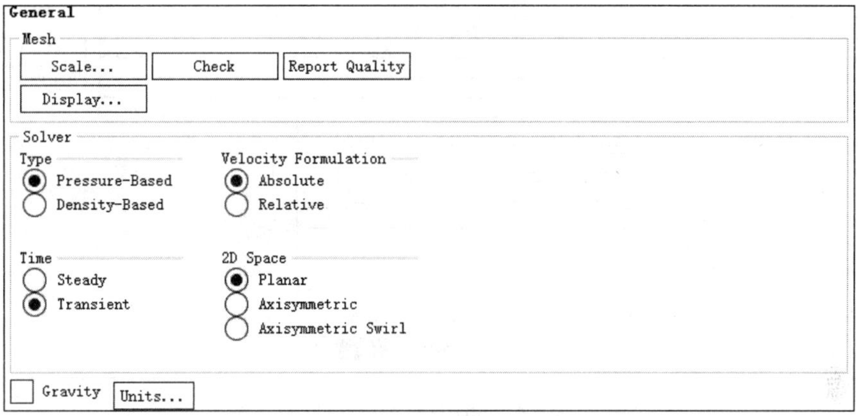

图 6－7　General 对话框

(2)设置黏性模型

选择 Setup/Models/Viscous 命令，出现如图 6－8 所示的对话框。由于本算例的雷诺数很小，因此在 Viscous Model 对话框中选中 Laminar(层流)单选项。然后单击 OK 按钮。

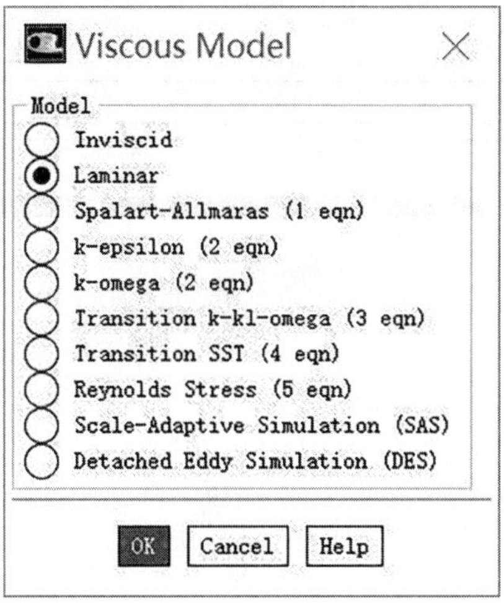

图 6－8　Viscous Model 对话框

步骤三：流体介质设置

选择 Setup/Materials/Fluid 命令，打开如图 6－9 所示的 Create/Edit Materials 对话框来定义流体物性参数，在该对话框中设置密度为 150，黏性为 1，这样根据 *Re* 的定义，即：

$$Re = \frac{\rho U D}{\mu} \tag{6-1}$$

为了获得 $Re = 150$，用户可以将来流速度 U 和直径 D 均设置为 1。

单击 Change/Create 按钮即可完成设置，如图 6-9 所示。

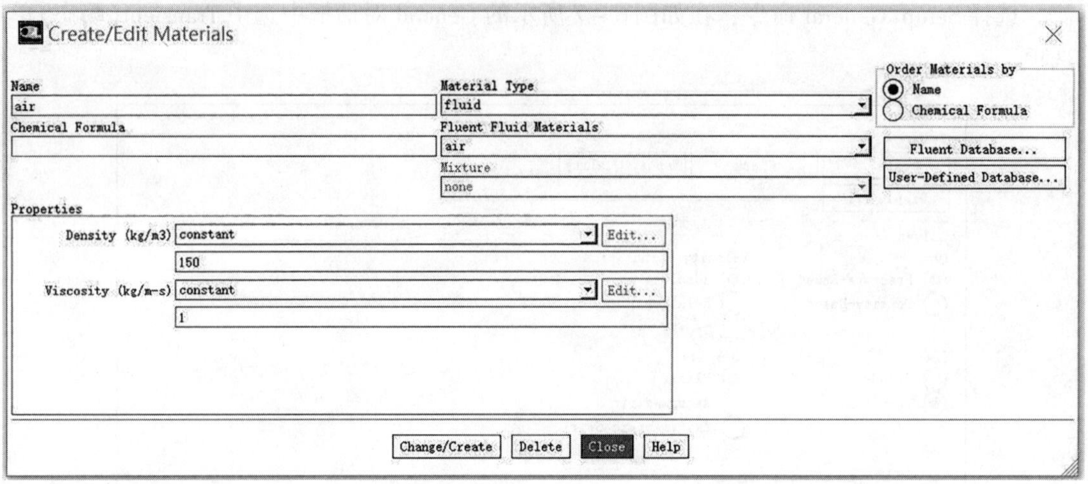

图 6-9　Create/Edit Materials 对话框

步骤四：边界条件设置

(1)设置进口边界条件

①选择进口边界条件类型。选择 Setup/Boundary Conditions，打开 Boundary Conditions 对话框，在区域下方选择 Inlet 选项，并在 Type 下拉列表中选择 velocity - inlet(速度入口)，如图 6-10 所示。

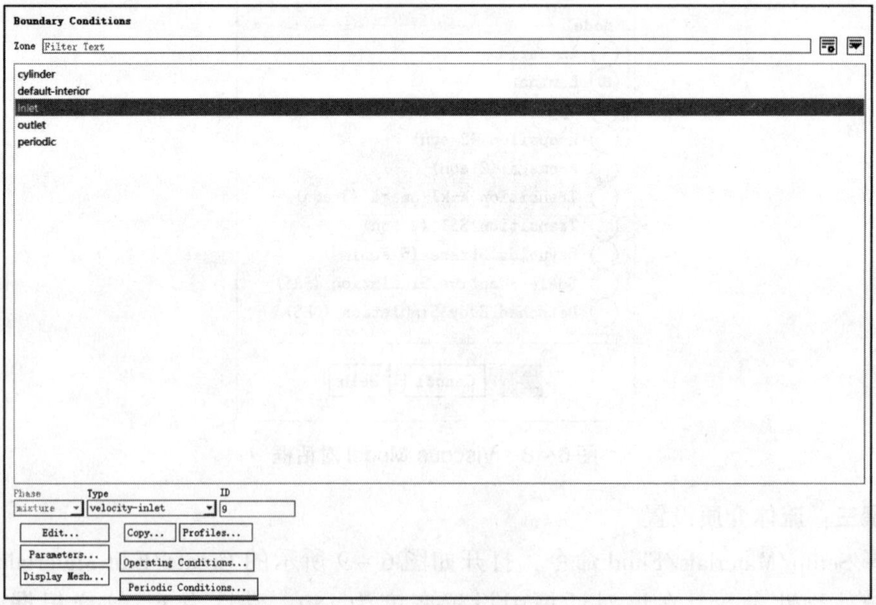

图 6-10　Boundary Conditions 对话框

②设置速度入口边界条件。单击 Edit 按钮，弹出 Velocity Inlet 对话框(见图 6－11)。为保证 $Re=150$，在该对话框中设置速度为 1m/s，其他设置不变，单击 OK 按钮即可。

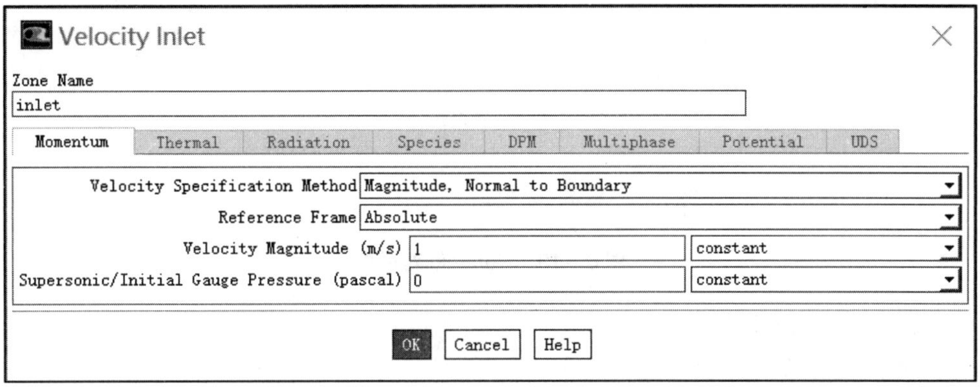

图 6－11　Velocity Inlet 对话框

(2)设置出口边界条件

①选择出口边界条件类型。在图 6－10 所示的 Boundary Conditions 对话框中选择 Outlet 选项，然后在 Type 下拉列表中选择 pressure－outlet(压力出口)选项。

②设置压力出口边界条件。单击 Edit 按钮，弹出 Pressure Outlet 对话框(见图 6－12)。在该对话框中设置 Guage Pressure 为 0。

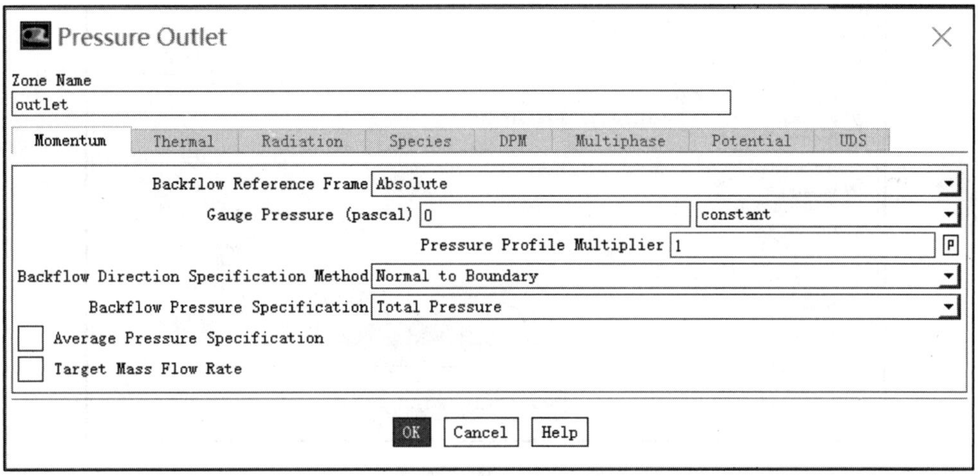

图 6－12　Pressure Outlet 对话框

(3)设置侧面边界条件

①选择侧面边界条件类型。在图 6－10 所示的 Boundary Conditions 对话框中选择 Periodic(周期)选项，然后在 Type 下拉列表中选择 Periodic。

②设置周期边界条件。单击 Edit 按钮，弹出 Periodic 对话框(见图 6－13)。在该对话框中选中 Translational 选项。

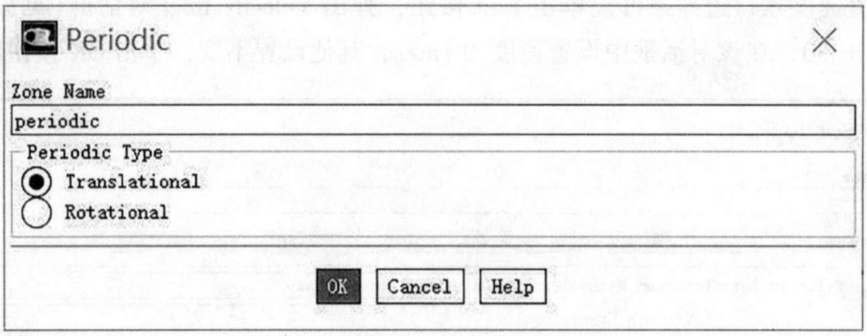

图 6－13　Periodic 对话框

(4)设置圆柱表面边界条件

选择侧面边界条件类型。

①在图 6－10 所示的 Boundary Conditions 对话框中选择 cylinder 选项，然后在 Type 下拉列表中选择 wall。

②设置壁面边界条件。单击 Edit 按钮，弹出 Wall 对话框(见图 6－14)。在该对话框中设置 Stationary Wall(壁面稳态)、No Slip(无滑移)。

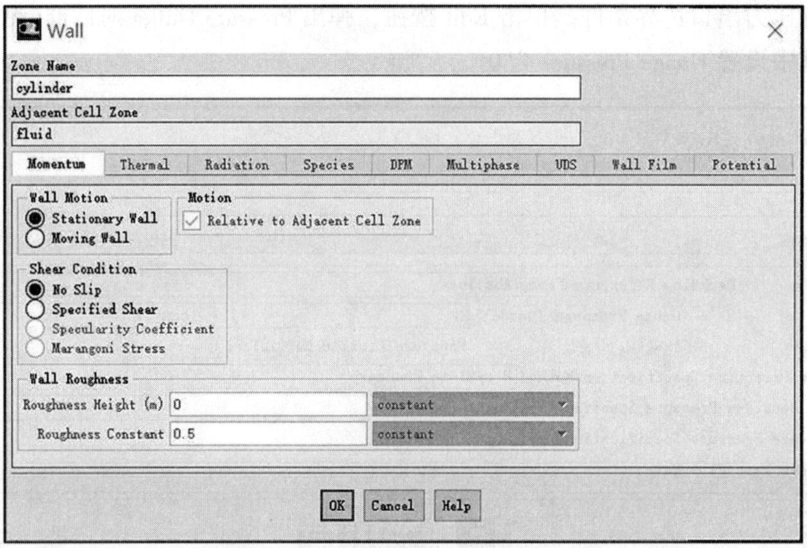

图 6－14　Wall 对话框

步骤五：求解设置

(1)设置求解方法

①选择 Solution/Methods 命令，弹出 Solution Methods 对话框，如图 6－15 所示。

②在 Pressure－Velocity Coupling 下拉列表中选择 PISO 算法，这是因为 PISO 算法允许更大的时间步长，而不影响求解的稳定性。

③取消勾选 Skewness－Neighbor Coupling 复选框。

④在 Momentum 下拉列表中选择 Second Order Upwind 选项。

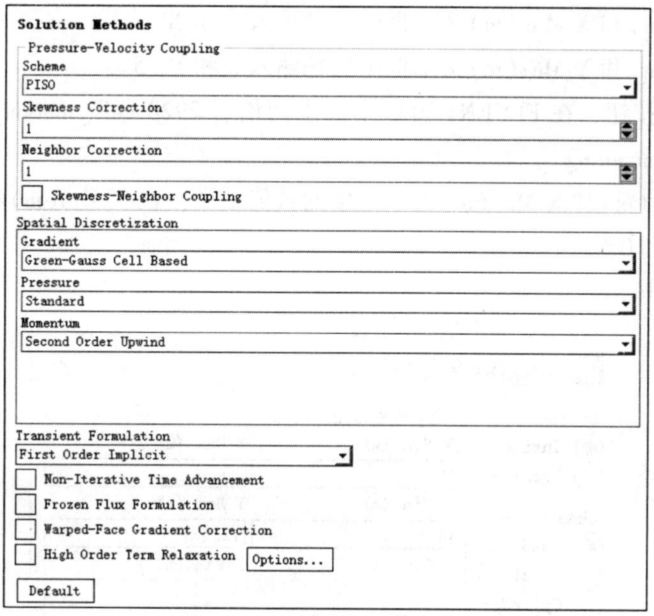

图6－15　Solution Methods 对话框

(2)初始化流场

①选择 Solution/Initialization 命令，弹出 Solution Initialization 对话框，如图6－16 所示。

②在 X Velocity(m/s)文本框中输入 1。

③单击 Initialize 按钮。

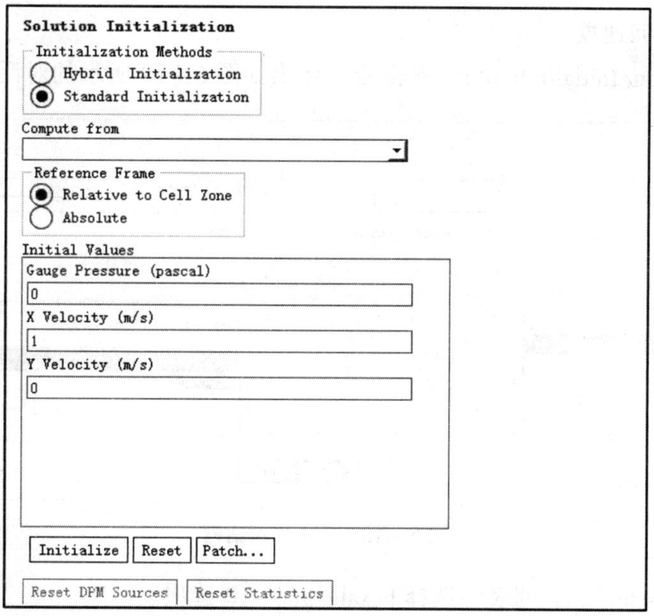

图6－16　Solution Initialization 对话框

(3)创建区域，用于修正圆柱下游 y 方向速度

①选择 Adapt/Region 命令，弹出 Region Adaption 对话框，如图6－17 所示。

②在 X Min(m)和 X Max(m)文本框中分别输入 1 和 20。

③在 Y Min(m)和 Y Max(m)文本框中分别输入 0 和 12.5。

④单击 Mark 按钮，在 FLUENT 窗口中会出现信息 2928 cells marked for refinement，0 cells marked for coarsening。

⑤保持 X Min(m)和 X Max(m)文本框中的数值不变，在 Y Min(m)和 Y Max(m)文本框中输入 -12.5 和 0。

⑥单击 Mark 按钮。

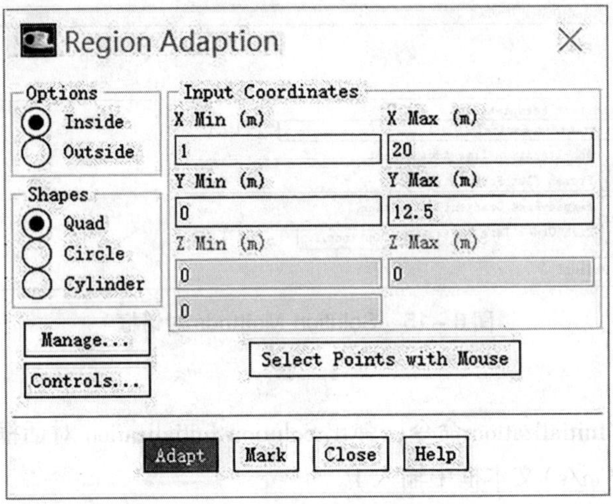

图 6-17　Region Adaption 对话框

(4)修正 y 方向速度

①选择 Solution/Initialization/Patch 命令，弹出如图 6-18 所示的对话框。

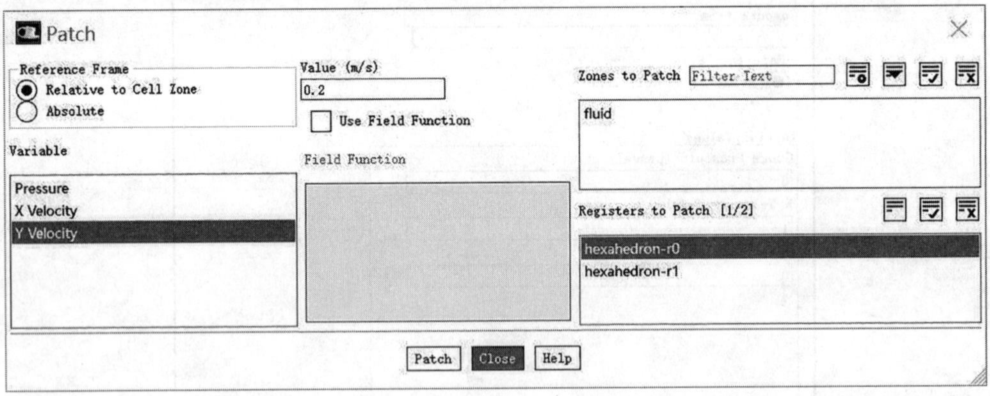

图 6-18　Patch 对话框

②在 Registers to Parch 列表中选择 hexahedron-r0 选项。

③在 Variable 列表中选择 Y Velocity 选项。

④在 Value 数值框中输入 0.2。

⑤单击 Patch 按钮。

⑥取消选择 hexahedron – r0，选择 hexahedron – rl 选项。

⑦在 Value 数值框中输入 –0.2。

⑧单击 Patch 按钮。

⑨关闭该对话框。

(5)设置参考值，用于计算升力、阻力和力矩系数

①选择 Setup/Reference Values 命令，弹出 Reference Values 对话框，如图 6 – 19 所示。

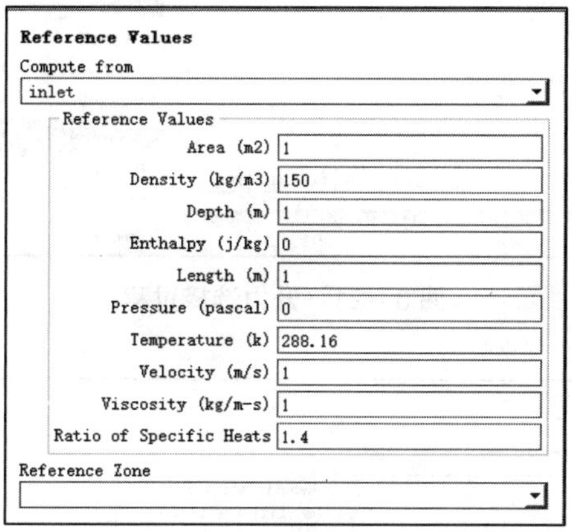

图 6 – 19 Reference Values 对话框

②在 Compute from 下拉列表中选择 inlet 选项，FLUENT 将基于进口条件更新计算参考值。

(6)升力系数监测

①选择 Solution/Monitors/Report Files 命令，弹出 New Report File 对话框，如图 6 – 20 所示。

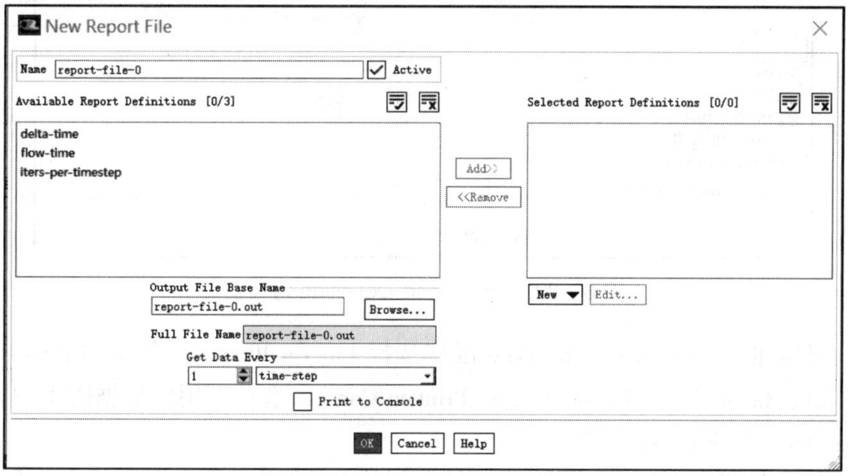

图 6 – 20 New Report File 对话框

②在该对话框中 New 下拉选项中选择 Force Report，继而在 Force Report 下拉选项中选择 Lift，如图 6 – 21 所示，随后弹出 Lift Report Definition 对话框，如图 6 – 22 所示。

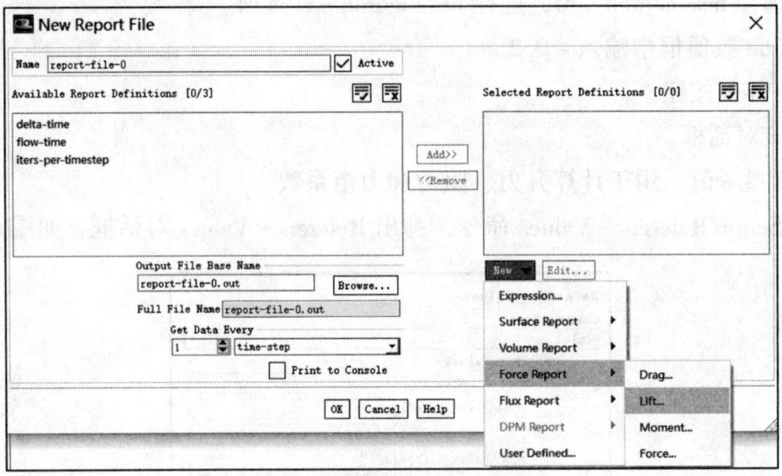

图 6 - 21 升力选择过程

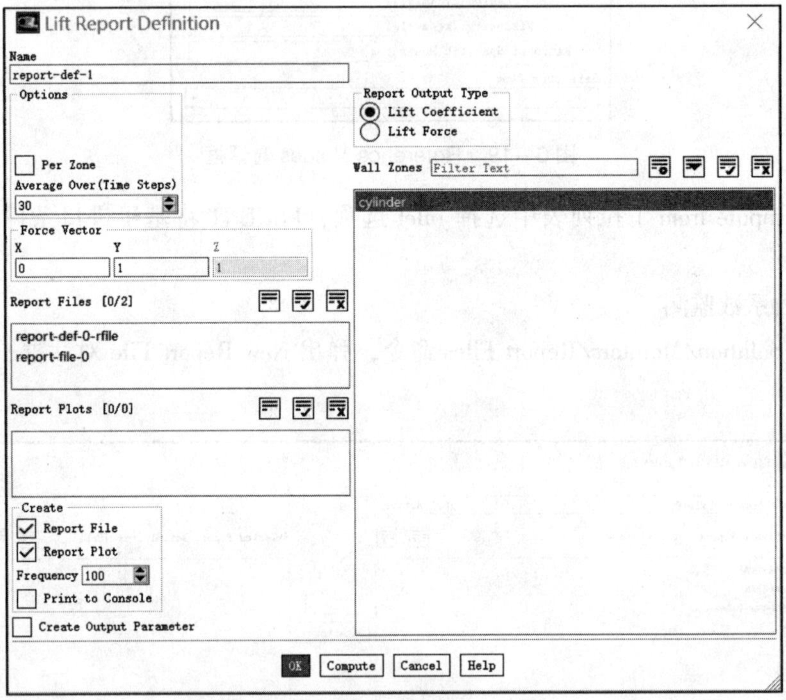

图 6 - 22 Lift Report Definition 对话框

③在该对话框中 Report Output Type 区域选择 Lift Coefficient，在 Wall Zones 区域选择 cylinder，勾选 Report File、Report Plot 和 Print to Console 选项，用户根据需求输入 Average Over(Time Steps)和 Frequency 的数值。

④单击 OK 按钮。

(7)在计算过程中监测残差

①选择 Solution/Monitors/Residual 命令，弹出 Residual Monitors 对话框，如图 6 - 23 所示。

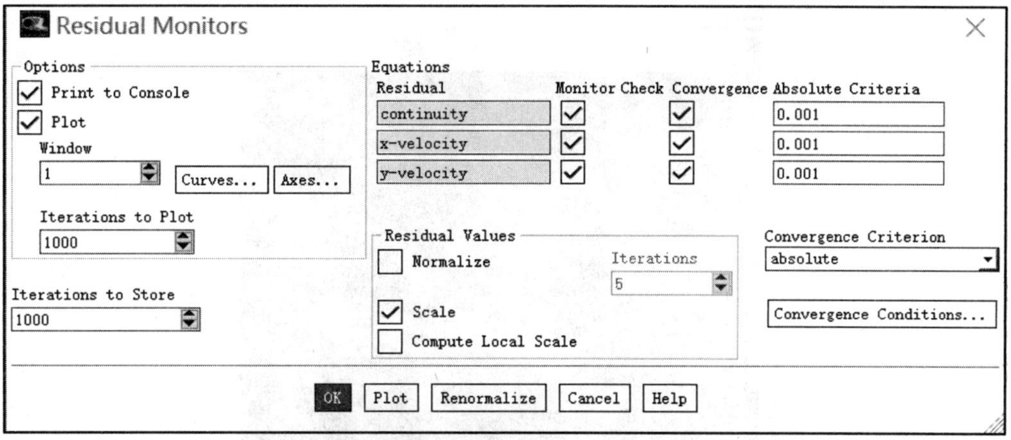

图 6－23 Residual Monitors 对话框

②勾选 Print to Console 和 Plot 复选框。

③单击 OK 按钮。

(8)设置动画，监测涡脱落现象

①选择 Solution/Calculation Activities/Solution Animation 命令，弹出 Animation Definition 对话框，选择 report－def－0－rplot，如图 6－24 所示。在 Record after every 数值框中输入 10，右侧选择 time－step。

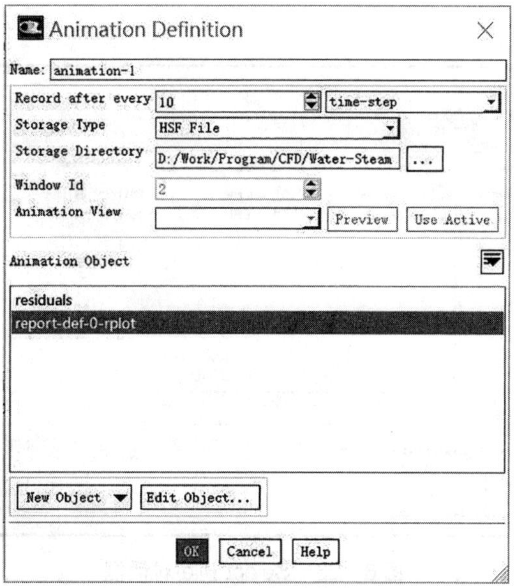

图 6－24 Animation Definition 对话框

②在该对话框中 New Object 下拉选项中选择 Contours，在 Contours of 中选择 Velocity 和 Velocity Magnitude，单击 Save/Display 按钮，获得初始速度云图，如图 6－25 所示，然后关闭 Contours 对话框。

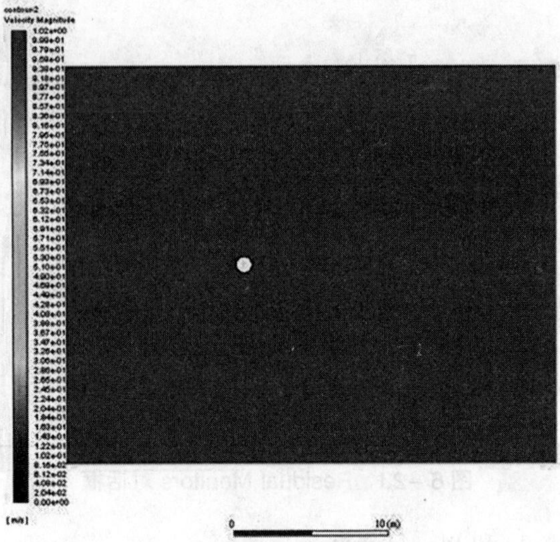

图 6 – 25　初始速度云图

③单击 OK 按钮，关闭 Animation Definition 对话框。通过这些设置，FLUENT 将每隔 10 个时间步长保存一个 . hmf 文件，利用这些文件可以制作动画。

(9)保存 Case 和 Data 文件

选择 File/Write/Case&Data 命令，将算例 Case 和 Data 文件保存到工作目录，如图 6 – 26 所示。

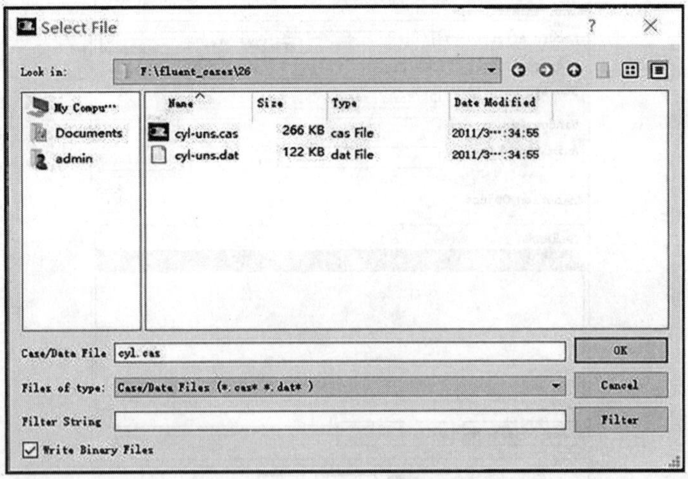

图 6 – 26　Select File 对话框

(10)开始迭代计算

①选择 Solution/Run Calculation 命令，弹出 Run Calculation 对话框，如图 6 – 27 所示。

②在 Time Step Size(s)文本框中输入 0. 2。已有的实验数据表明，圆柱绕流的无量纲频率约为 0. 2，为了准确抓住涡脱落现象，在一个涡脱落周期内至少需要 20 ~ 25 个时间步，取时间步为 25。

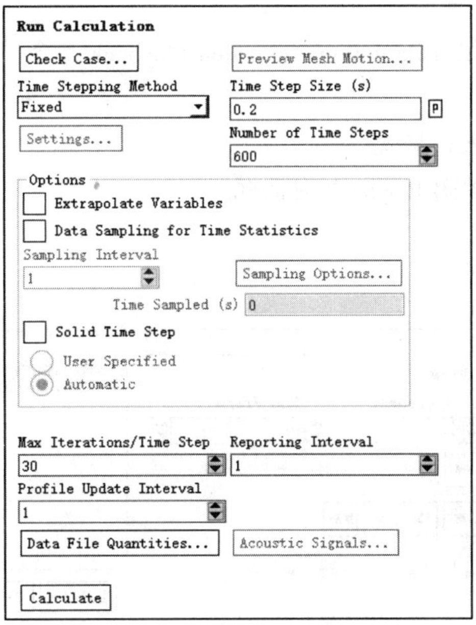

图 6-27 Run Calculation 对话框

$$Sr = 0.2 = \frac{f \times D}{U} \tag{6-2}$$

在本算例中，$U=1$，$D=1$，所以 $f=0.2$，一个脱落周期为 $T=1/f=5\text{s}$。所以时间步长 $\Delta t = 5/25 = 0.2\text{s}$。在每隔时间步长内最大迭代次数中输入30，总共时间步长个数中输入600。

③单击 Calculate 按钮，开始进行计算。

图 6-28 所示为升力系数曲线，呈正弦模态，反映了持续的涡脱落过程。所有的其他流动变量也呈非对称性。可以计算出涡脱落 Strouhal 数，即 $Sr = fD/U = D/(U\Delta t) = 1/6.32 = 0.158$。结果与参考文献中的结果非常接近。

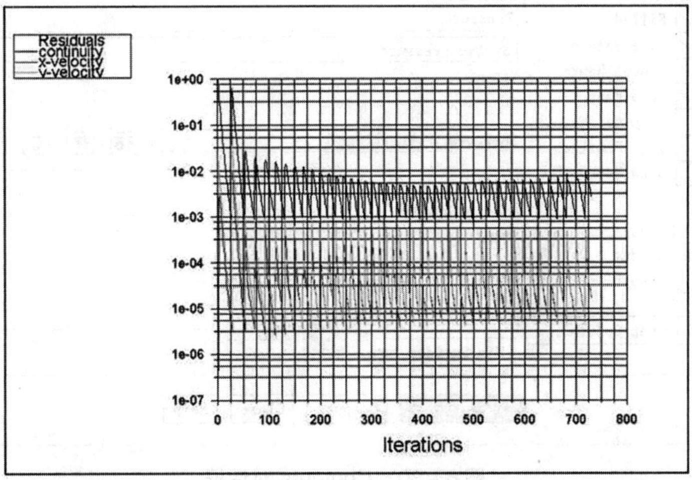

图 6-28 升力系数曲线

(11)创建动画

①选择 Resluts/Animations/Solution Animation Playback 命令，弹出 Playback 对话框，如图 6－29 所示。

②在 Write 中选择 MPEG 格式。

③单击 Write 按钮，关闭 Playback 对话框。

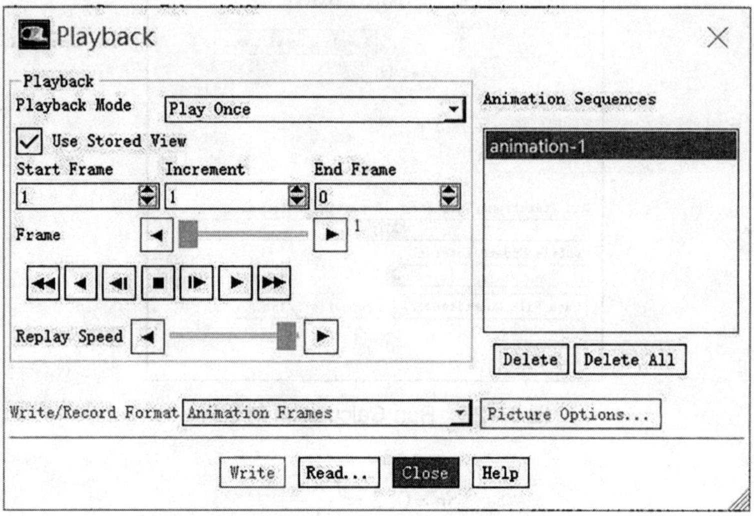

图 6－29　Playback 对话框

步骤六：后处理

(1)显示压力云图

①选择 Results/Graphics/Contours 命令，弹出 Contours 对话框，如图 6－30 所示。

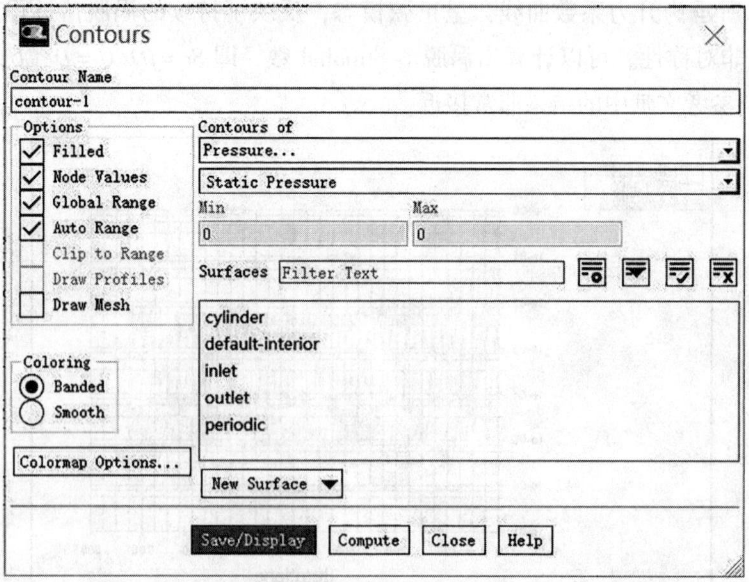

图 6－30　Contours 对话框

②在 Contours of 下拉列表中选择 Pressure 和 Static Pressure。

③单击 Save/Display 按钮，显示静压云图，如图 6－31 所示。

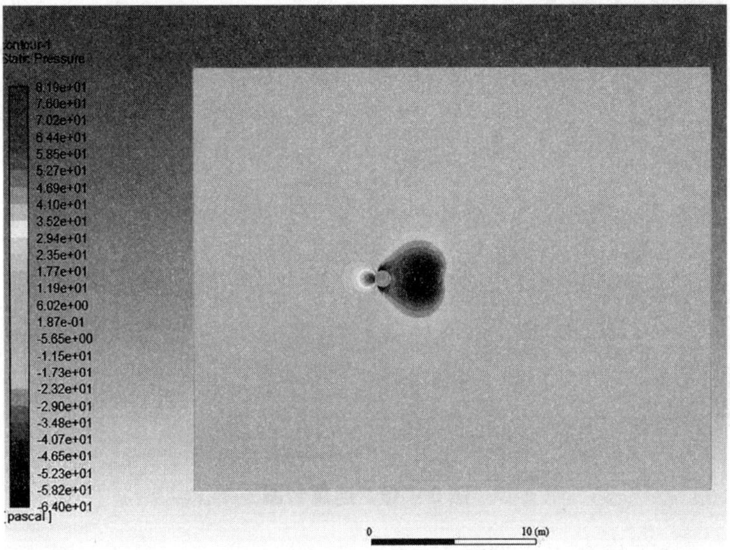

图 6－31 静压云图

(2) 显示速度云图和涡量云图

①在图 6－30 中取消勾选 Auto Range 和 Clip to Range 选项，在 Min(m/s) 和 Max(m/s) 文本框中分别输入 0.0001 和 2，如图 6－32 所示。

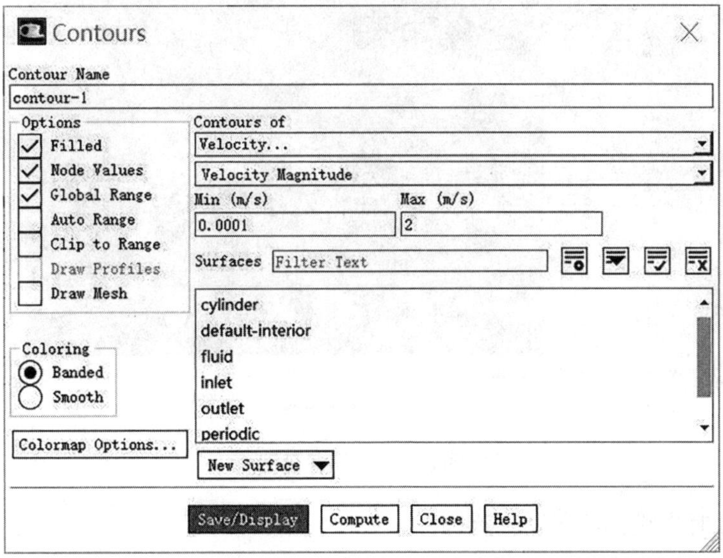

图 6－32 取消勾选 Auto Range 和 Clip to Range 选项的 Contours 对话框

②在 Contours of 下拉列表中选择 Velocity 和 Velocity Magnitude，单击 Save/Display 按钮，显示速度云图，如图 6－33 所示。

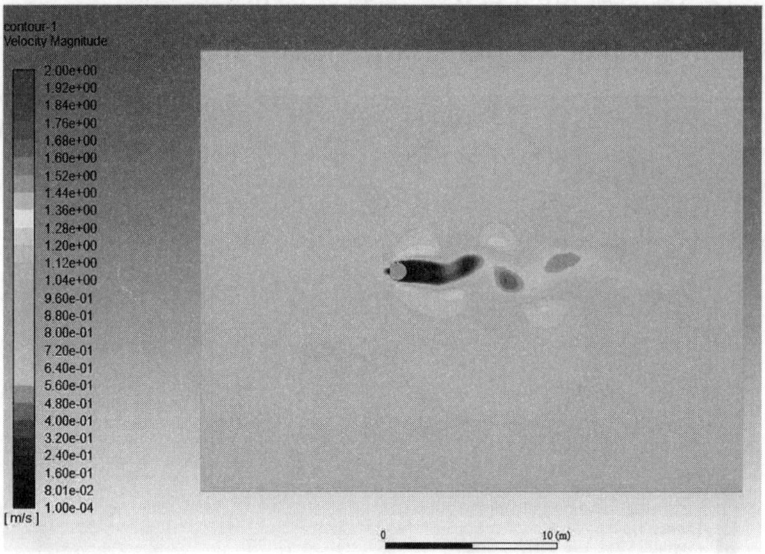

图 6-33 速度云图

③在 Contours of 下拉列表中选择 Vorticity 和 Vorticity Magnitude，单击 Save/Display 按钮，显示涡量云图，如图 6-34 所示。

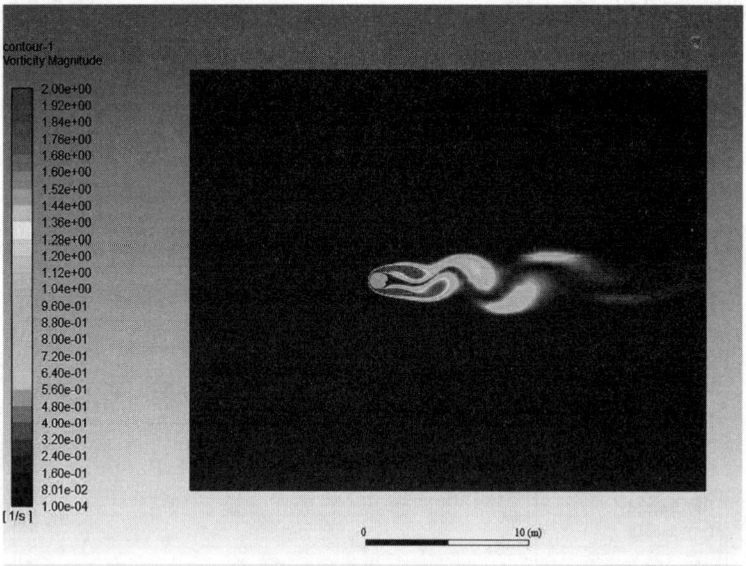

图 6-34 涡量云图

(3) 显示瞬时流线，观察涡脱落过程

①在 Contours of 下拉列表中选择 Velocity 和 Stream Function。

②取消勾选 Filled、Auto Range 和 Clip to Range 选项。

③在 Min(m/s) 和 Max(m/s) 文本框中分别输入 1800 和 2050。

④单击 Save/Display 按钮，打开瞬时流线图窗口，如图 6-35 所示。

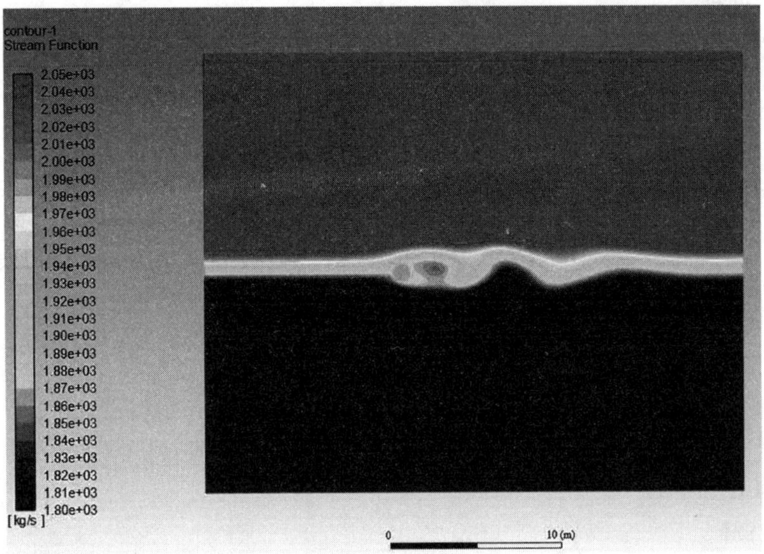

图6－35 瞬时流线图窗口

(4)关闭 Contours 对话框

6.1.5 总结

本算例描述了流体力学经典问题——圆柱绕流。为观察涡脱落过程，本书采用不同的方法，包括曲线监测和动画制作。本算例也包含其他方面的内容，如选择时间步长、PISO 算法和计算 Strouhal 数。

6.2 外掠平板的流场与换热模拟

6.2.1 算例介绍

掌握外掠平板二维层流流场的设置和求解是本算例的目的。这类流动关注的焦点在于对流换热和热边界层的发展，此类换热与 *Re* 的关系很大。本算例也会研究努塞尔数(*Nu*)与 *Re* 的变化关系。

6.2.2 方法和设置

- 读入 FLUENT 的网格文件。
- 检查网格的尺寸和质量。
- 研究对流传热。
- 指定求解设置，进行迭代。
- 创建等值面和点。

· 进行后处理。

· 将模拟结果的 *Nu* 与文献中的数值进行比较。

6.2.3 问题描述

本算例中，平板的长度 $L = 1\text{m}$，如图 6 - 36 所示。空气流速为 1.4607m/s，基于板长求得的 *Re* 为 105。平板温度为 400K。

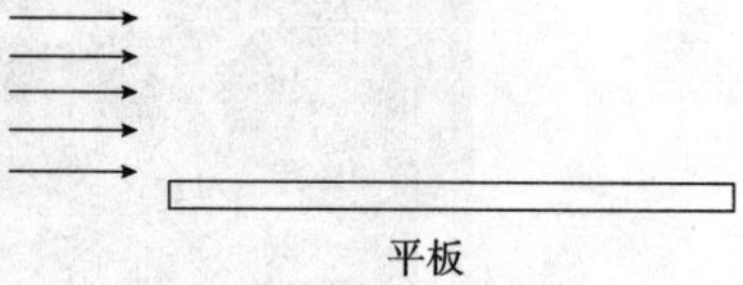

图 6 - 36 计算域示意

6.2.4 准备

· 复制以下文件到用户工作文件夹中。

plate. msh

point - x. jou

iso - x. jou

· 开启 FLUENT 二维双精度求解器(Double Precision)。

6.2.5 设置与求解

步骤一：导入网格

(1)读入网格文件 plate. msh

选择 File/Read/Mesh 命令，FLUENT 将读取网格文件，并显示读取过程。

(2)检查网格

选择 Mesh/Check 命令对网格质量进行检查。该过程功能为检查网格的质量，其中最重要的指标是最小网格体积必须为正值。

(3)检查网格尺度

选择 Mesh/Scale 命令，打开如图 6 - 37 所示的对话框。检查计算区域数值范围，看其是否与实际物理量纲相符。如果其与实际物理量纲不相符，网格必须用合适的单位进行尺度化，反之，网格不需要进行尺度化。

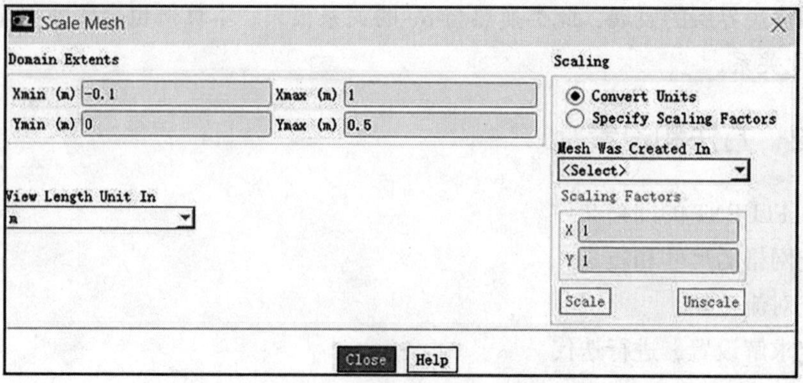

图 6 - 37 Scale Mesh 对话框

(4)显示网格

单击 Setting Up Domain/Mesh/Display，打开 Mesh Display 对话框，单击 Colors 按钮，弹出 Mesh Colors 对话框，如图 6－38 所示。

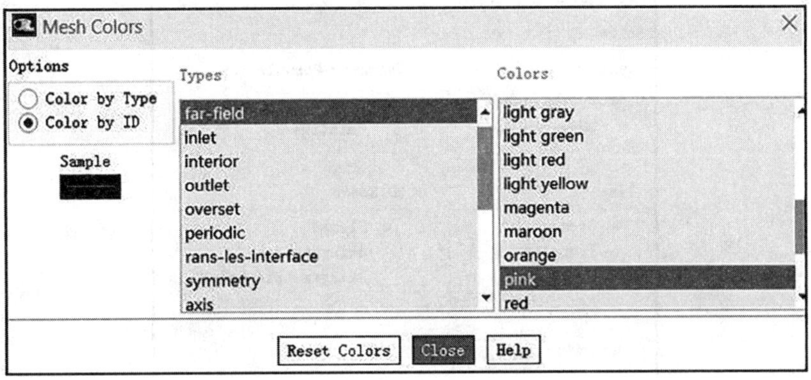

图 6－38 Mesh Colors 对话框

①在 Options 选项组中选中 Color by ID 单选项。

②关闭 Mesh Colors 对话框。

③单击 Display 按钮，关闭 Mesh Display 对话框，网格显示如图 6－39 所示。近壁区网格相比中心区域的网格较细。设置较细网格的目的是正确捕捉近壁区的变量梯度(如速度梯度)。

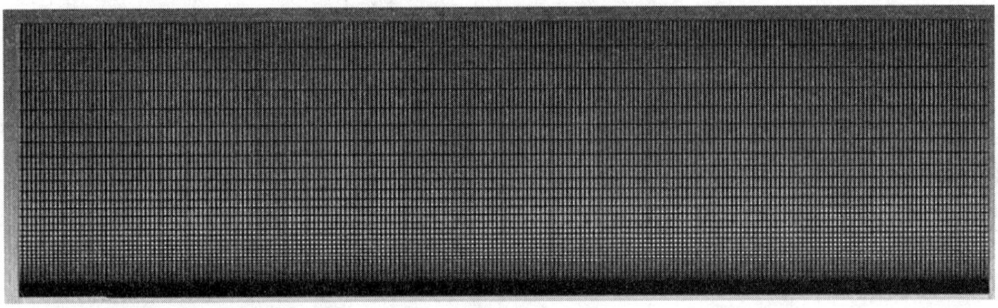

图 6－39 计算域网格

步骤二：模型设置

(1)保持求解设置的默认参数

选择左侧信息树下的 Setup/General 命令，在信息树右侧的任务区(Task Page)将显示 General 对话框，该问题将以稳态二维层流情况求解，如图 6－40 所示。

(2)激活能量方程(Energy Equation)

选择 Setting Up Physics/Models 命令，在弹出的 Energy 对话框中勾选 Energy Equation 复选框，激活能量方程，如图 6－41 所示，也可选择信息树中的 Setup/Models/Energy 命令，打开 Energy 对话框实现该操作。

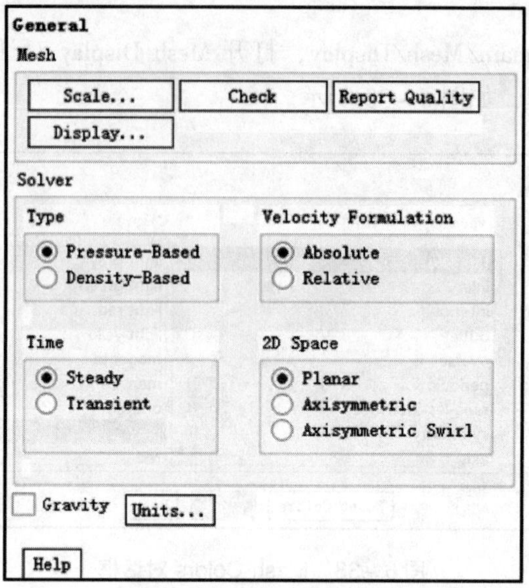

图 6-40　General 对话框

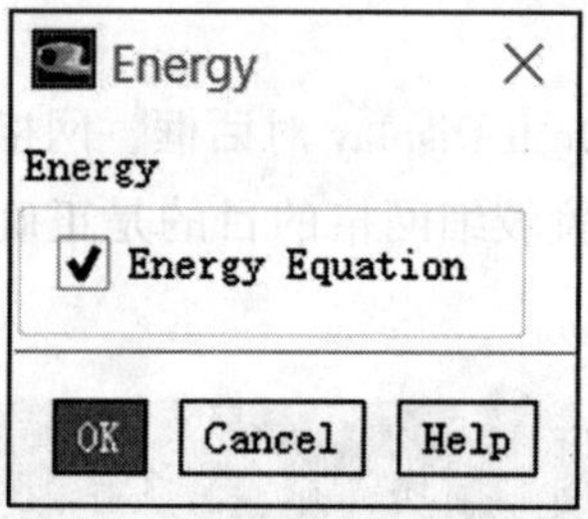

图 6-41　激活 Energy 方程对话框

步骤三：材料设置

选择 Setting Up Physics/Materials/Create/Edit 命令，保持空气物性的默认参数，如图 6-42 所示。也可选择信息树 Setup/Materials/Fluid/air 命令实现该操作。

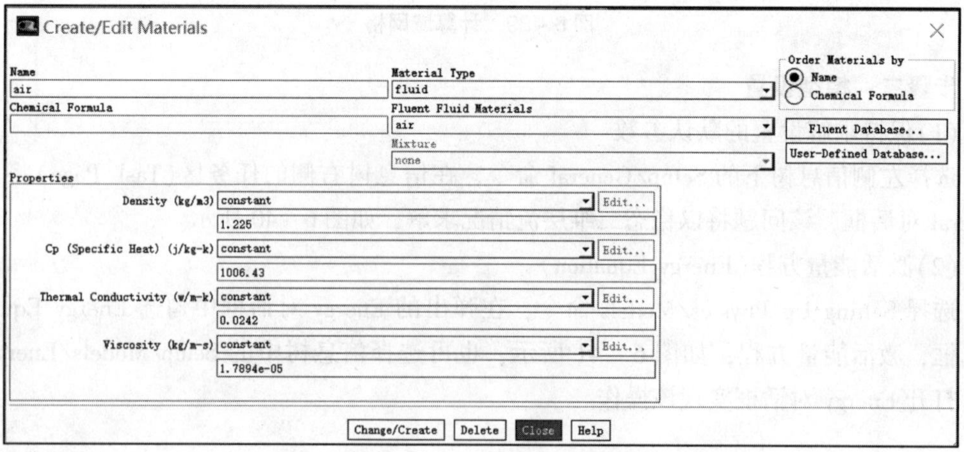

图 6-42　Create/Edit Materials 对话框

步骤四：边界条件设置

(1)设置进口的边界条件

选择 Setup/Boundary Conditions 命令，打开 Boundary Conditions 对话框。

①在 Zone 区域选择 inlet 选项，并在 Type 下拉列表中选择 velocity－inlet(速度入口)，如图 6－43 所示。

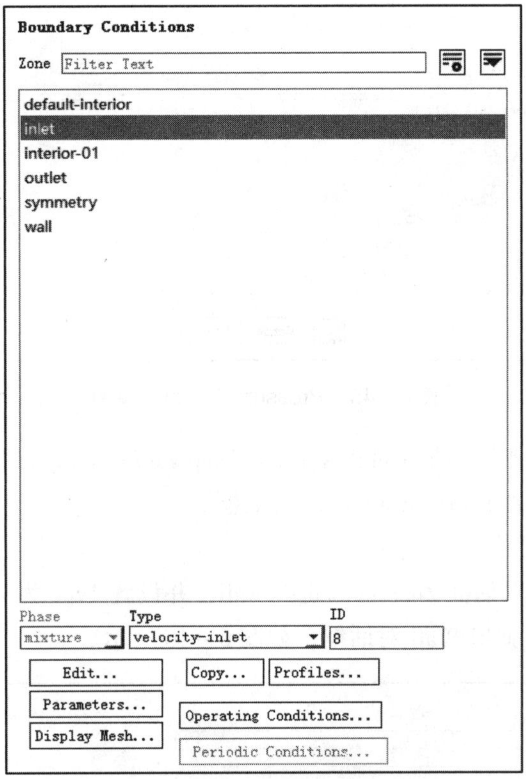

图 6－43　Boundary Conditions 对话框

②单击 Edit 按钮，弹出 Velocity Inlet 对话框，如图 6－44 所示。

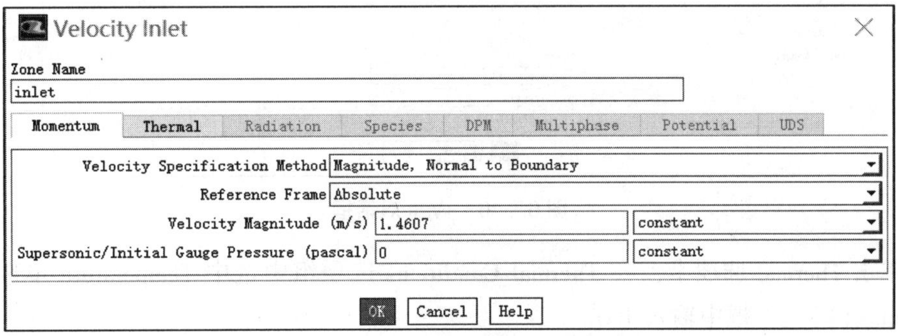

图 6－44　Velocity Inlet 对话框

③在 Velocity Magnitude(m/s)文本框输入 1.4607，流动雷诺数为 10^5，可以此计算速度。

④单击 OK 按钮，关闭 Velocity Inlet 对话框。

(2)设置压力出口的边界条件

①在图 6－43 所示对话框 Zone 区域选择 outlet，并设置 Type 为 pressure－outlet。

②单击 Edit 按钮，弹出 Pressure Outlet 对话框，如图 6－45 所示。

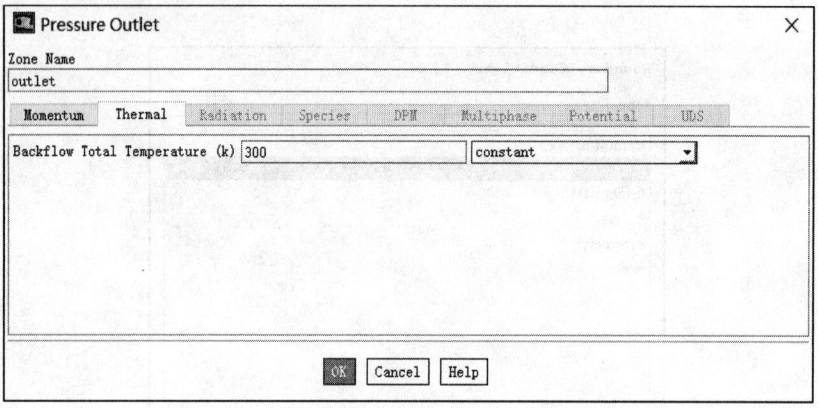

图 6－45　Pressure Outlet 对话框

③选中 Thermal 选项卡，将 Backflow Total Temperature(k)设置为 300。

④单击 OK 按钮，关闭 Pressure Outlet 对话框。

(3)设置壁面边界条件。

①从图 6－43 所示对话框 Zone 区域选择 wall，并设置 Type 为 wall。

②单击 Edit 按钮，弹出 Wall 对话框，如图 6－46 所示。

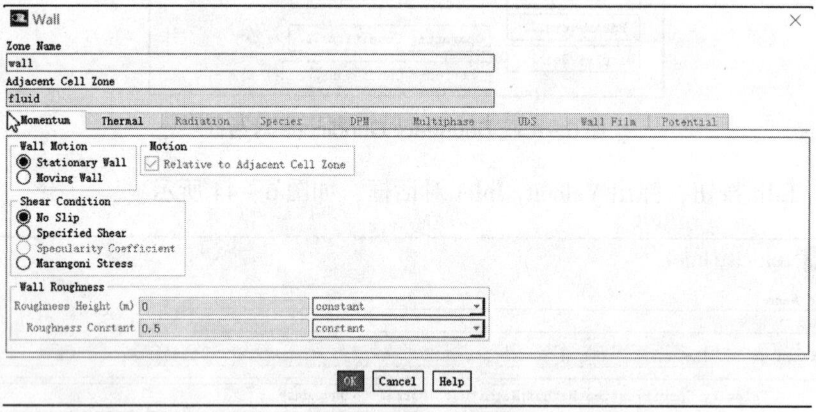

图 6－46　Wall 对话框

③单击 Thermal 选项卡，在 Thermal Conditions 选项组中选中 Temperature 单选项，在 Temperature(k)文本框中输入 400。

④单击 OK 按钮，关闭 Wall 对话框。

(4)关闭 Boundary Conditions 对话框

步骤五：求解

(1)设置求解控制参数，选择 Solving/Solution/Methods 命令，或在信息树中选择 Solution/Methods 命令，在任务区弹出 Solution Methods 对话框，如图 6－47 所示。

①在 Pressure－Velocity Coupling 选项组的 Scheme 下拉列表中选择 SIMPLEC。

SIMPLEC 为求解非复杂问题时比较好的选择。使用 SIMPLEC 算法时，压力耦合算法的亚松弛因子一般应设置为 1.0，这样能加快收敛。高阶格式能提高求解精度。

②在 Momentum 和 Energy 下拉列表中都选择 QUICK。

(2)初始化流场，选择 Solve/Initialization/Initialize 命令，弹出 Solution Initialization 对话框，如图 6－48 所示。

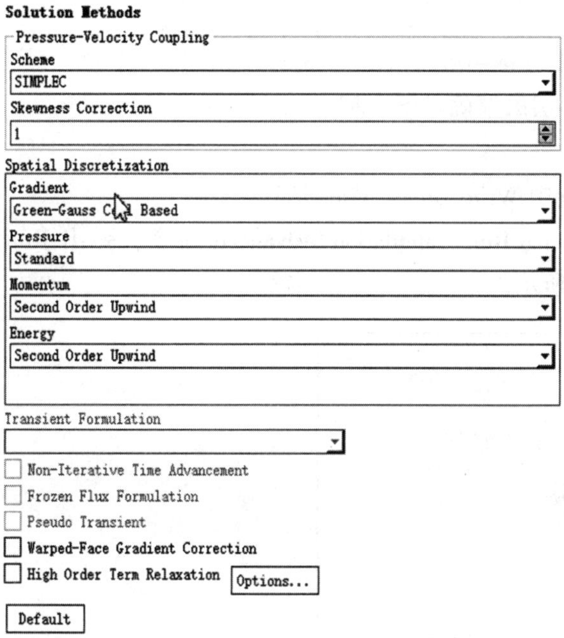

图 6－47　Solution Methods 对话框

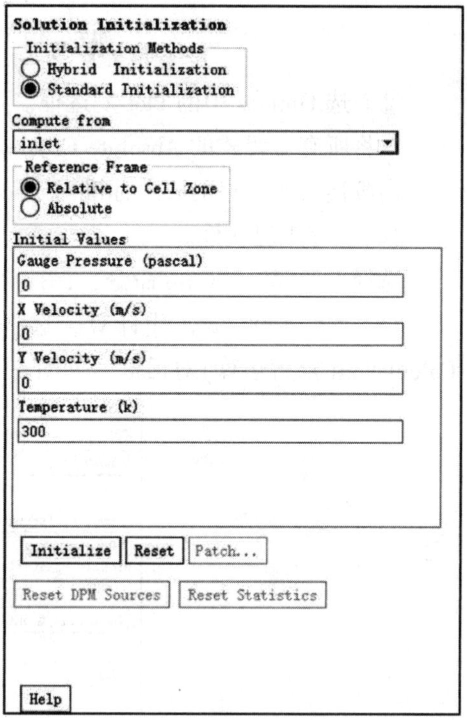

图 6－48　Solution Initialization 对话框

①在 Initialization Methods(初始化方法)下拉列表中选中 Standard Initialization，在 Compute from 下拉列表中选择 inlet。这样将使用进口值对全场进行初始化。

②在 X Velocity(m/s)文本框中输入 0。

③单击 Initialize 按钮。

为加快收敛，将所有的速度都设置为 0。

(3)激活残差图。

①选择 Solving/Reports/Residuals 命令，打开 Residual Monitors(残差监视器)对话框，如图 6－49 所示。

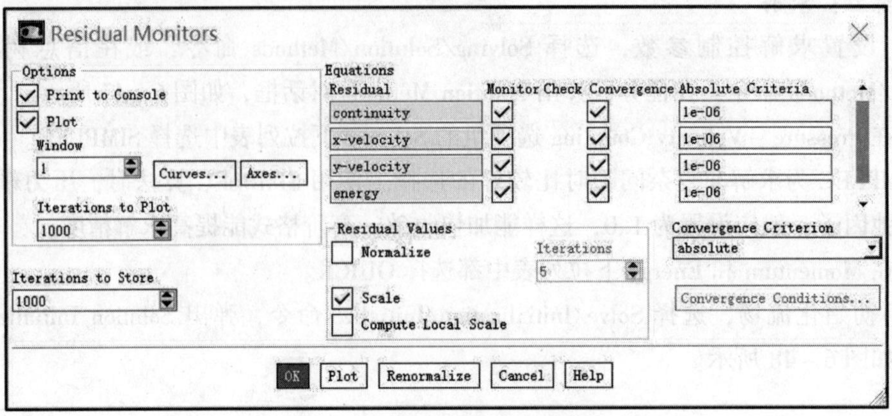

图 6－49　Residual Monitors 对话框

②勾选 Options 中的 Plot 复选框。

③将所有方程式的 Absolute Criteria 设置为 le－06。

高阶格式和严格的收敛标准对于热边界层的精确求解有利。

(4)保存工况文件。

选择 File/Write/Case 命令，保持默认选中 Write Binary Files 选项。

(5)进行 1000 步迭代计算，选择 Solving/Run Calculation/Advanced 命令，弹出 Run Calculation(求解运算)对话框，如图 6－50 所示。

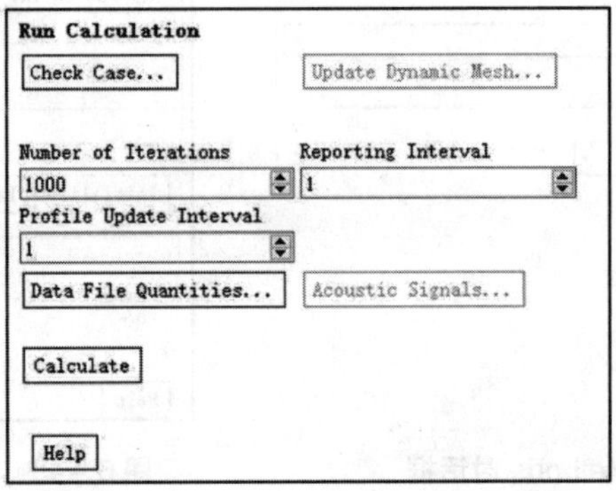

图 6－50　Run Calculation 对话框

①将 Number of Iterations 设置为 1000。

②单击 Calculate 按钮，求解将在约 400 步迭代后满足设定的收敛标准而收敛。

(6)创建等值面。

为创建努塞尔数和沿平板长度方向上的壁面摩擦系数的图，用户应创建沿平板长度方向的等值面。以 0.1m 为间隔，创建 10 条等距离的线。

①创建等值面，选择 Postprocessing/Surface/Create/Iso－Surface 命令，弹出 Iso－Surface 对话框，在 Surface of Constant 下拉列表中选择 Mesh 和 X－Coordinate，如图 6－51 所示。

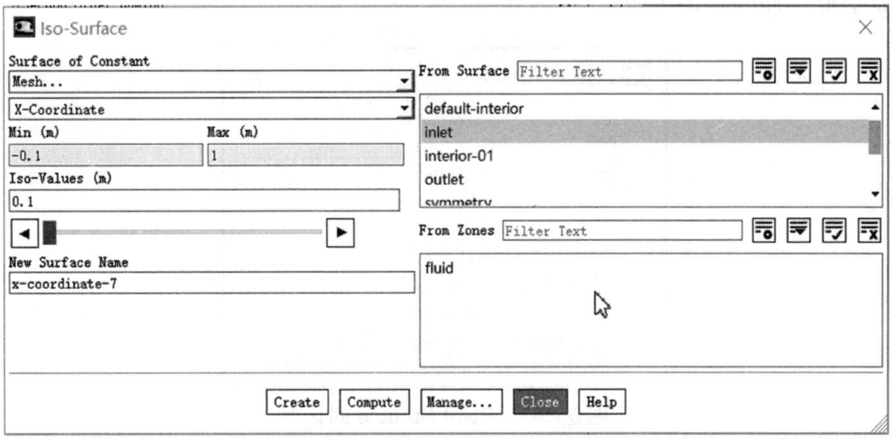

图 6－51 Iso－Surface 对话框

a. 在 Iso－Values 文本框中输入 0. 1。

b. 在 New Surface Name 文本框中输入 x－coordinate－6。

c. 单击 Create 按钮，关闭 Iso－Surface 对话框。

②使用 TUI 命令创建等值面。

使用 TUI 命令创建其余的等值面。绝大多数的图形命令都有相应的 FLUENT 控制台 TUI 命令。

TUI 命令为：

Surface iso－surface x－coordinate x＝0. 2，，0. 2

创建 x＝0. 2 的等值面。

文件 iso－x. jou 包含创建不同 x 值的 9 个等值面。

a. 读入 iso－x. jou 文件，选择 File/Read/Journal 命令，弹出 Select File 对话框，如图 6－52 所示。

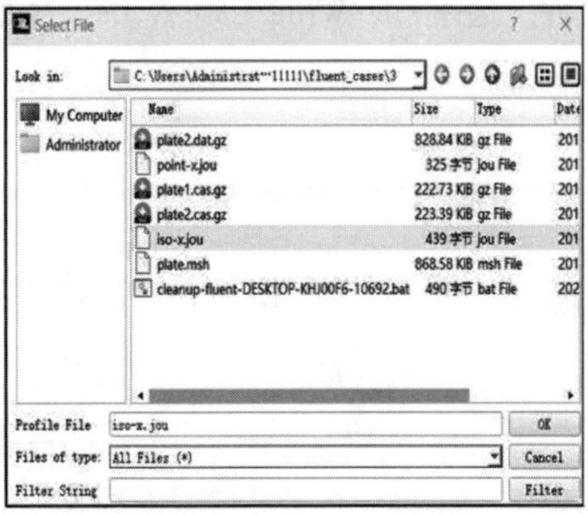

图 6－52 Select File 对话框

b. 选择 Iso－x. jou 文件，单击 OK 按钮。

所有的命令将在控制台显示，等值面将被创建。

(7) 创建等值面位置处平面的点，选择 File/Surface/Create/Point 命令，弹出 Point

Surface 对话框，如图 6－53 所示。

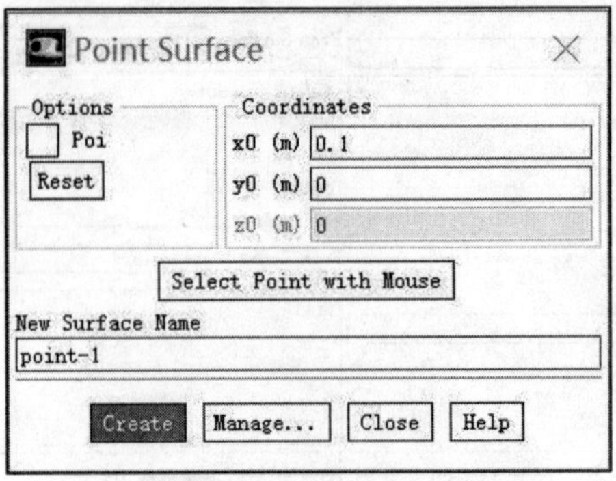

图 6－53　Point Surface 对话框

点将会被用来计算热流和不同位置的壁面剪切应力。因为有 10 个等值面，用户应创建 10 个点。

①在 x0(m)文本框中输入 0.1。

②在 y0(m)文本框中输入 0。

③在 New Surface Name 文本框中输入 point－1。

④单击 Create 按钮，关闭 Point Surface 对话框。

TUI 命令为：

Surface point－surface point－2 0.2 0

创建 x＝0.2 和 y＝0 平面处的点 point－2。

读入 point－x.jou 文件，其包含创建(0.2，0)、(0.3，0)、…、(1，0)共 9 个点的命令。

选择 File/Read/Journal 命令，在弹出的对话框中选择 point－x.jou 文件，单击 OK 按钮。所有的命令将在控制台显示，点将被创建。

(8)保存工况和数据文件。选择 File/Write/Case & Data 命令，在弹出的对话框中保存工况和数据文件。

步骤六：后处理

(1)显示速度矢量。选择信息树中 Results/Graphics/Vectors 命令，弹出 Vectors 对话框，如图 6－54 所示。

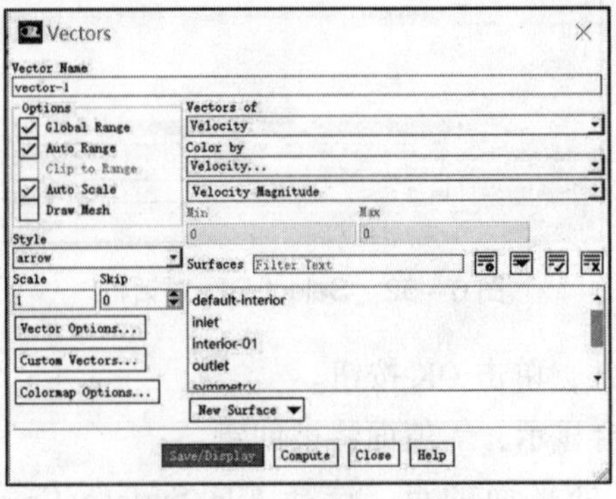

图 6－54　Vectors 对话框

①在 Vectors of 下拉列表中选择 Velocity。

②在 Color by 下拉列表中选择 Velocity 和 Velocity Magnitude，单击 Save/Display 按钮，显示效果如图 6－55 所示。

③关闭 Vectors 对话框。

(2)不显示图形的标题。选择 Viewing/Display/Options 命令，打开 Display Options 对话框。

①取消勾选 Layout 选项组中的 Titles 和 Colormap 复选框，如图 6－56 所示。

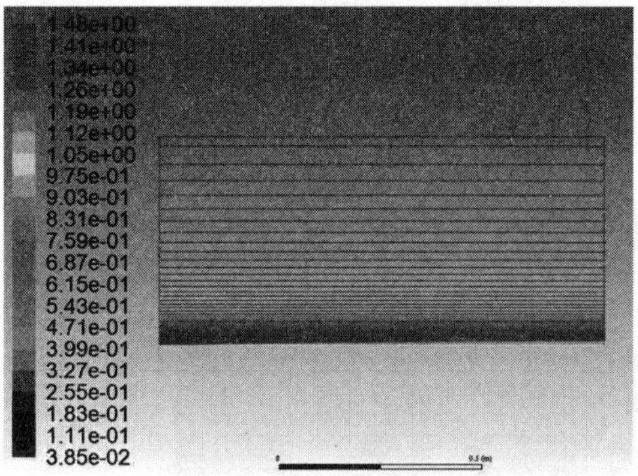

图 6－55　速度显示效果

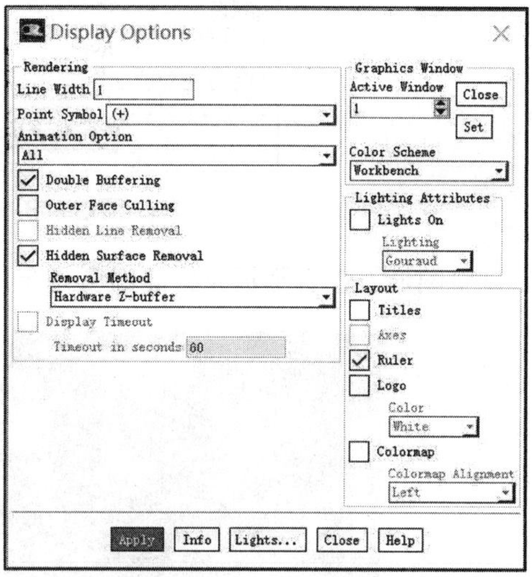

图 6－56　Display Options 对话框

②单击 Apply 按钮，关闭 Display Options 对话框。

这时图形窗口的字幕不再显示。

③放大平面附近的图形，查看速度矢量图，如图 6－57 所示。

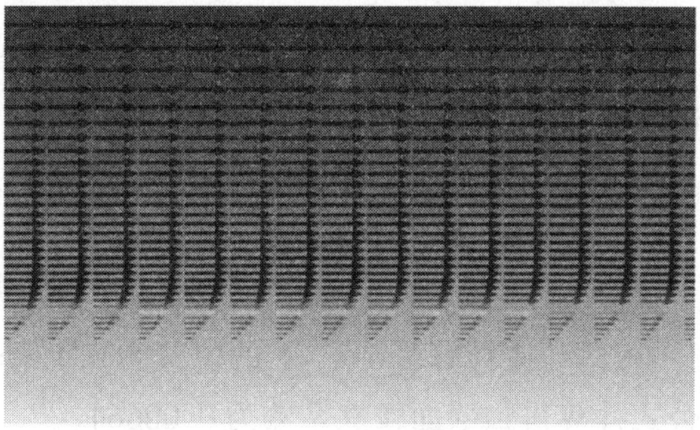

图 6－57　速度矢量图放大显示

(3)显示温度云图。选择 Postprocessing/Contours 命令或在信息树中选择 Results/Contours 命令执行该操作，如图 6－58 所示。

①在 Contours of 下拉列表中选择 Temperature 和 Static Temperature，如图 6－58 所示。

②勾选 Options 中的 Filled 复选框。

③单击 Display 按钮。

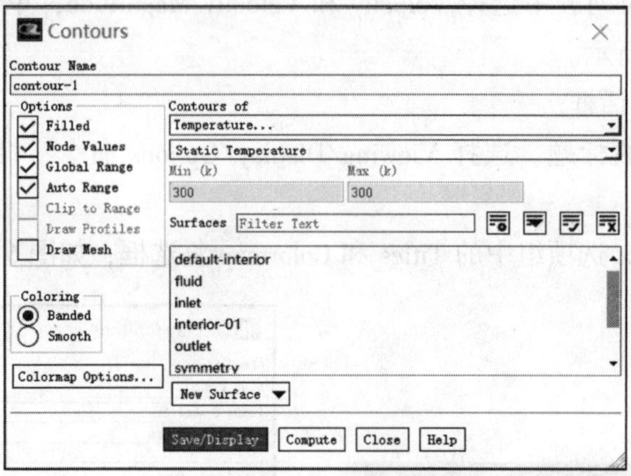

图 6－58　Contours 对话框

调整图形，查看平板完整的温度分布，如图 6－59 所示。

图 6－59　整个计算域的温度分布云图

④关闭 Contours 对话框。

(4)使用范宁(Fanning)局部摩擦系数公式计算壁面摩擦系数。

$$c_{f,x} = \frac{0.664}{\sqrt{Re_x}} \tag{6-3}$$

式中，Re_x(层流)由通过平板的位置计算(point－1 的位置为 0.1m)，即流体从平板开始流到此点的距离。由上述公式计算得到壁面摩擦系数为 0.00664。

采用相同的方法可计算其余各点的壁面摩擦系数。

(5)使用 FLUENT 计算数据计算壁面摩擦系数：

$$c_{f,x} = \frac{\tau_w}{1/2\rho v_b^2} \tag{6-4}$$

式中，τ_w 为平板中点的壁面剪切应力；ρ 为流体的密度；v_b 为平板的平均速度；ρ 和 v_b 的值由用户设置。

采用上述两公式对壁面摩擦系数进行计算，可以比较不同计算方法得到的壁面摩擦系数的差异，从而验证数值计算方法的准确性。

(6)获得壁面剪切应力(τ_w)和平均速度(v_b)的值，计算点 point－1 的壁面摩擦系数。

①获得 point－1 的剪切应力值。选择 Postprocessing/Reports/Surface Integrals 命令执行该操作。

a. 在 Report Type 下拉列表中选择 Vertex Average，如图 6－60 所示。

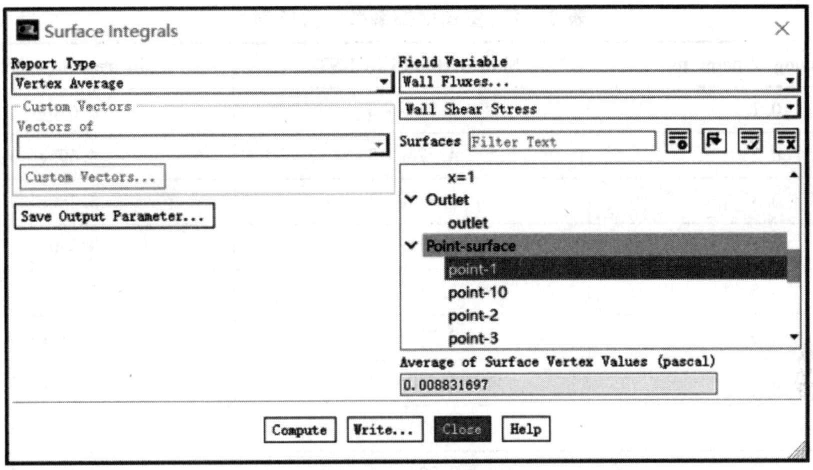

图 6－60　Surface Integrals 对话框

b. 在 Field Variable 下拉列表中选择 Wall Fluxes 和 WallShear Stress。

c. 在 Surfaces 列表中选择 point－1。

d. 单击 Compute 按钮。

剪切应力的值会出现在 Average of Surface Vertex Values(pascal)中，即 0.008831697。

②求 point－1 的平均速度。

a. 在 Report Type 下拉列表中选择 Mass－Weighted Average，如图 6－61 所示。

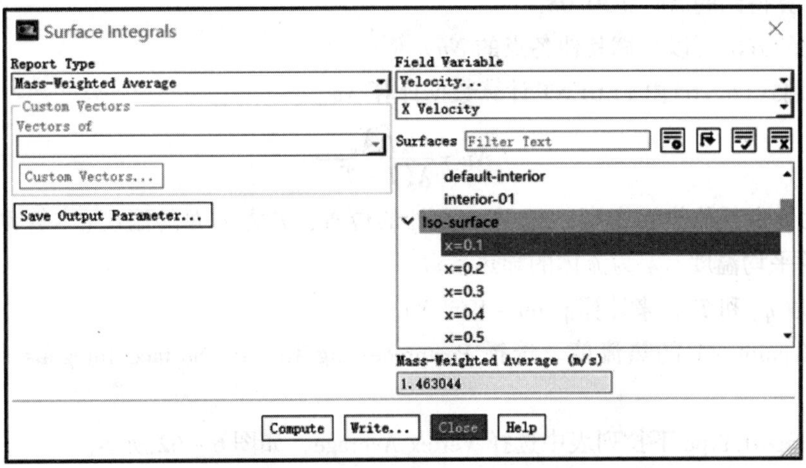

图 6－61　Surface Integrals 对话框

b. 在 Field Variable 下拉列表中选择 Velocity 和 X Velocity。

c. 在 Surfaces 列表中选择 $x=0.1$。

d. 单击 Compute 按钮，关闭 Surface Integrals 对话框。

求得平均速度为 1.463044m/s。

③使用剪切应力、平均速度和空气密度等计算 point－1 的壁面摩擦系数为 6.736e－3。

④用相同的方法计算其他位置的壁面摩擦系数，如表 6－1 所示。

表 6－1　壁面摩擦系数计算值对比

Locationg of point/m	Skin friction(FLUENT)	Skin friction(correlation)
0.1	6.736e－3	6.640e－3
0.2	4.774e－3	4.695e－3
0.3	3.899e－3	3.380e－3
0.4	3.375e－3	3.320e－3
0.5	3.016e－3	2.969c－3
0.6	2.750e－3	2.710e－3
0.7	2.540e－3	2.510e－3
0.8	2.372e－3	2.347e－3
0.9	2.228e－3	2.213e－3
1	2.106e－3	2.099e－3

由 FLUENT 计算的值与范宁(Fanning)局部摩擦系数公式计算结果相近，可由这些数据做出对比图进行比较。

(7)使用经验关联式计算努塞尔数(Nu)，如式(6－5)所示。

$$Nu = 0.332\sqrt{RePr^3} \tag{6-5}$$

式中，Re 以平板点的位置计算，空气的 Pr 为 0.744176，point－1 的位置为 0.1m，基于经验关联式计算得到的 Nu 为 30.08。

用相同的方法可以计算其他各点的 Nu。

(8)使用式(6－6)由 FLUENT 计算数据计算 Nu。

$$Nu = \frac{q_p X_p}{\lambda(T - T_b)} \tag{6-6}$$

式中，q_p 为 p 点处的热流密度；X_p 为 p 点处的位置；T 为平面的温度(本算例为 400K)；T_b 为 p 点的平均温度；λ 为流体的导热系数。

(9)求解 q_p 和 T_b，来计算 point－1 的 Nu。

①求解 point－1 的热流值。选择 Postprocessing/Reports/Surface Integrals 命令完成该操作。

a. 在 Report Type 下拉列表中选择 Vertex Average，如图 6－62 所示。

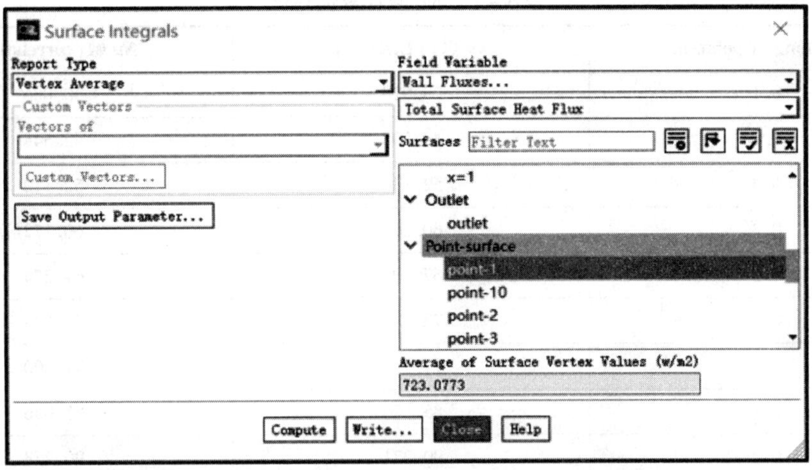

图 6-62 求解 point-1 热流值的 Surface Integrals 对话框

b. 在 Field Variable 下拉菜单中选择 Wall Fluxes 和 Total Surface Heat Flux。

c. 在 Surfaces 列表中选择 point-1。

d. 单击 Compute 按钮。

热流的值将出现在 Average of Surface Vertex Values(w/m^2)中，即 723.0773。

②求解 point-1 的平均温度。

a. 在 Report Type 下拉列表中选择 Mass-Weighted Average，如图 6-63 所示。

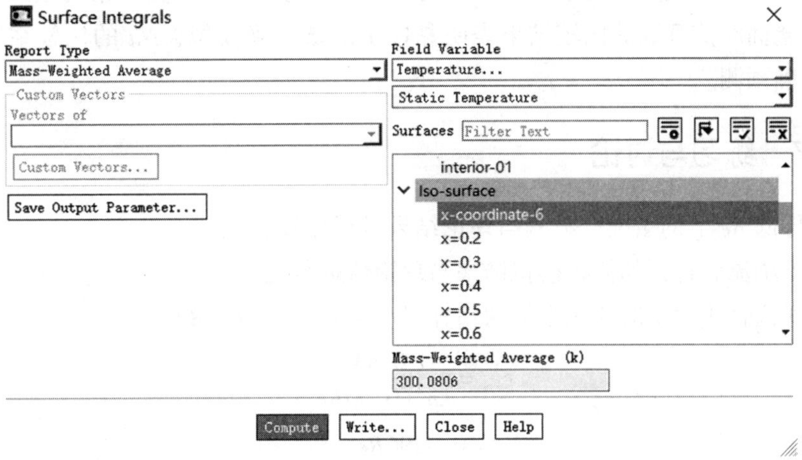

图 6-63 求解 point-1 平均温度的 Surface Integrals 对话框

b. 在 Field Variable 下拉列表中选择 Temperature 和 Static Temperature。

c. 在 Surfaces 列表中选择 x-coordinate-6，此即为 x=0.1 的等值面。

d. 单击 Compute 按钮，关闭 Surface Integrals 对话框。

平均温度根据 Mass-Weighted Average 更新为 300.0806K。流体的导热系数为 0.0242 W/(m·K)。使用所有这些参数和等式计算 Nu($Nu=29.928$)。

用相同的方法计算其他位置的 Nu，如表 6-2 所示。

表 6-2 *Nu* 数计算值对比

Locationg of point/m	*Nu* 数(FLUENT)	*Nu* 数(correlation)
0.1	29.928	30.086
0.2	42.505	42.548
0.3	52.149	52.110
0.4	60.268	60.172
0.5	67.407	67.274
0.6	73.847	73.695
0.7	79.748	79.600
0.8	85.206	85.096
0.9	90.271	90.258
1	94.974	95.140

由 FLUENT 计算的结果与通过经验关联式求得的值很接近，可以使用表 6-2 中的数据比较模拟和实验结果。

6.2.6 总结

将利用 FLUENT 求得的 *Nu* 和壁面摩擦系数的值与使用拟合式求得的值进行比较和分析，是处理模拟结果很关键的手段。本算例表明使用高阶格式和更严格的收敛标准能提高求解精度。壁面摩擦系数的比较结果表明黏性子层被正确模拟，*Nu* 的比较结果表明热边界层也被正确预测。

6.2.7 练习与讨论

(1)运行低 *Re* 下的工况，将其与理论结果进行比较。

(2)对于湍流而言，如何将模拟结果与理论值进行比较？

(3)下列拟合式用于对湍流中值的估算式(6-7)、式(6-8)。

$$c_{\mathrm{f,x}} = \frac{0.445}{Ln^2(0.06Re_{\mathrm{x}})} \tag{6-7}$$

$$Nu = 0.0296Re^{4/5}Pr^{1/3} \tag{6-8}$$

(4)对于 *Re* 不同的流动而言，网格数都可以一样吗？

(5)观察 *Nu* 和壁面摩擦系数随 *Re* 变化的情况。

(6)设置水的物性，比较层流与湍流情况下模拟结果的不同。

(7)考虑流动中的重力(设置密度为 Boussinesq 模型)，模拟一个自然对流问题。同时也将进口条件的速度入口设为压力入口。

6.3 翼型通道 PCHE 流动换热性能模拟

6.3.1 算例介绍

印刷电路板式换热器(Printed Circuit Heat Exchanger, PCHE)作为一种新型紧凑高效换热器，具有高紧凑度、高效能、轻质量和高承压能力等优势，近年来得到广泛的关注。本算例主要采用 FLUENT 19 对 PCHE 翼型通道的流动换热性能进行数值模拟，并分析翼型通道内的速度场、压力场和温度场，根据计算结果不仅可以改善设计，还可以判断其运行时温度场是否符合工作要求。

6.3.2 方法和设置

· 读入 PCHE 翼型通道网格文件。

· 检查网格的尺寸和质量。

· 设置求解参数，进行迭代计算。

· 分析模拟结果。

· 显示速度场、压力场和温度场。

6.3.3 问题描述

本案例对 PCHE 翼型通道内的流动换热性能进行数值模拟，翼型通道如图 6-64 所示。

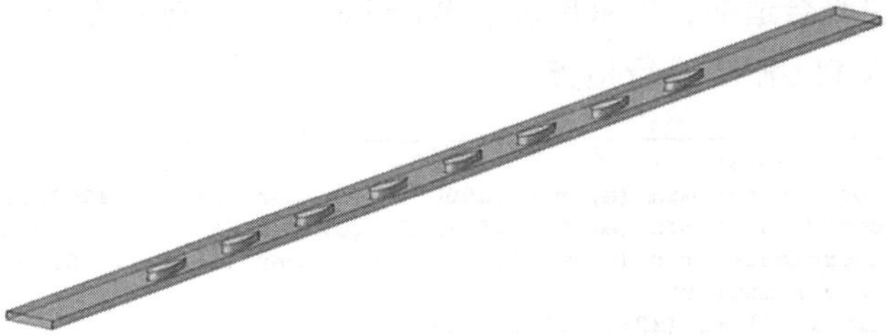

图 6-64 翼型通道示意

6.3.4 准备

· 将使用 GAMBIT 软件划分好的网格复制到用户工作文件夹。

· 启动 3D 双精度 FLUENT 19 求解器(见图 6-65)。

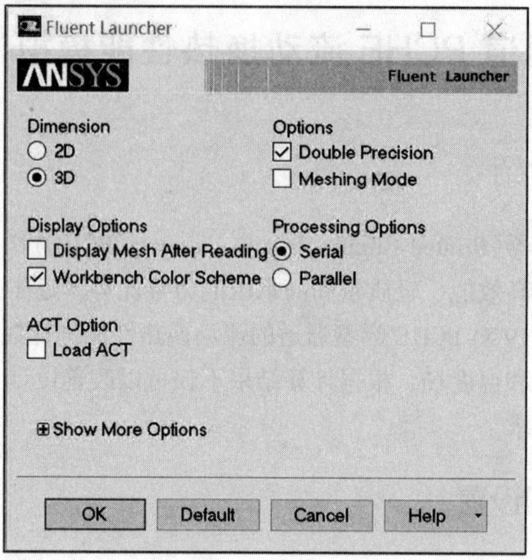

图 6－65　启动 3D 双精度 FLUENT 求解器对话框

6.3.5　设置与求解

步骤一：导入网格

(1)读入网格文件 pche. msh

选择 File/Read/Mesh 命令，FLUENT 将读取网格文件，并显示读取过程。

(2)检查网格

选择 Mesh/Check 命令对网格质量进行检查。该过程检查网格的质量，其中最重要的指标是最小网格体积必须为正值，如图 6－66 所示，待最后出现 Done，且无 Warning 语句时，表示模型的网格是合适的，如果出现了 Warning 语句，则需要重新检查网格的错误之处，修改后再次导入 FLUENT 进行检查。

```
 Domain Extents:
   x-coordinate: min (m) = -1.200000e-02, max (m) = 4.400000e-02
   y-coordinate: min (m) = -5.551115e-20, max (m) = 1.000000e-03
   z-coordinate: min (m) = -1.000000e-03, max (m) = 1.000000e-03
 Volume statistics:
   minimum volume (m3): 5.991279e-17
   maximum volume (m3): 2.299317e-13
     total volume (m3): 1.120000e-07
 Face area statistics:
   minimum face area (m2): 1.684903e-11
   maximum face area (m2): 8.144192e-09
 Checking mesh.................................
Done.
```

图 6－66　网格检查信息

(3)设置网格尺寸

选择 Mesh/Scale 命令，弹出如图 6－67 的 Scale Mesh 对话框，用户可以设置模型的尺寸，或根据单位放大或缩小模型。

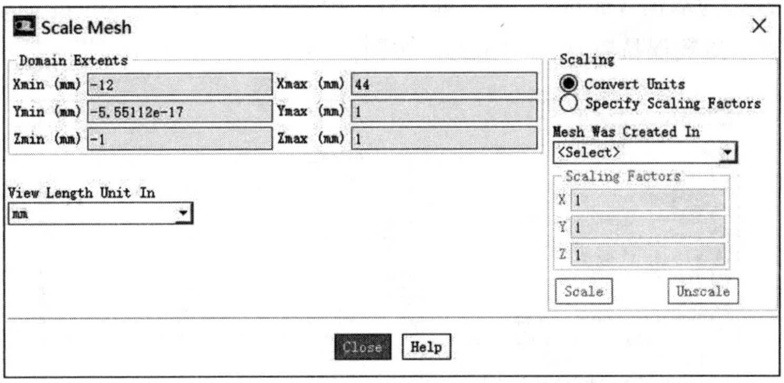

图 6－67　Scale Mesh 对话框

步骤二：模型设置

(1)设置稳态求解器

选择 Setup/General 命令，在如图 6－68 所示的 General 对话框中选中 Steady(稳态)单选项，保持选中 Pressure－Based(基于压力)和 Absolute(绝对速度)。勾选 Gravity 复选框，展开重力加速度的设置，如果不考虑重力影响可不选。

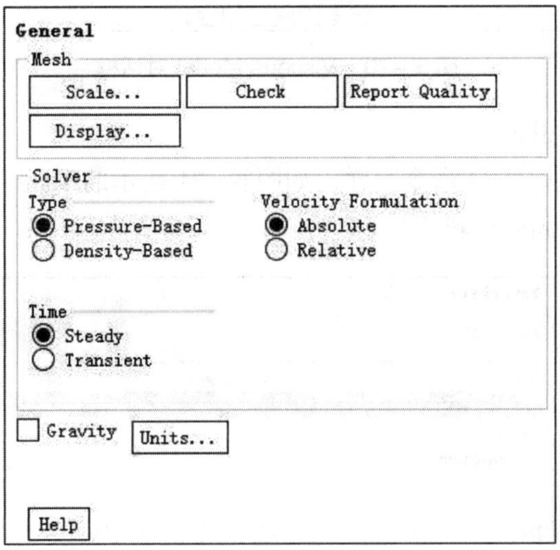

图 6－68　General 对话框

(2)能量计算选择

选择 Setup/Models/Energy 命令，弹出如图 6－69 所示的 Energy 对话框。由于本算例需要计算热量交换，因此选中 Energy Equation，然后单击 OK 按钮。

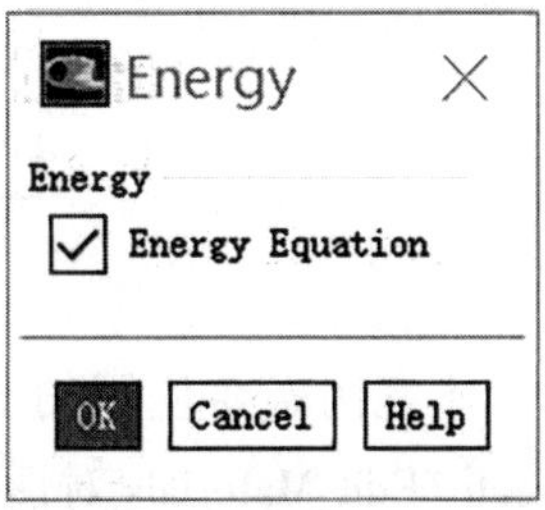

图 6－69　Energy 对话框

(3)设置湍流模型

选择 Setup/Models/Viscous 命令，出现如图 6－70 所示的对话框。

由于本算例的 *Re* 较大，需要选择湍流模型。选择要调用的湍流模型，方法为双击 Viscous，弹出如图 6-70 所示的 Viscous Model 对话框，选中$k-\omega$ SST 单选按钮，参数保持默认，单击 OK 按钮。

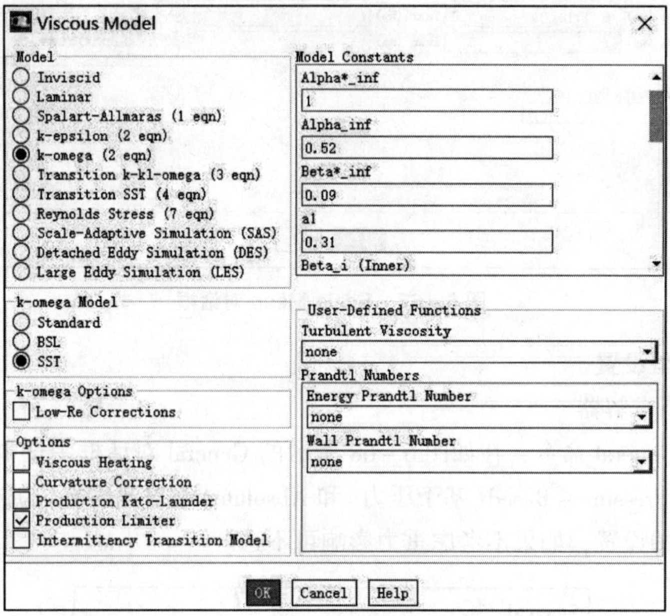

图 6-70　Viscous Model 对话框

步骤三：流体介质设置

选择 Setup/Materials/Fluid 命令，弹出如图 6-71 所示的 Materials 对话框，FLUENT 默认的流体材料为空气，固体材料为铝。

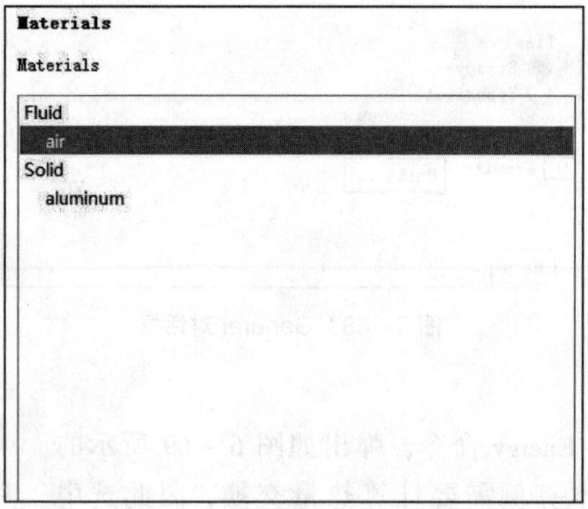

图 6-71　FLUENT 默认材料

本案例需要使用的流体为甲烷，单击 Materials 对话框中的 Create/Edit 按钮，弹出 Create/Edit Materials 对话框，如图 6-72 所示。

单击 FLUENT Database 按钮，弹出 Fluent Database Materials 对话框，如图 6-73 所示，选择左侧列表框的 methane(ch4)选项，单击 Copy 按钮，然后单击 Close，关闭 Create/Edit

Materials 对话框。

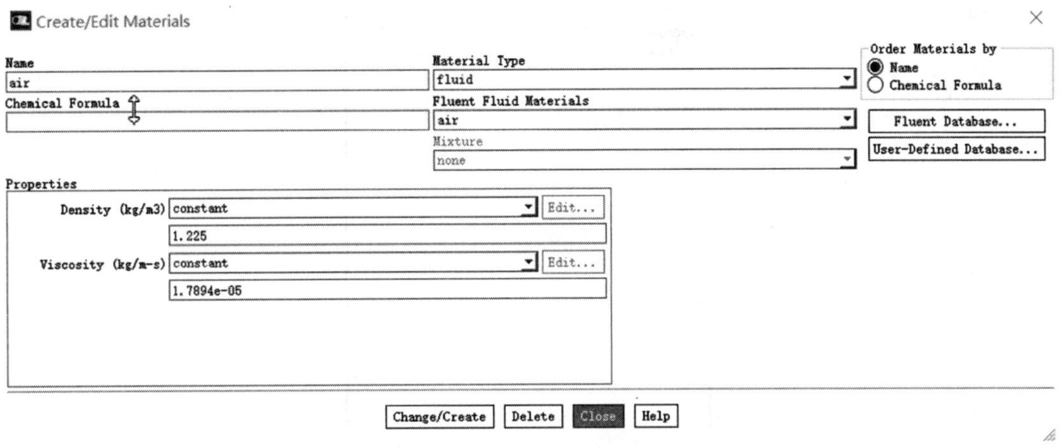

图 6 – 72　Create/Edit Materials 对话框

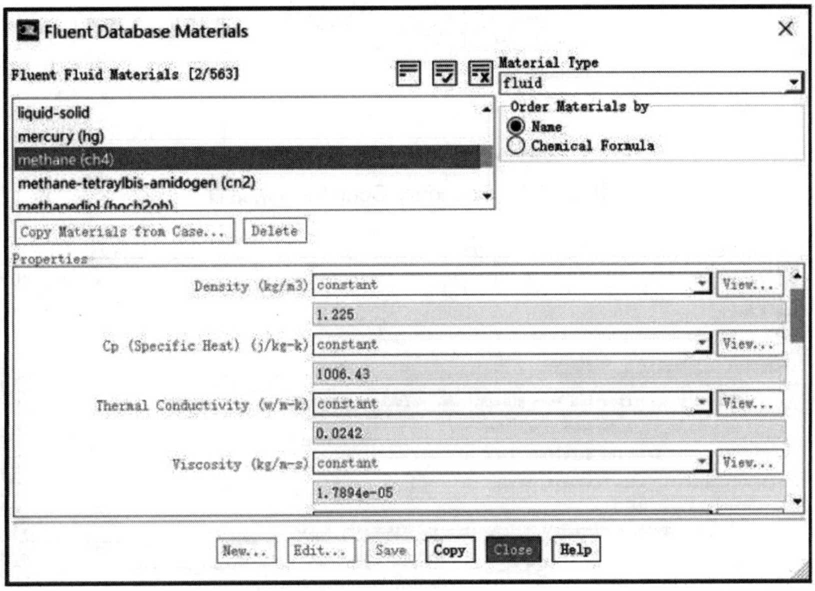

图 6 – 73　Fluent Database Materials 对话框

步骤四：边界条件设置

(1)设置进口边界条件

选择进口边界条件类型。选择 Setup/Boundary Conditions 命令，弹出如图 6 – 74 所示的 Boundary Conditions 对话框，显示已经存在的边界名称(在 Gambit 中已经进行定义)。如图 6 – 74 所示，选择 inlet 选项，单击 Edit 按钮，弹出如图 6 – 75 所示的 Velocity Inlet 对话框，设置 Velocity Magnitude(m/s)为 1。选择 Turbulence 区域 Specification Method 下拉列表中 Intensity and Viscosity Ratio 选项，根据计算或者参考文献建议填写 Backflow Turbulent Intensity(%)和 Backflow Turbulent Viscosity Ratio 数值。

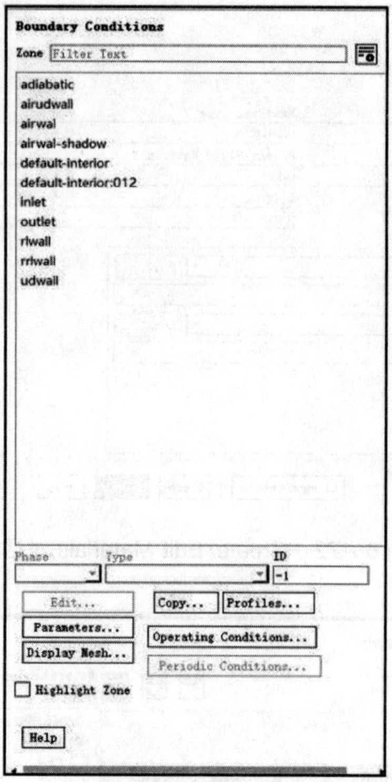

图 6－74　Boundary Conditions 对话框

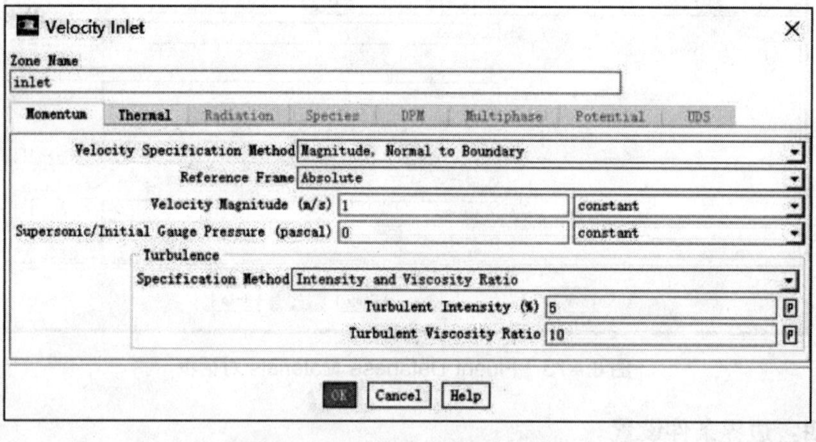

图 6－75　Velocity Inlet 对话框

(2)设置出口边界条件

在图 6－74 中选择 outlet(在 Gambit 中已经定义 outlet 为压力出口边界条件)，单击 Edit 按钮，弹出如图 6－76 所示的 Pressure Outlet 对话框，在该对话框中设置 Guage Pressure(pascal)为 0。选择 Turbulence 区域 Specification Method 下拉列表中 Intensity and Viscosity Ratio 选项，根据计算或者参考文献建议填写 Backflow Turbulent Intensity(%)和 Backflow Turbulent Viscosity Ratio 数值。

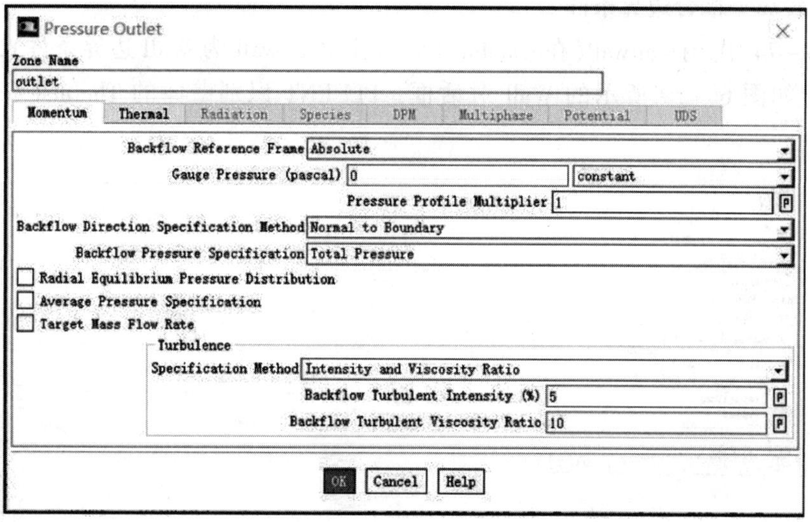

图 6－76　Pressure Outlet 对话框

(3)设置侧面边界条件

在图 6－74 中选择 rlwall、rrlwall(在 Gambit 中已经定义 rlwall、rrlwall 为对称边界条件)，单击 Edit 按钮，弹出如图 6－77 所示的 Symmetry 对话框。

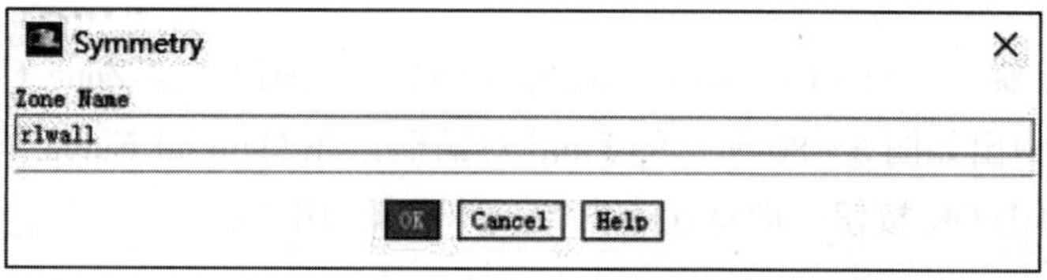

图 6－77　Symmetry 对话框

(4)设置上下壁面边界条件

在图 6－74 中选择 udwall(在 Gambit 中已经定义 udwall 为 Wall 边界条件)，单击 Edit 按钮，弹出如图 6－78 所示的 Wall 对话框，设置上下壁面温度为 340K。

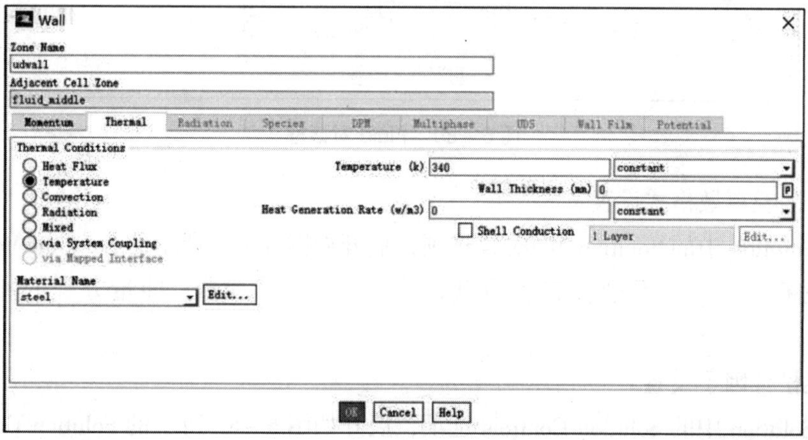

图 6－78　Wall 对话框

(5)设置翼型耦合边界条件

在图6－74中选择airwall(在Gambit中已经定义airwall为Wall边界条件)，单击Edit按钮，弹出如图6－79所示的Wall对话框，FLUENT识别壁面的Thermal Conditions为Coupled。

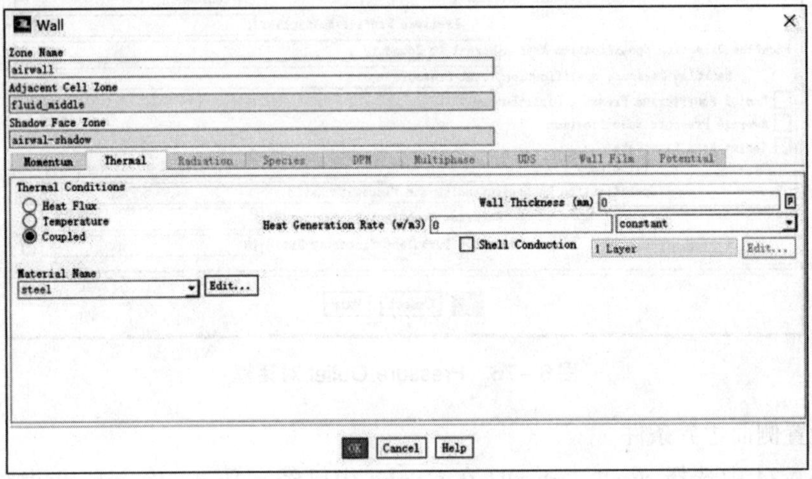

图6－79　Wall对话框

(6)流体设置

选择Problem Setup下的Cell Zone Conditions选项，弹出Cell Zone Conditions对话框，单击Edit按钮，弹出如图6－80所示的Fluid对话框，在Material Name下拉列表框中选择methane选项，单击OK按钮，即将通道内的流体定义为甲烷。

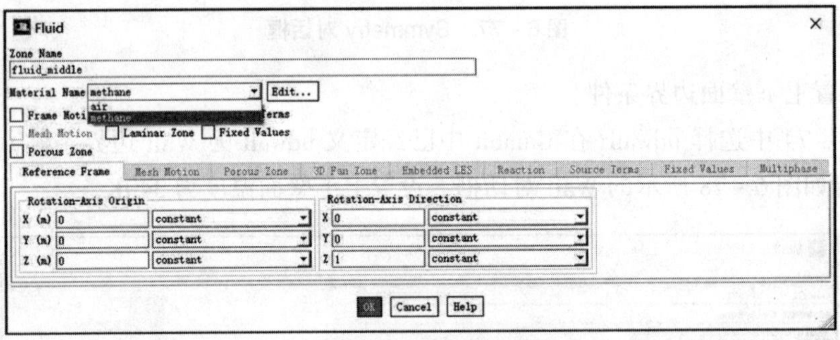

图6－80　Fluid对话框

(7)算法及离散格式设置

选择Solution中的Solution Methods选项，展开如图6－81所示的Solution Methods对话框，可以进行压力—速度耦合算法的设置，以及压强、动量、能量方程的离散格式设置等。

(8)亚松弛因子设置

选择Solution中的Solution Controls选项，展开如图6－82所示的Solution Controls对话框，可以设置相关参数的松弛因子，这里保持默认设置。

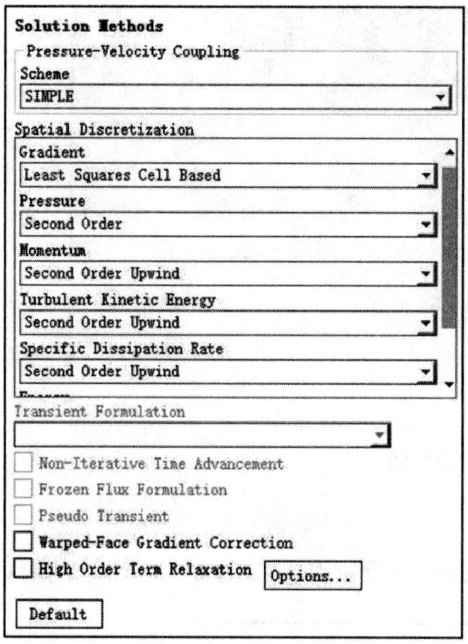

图 6－81　Solution Methods 对话框

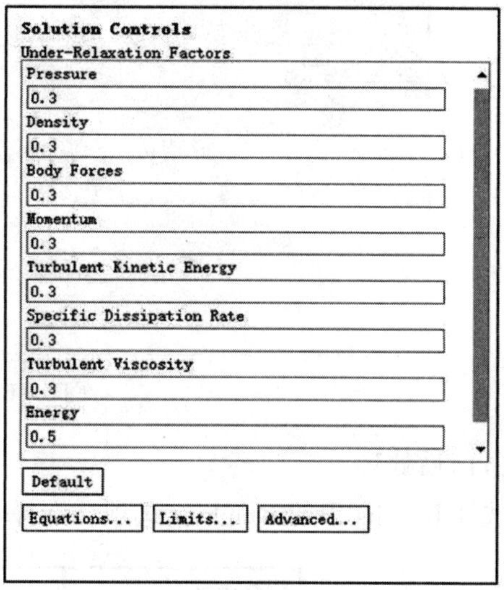

图 6－82　Solution Controls 对话框

(9)计算初始化

选择 Solution 中的 Solution Initialization 选项，展开如图 6－83 所示的 Solution Initialization 对话框，选中 Standard Initialization，单击 Initialize 按钮完成计算初始化。

(10)迭代计算

选择 Solution 中的 Run Calculation 命令，展开如图 6－84 所示的设置选项，设置 Number of Iterations 为 10000，单击 Calculate 按钮开始计算。计算的残差曲线如图 6－85 所示。

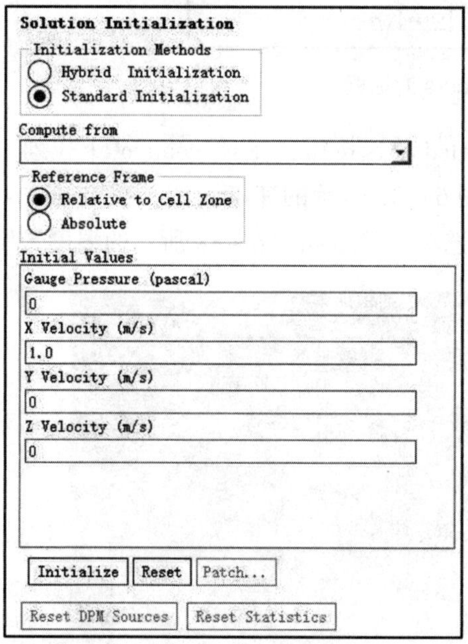

图 6－83　Solution Initialization 对话框

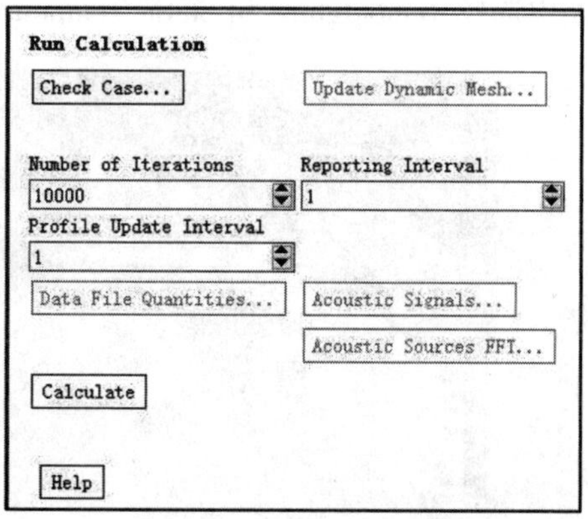

图 6－84　Run Calculation 对话框

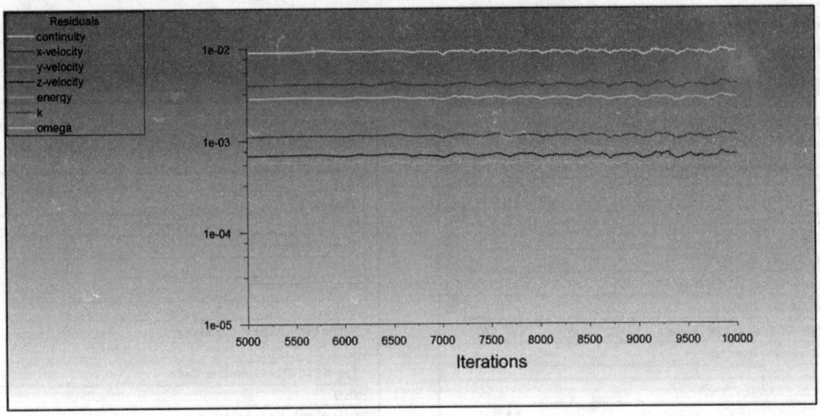

图 6－85　残差曲线

(11)后处理

选择 Results 中的 Graphics 选项，选择 Contours 选项，弹出如图 6－86 所示的对话框。

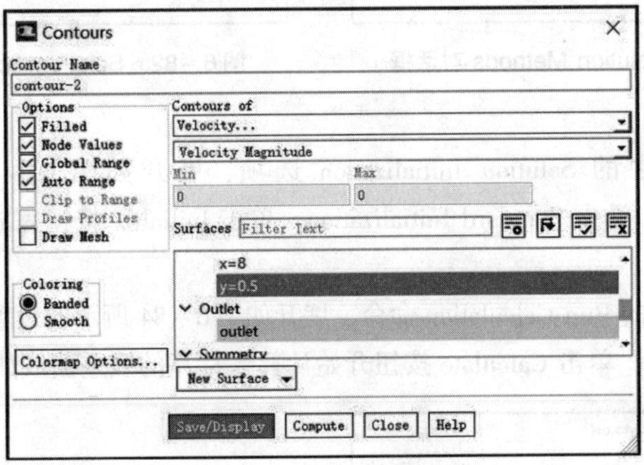

图 6－86　Contours 对话框

在图 6－86 中，选择 Options 选项组中的 Filled 单选按钮，在 Contours of 下拉列表中选择 Velocity 和 Velocity Magnitude 选项，显示如图 6－87 所示的速度云图。在 Contours of 下拉列表中选择 Temperature 和 Static Temperature 选项，显示如图 6－88 所示的温度云图。

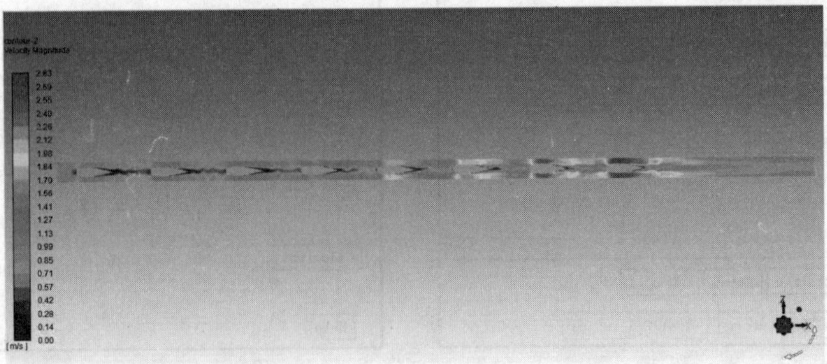

图 6－87　速度云图

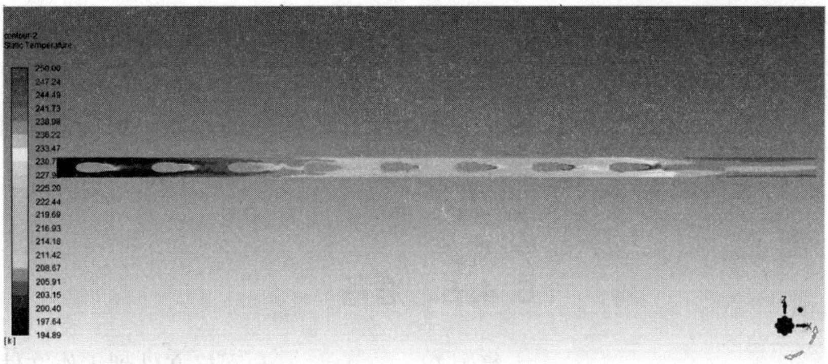

图 6-88 温度云图

6.3.6 总结

将利用 FLUENT 求得的速度场和温度场进行云图显示，是分析模拟结果很关键的手段，可以根据速度场云图和温度场云图对影响流动换热性能的因素进行分析和改进。

6.4 空调房间室内气流组织模拟

通过一个空调房间内气流组织流动的分析算例让读者对 ANSYS FLUENT 19.0 分析处理内部流动的基本操作有一定的了解。

6.4.1 案例介绍

本算例的目的是介绍空调房间室内气流组织模拟的基本方法。室内气流组织主要分析室内的速度场和温度场。由这些结果可以改善空调设计，也可以判断空调运行时室内温度场是否符合人体对舒适度的要求。利用 CFD 进行室内气流组织分析是暖通工程设计师的有力手段，也是今后的发展方向。

6.4.2 方法和设置

· 读入网格文件。
· 检查网格的尺寸和质量。
· 定义求解设置。
· 定义室内气流组织模拟的湍流模型。
· 观察室内气流组织的模拟结果。
· 分析速度场和温度场。

6.4.3 前期要求

本算例假定用户对 FLUENT 较有经验，并对 FLUENT 界面较为熟悉。

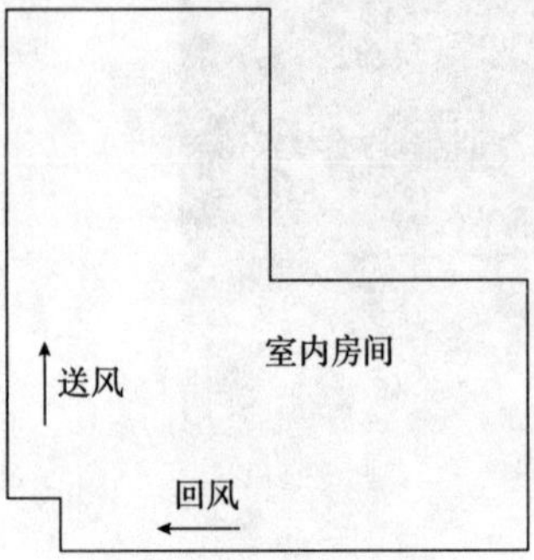

图 6－89　计算区域示意

6.4.4　问题描述

图 6－89 为计算域室内的示意，房间左下角有一个空调，送风和回风方向用箭头标示。送风速度为 1m/s，送风温度为 25℃，壁面温度为 30℃。

6.4.5　准备

· 复制 hvac－room. msh 网格文件到工作文件夹中。
· 开启 FLUENT 2D 求解器。

6.4.6　设置和求解

步骤一：网格

(1) 读入网格文件 hvac－room. msh。选择 File/Read/Mesh 命令执行此操作。

(2) 检查网格。选择 Mesh/Check 命令执行此操作。

在这个过程中，FLUENT 将对网格进行检查，以确保网格的最小体积为正值。

(3) 检查网格的尺寸。选择 Mesh/Scale 命令执行此操作。

在如图 6－90 所示的对话框中检查计算域的尺寸，其应与房间的实际尺寸相符。

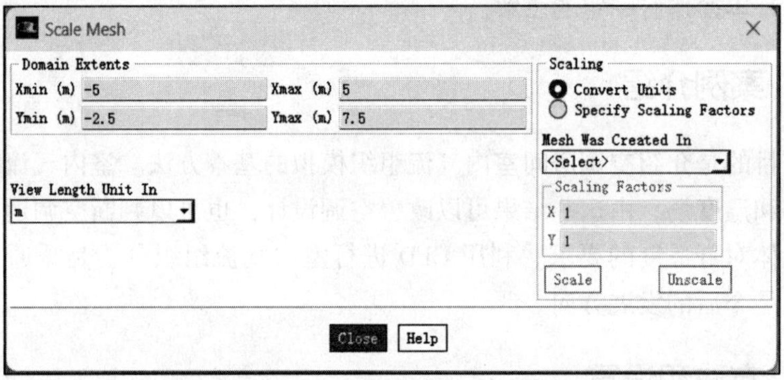

图 6－90　Scale Mesh 对话框

(4) 显示网格，如图 6－91 所示。选择 Mesh/Display 命令执行此操作。

图 6－91　计算域网格

步骤二：模型

(1)保持求解设置的默认参数。选择 Setup/General 命令执行此操作。

该计算将以基于压力的求解器定常求解，如图 6－92 所示。

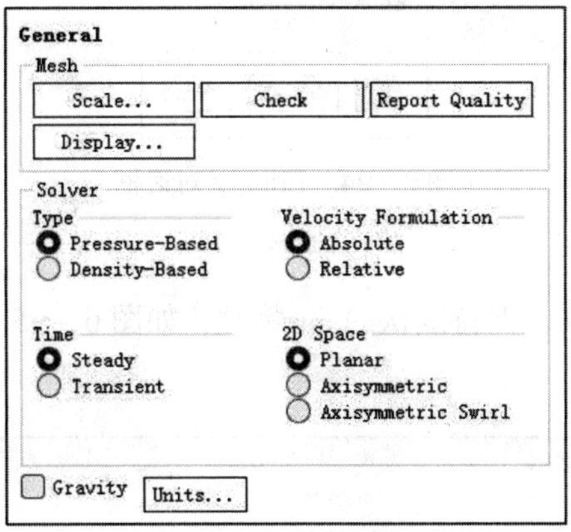

图 6－92 General 对话框

(2)激活标准 $k-\varepsilon$ 湍流模型。选择 Setup/Models/Viscous 命令执行此操作。

①在 Model 选项组中选中 k－epsilon(2 eqn)单选项，如图 6－93 所示。

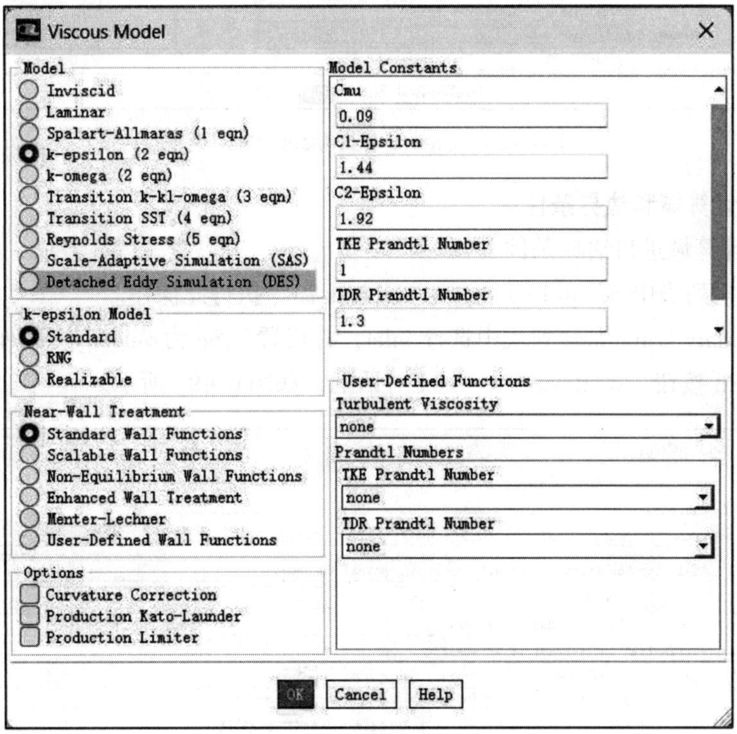

图 6－93 Viscous Model 对话框

②选择标准壁面函数。

③单击 OK 按钮，关闭 Viscous Model 对话框。

(3)激活能量方程，如图6－94所示。选择Setup/Models/Energy命令执行此操作。

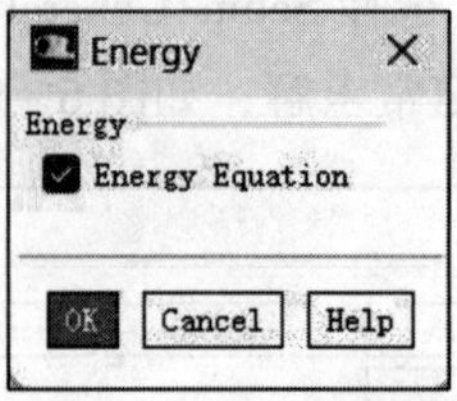

图6－94　Energy对话框

步骤三：材料物性

由于本案例流体为空气，保持默认的air物性，如图6－95所示。选择Setup/Materials命令执行此操作。

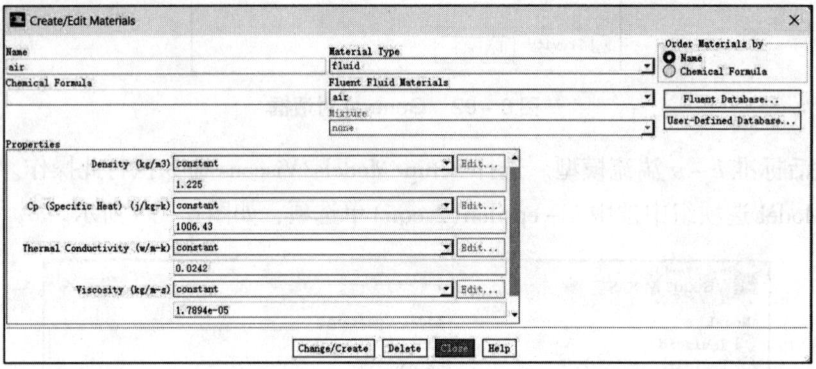

图6－95　Create/Edit Materials对话框

步骤四：计算域和边界条件

(1)设置计算域进口边界条件

选择命令树列表中Setup/Boundary Conditions命令执行此操作。

①在Boundary Conditions列表中选择inlet，并设置Type为velocity－inlet。

②单击Edit按钮，弹出Velocity Inlet对话框，如图6－96所示。

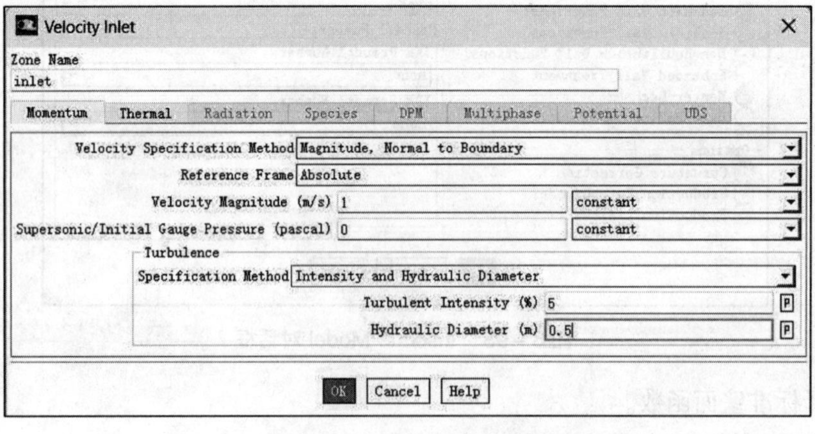

图6－96　Velocity Inlet对话框

a. 在 Velocity Magnitude(m/s)文本框中输入 1。

b. 在 Specification Method 下拉列表中选择 Intensity and Hydraulic Diameter。

c. 在 Turbulent Intensity(%)文本框中输入 5。

d. 在 Hydraulic Diameter(m)文本框中输入 0.5。

e. 在 Thermal 选项卡中设置 Temperature(k)为 298，如图 6－97 所示。

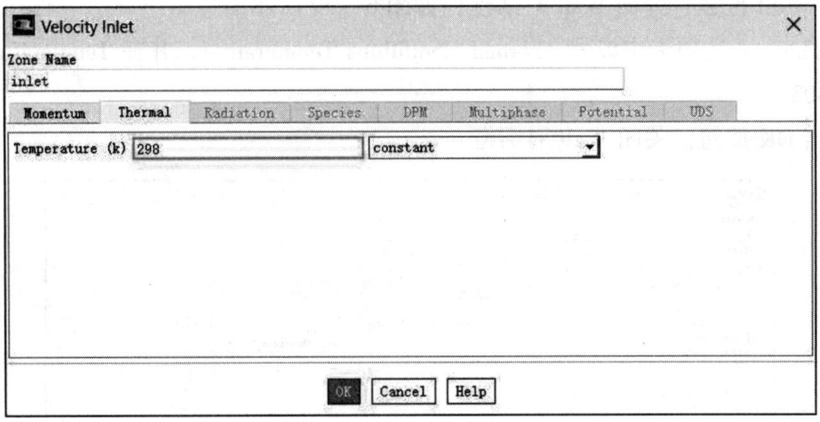

图 6－97 Velocity Inlet 对话框

f. 单击 OK 按钮，关闭 Velocity Inlet 对话框。

(2)设置出口边界条件

①在 Boundary Conditions 列表中选择 outlet，并设置 Type 为 pressure－outlet。

②单击 Edit 按钮，弹出 Pressure Outlet 对话框，如图 6－98 所示。

使用默认的表压参数值，因为出口为大气压。

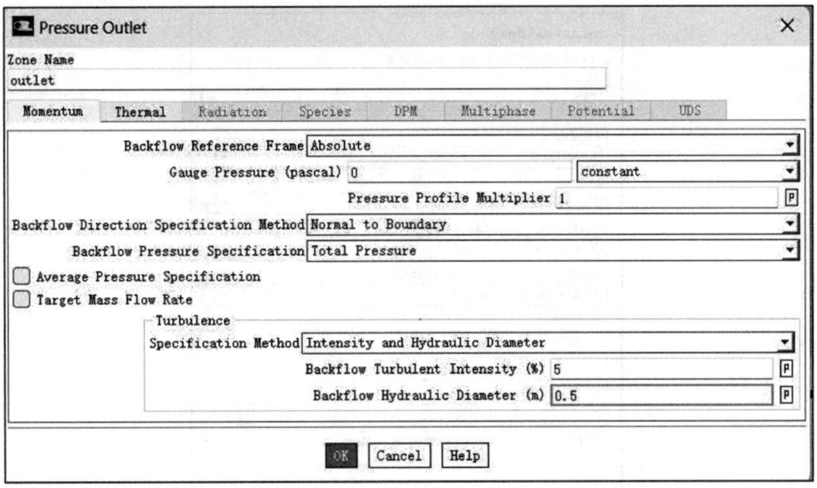

图 6－98 Pressure Outlet 对话框

a. 在 Specification Method 下拉列表中选择 Intensity and Hydraulic Diameter。

b. 在 Backflow Turbulent Intensity(%)文本框中输入 5。

c. 在 Backflow Hydraulic Diameter(m)文本框中输入 0.5。

这些湍流参数的值只有在回流发生时才被使用。

d. 单击 OK 按钮，关闭 Pressure Outlet 对话框。

(3)设置壁面的边界条件

①在 Zone 列表中选择 wall 并设置 Type 为 wall。

②单击 Edit 按钮，弹出 Wall 对话框，如图 6－99 所示。

a. 在 Thermal 选项卡中设置 Thermal Conditions Temperature，并在 Temperature(k)文本框中输入 303。

b. 单击 OK 按钮，关闭 Wall 对话框。

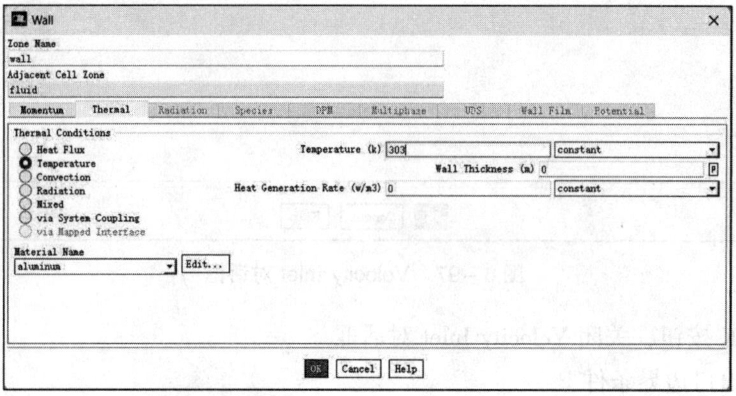

图 6－99　Wall 对话框

步骤五：求解

(1)保持默认的求解参数。选择 Solution/Methods 命令执行此操作，如图 6－100 所示。

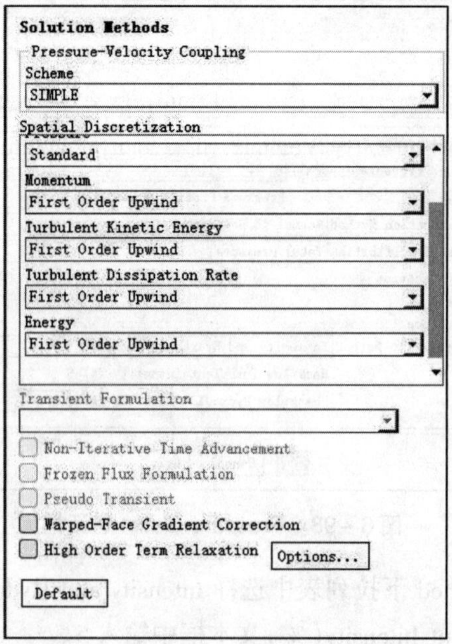

图 6－100　Solution Methods 对话框

(2)初始化流场。选择 Solution/Initialization 命令执行此操作。

①在 Compute from 下拉列表中选择 inlet。

②单击 Initialize 按钮，如图 6-101 所示。

(3)保存工况文件。选择 File/Write/Case 命令执行此操作。保持默认的 Write Binary Files 选项被选中。

(4)进行迭代求解。选择 Solution/Run Calculation/Calculate 命令执行此操作。

设置 Number of Iterations 为 1000，如图 6-102 所示。

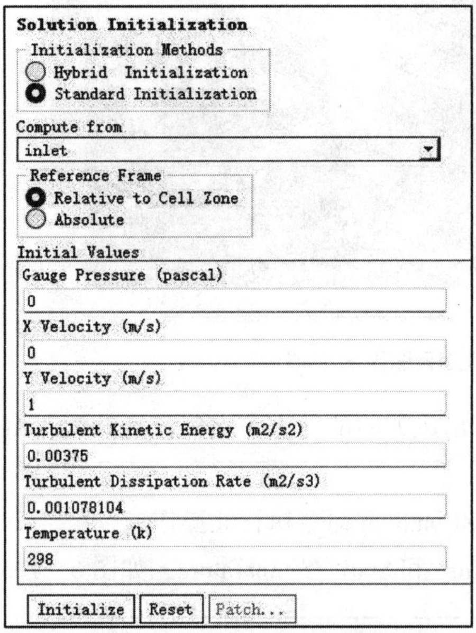

图 6-101 Solution Initialization 对话框

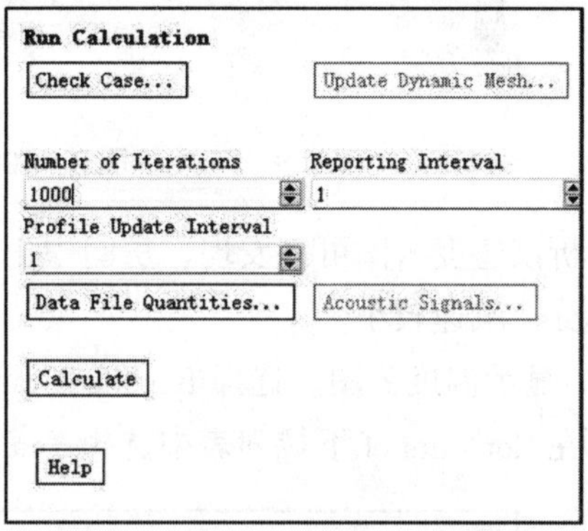

图 6-102 Run Calculation 对话框

步骤六：后处理

(1)显示速度云图。选择 Results/Graphics/Contours 命令执行此操作。

①在 Contours of 下拉列表中选择 Velocity 和 Velocity Magnitude，如图 6-103 所示。

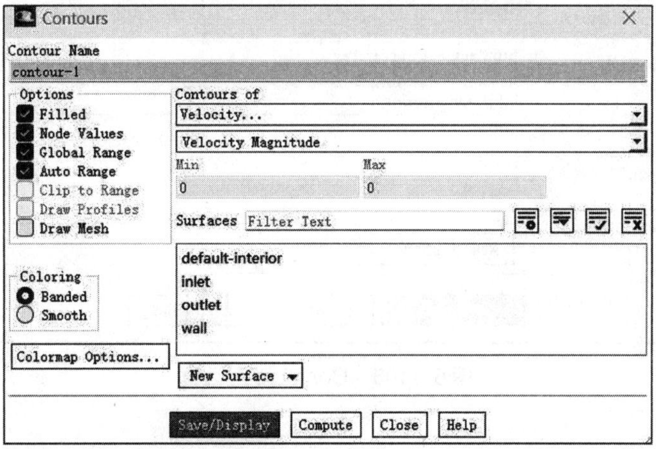

图 6-103 Contours 对话框

②勾选 Filled 复选框。

③单击 Save/Display 按钮，关闭 Contours 对话框；速度云图显示效果如图 6 – 104 所示。

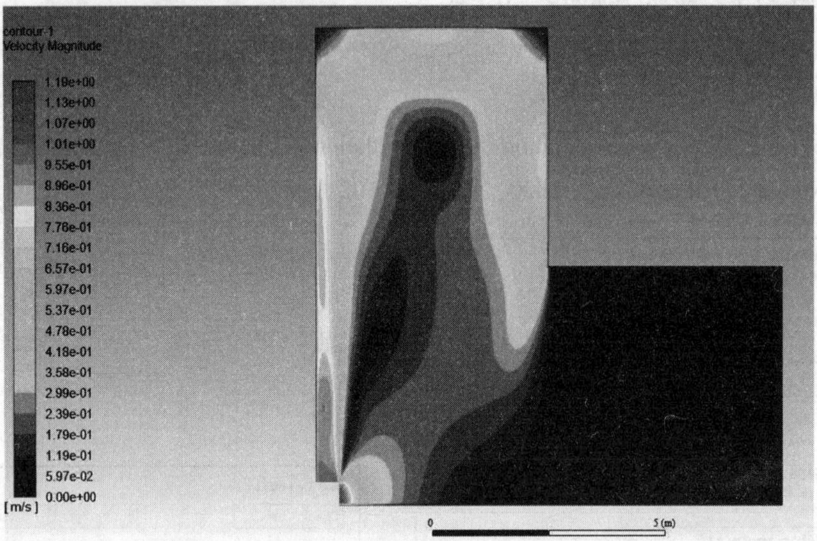

图 6 – 104　速度云图显示

分析该速度云图可以发现，房间中正对着出风方向的地方，空气流速较大，而房间的另一部分，风速较小。

(2) 显示温度云图。选择 Results/Graphics/Contours 命令执行此操作。

①在 Contours of 下拉列表中选择 Temperature 和 Static Temperature，如图 6 – 105 所示。

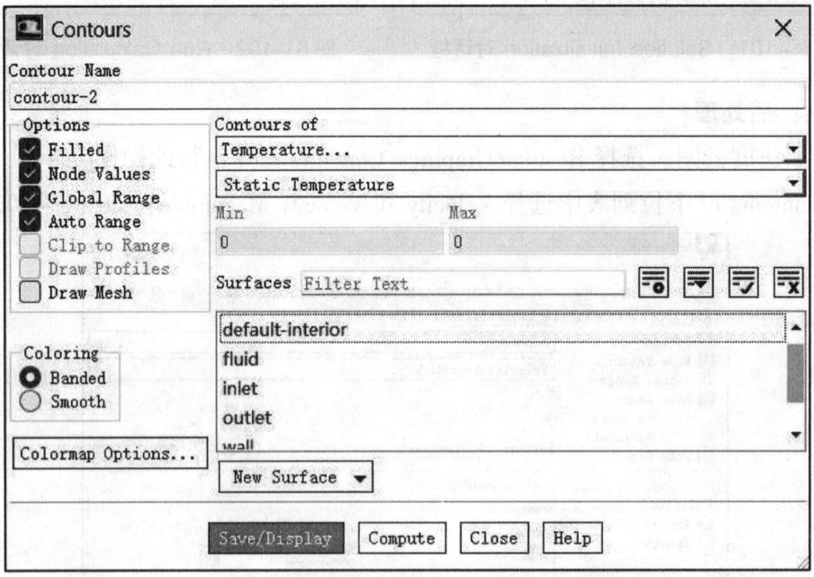

图 6 – 105　Contours 对话框

②勾选 Filled 复选框。

③单击 Save/Display 按钮，关闭 Contours 对话框。温度云图显示效果如图 6－106。

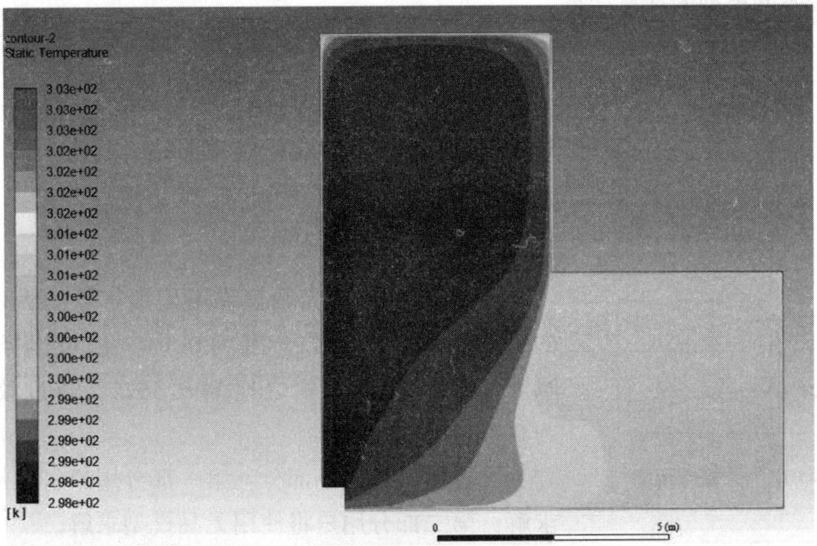

图 6－106　温度云图

由该温度云图可以发现，房间中，正对出风方向的地方温度较低。

6.4.7　总结

本算例使用标准 $k-\varepsilon$ 湍流模型和一阶离散格式进行了室内气流组织的模拟，并且获得初步模拟结果。要获得更为精确的结果，则需采用 RNG $k-s$ 湍流模型，并采用高阶离散格式继续求解直至收敛。采用合适的湍流模型和高阶离散格式均能提高求解精度。

6.5　渐缩渐扩管的无黏与可压缩流动模拟

6.5.1　算例介绍

本算例的目的是展示轴对称喷嘴管流动模拟的设置和求解过程。

渐缩渐扩管的流动是计算流体力学模拟的经典问题之一。在这类流动中，激波是流动中可压缩效应的体现。精确的激波模拟是 CFD 研究的热点之一。为更好地捕捉压力梯度，需采用较细的网格并结合合适的数值模型和格式进行计算。很多实际模拟中，局部网格的自适应会很有帮助。

6.5.2　方法和设置

· 读入 FLUENT 格式的网格文件。
· 改变材料的物性。

·进行无黏流动的计算。

·比较不同模型的计算结果。

6.5.3 前期准备

本算例假定用户对 FLUENT 较为熟悉，而且对 FLUENT 界面较为熟悉。

6.5.4 问题描述

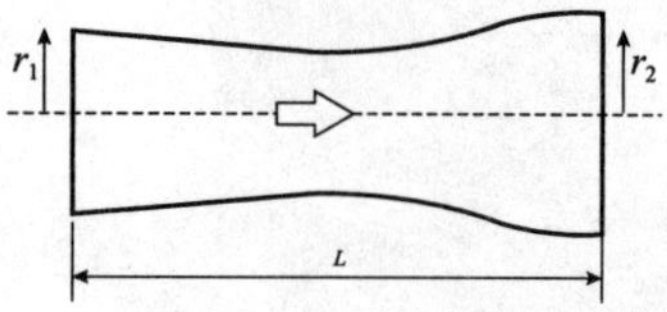

图 6－107 计算域示意

图 6－107 所示为轴对称渐缩渐扩管的纵切面。喷嘴的长度为 0.6m。进口半径为 0.1m，出口半径为 0.12m。喉部面积与进口面积之比为 0.5625。通过喷嘴的压差为 0.12MPa。

本算例分为两个部分：第一部分用户将使用湍流模型求解；第二部分用户将使用无黏模型求解。

6.5.5 准备

·复制网格文件 nozzle.msh 到用户工作文件夹中。

·开启 FLUENT 二维双精度求解器(Double Precision)。

6.5.6 设置和求解

步骤一：网格

(1)读入网格文件 nozzle.msh。选择 File/Read/Mesh 命令执行此操作。

FLUENT 将读入网格文件，并在控制台中显示读入进程。

(2)检查网格。选择 Mesh/Check 命令执行此操作。

这个过程将对网格进行检查，此时应确保最小体积为正值。

(3)检查网格的尺寸，选择 Mesh/Scale 命令执行此操作，如图 6－108 所示。

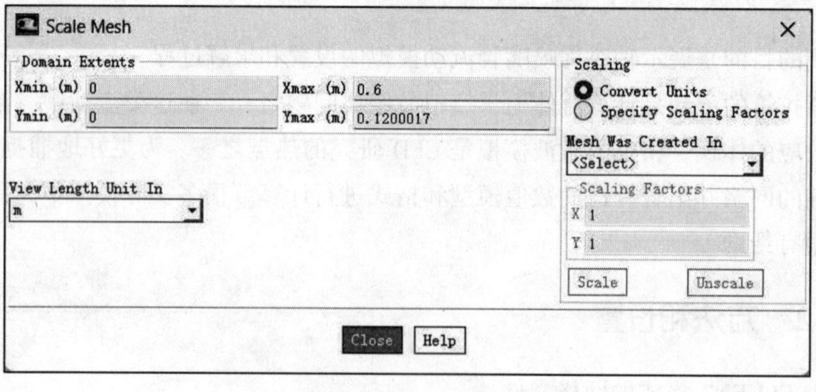

图 6－108 Scale Mesh 对话框

检查网格计算域，确保其与实际物理尺寸相符，否则需要将网格以合适的单位进行缩放。

(4)显示网格。选择 Mesh/Display 命令执行此操作，如图 6－109 所示。

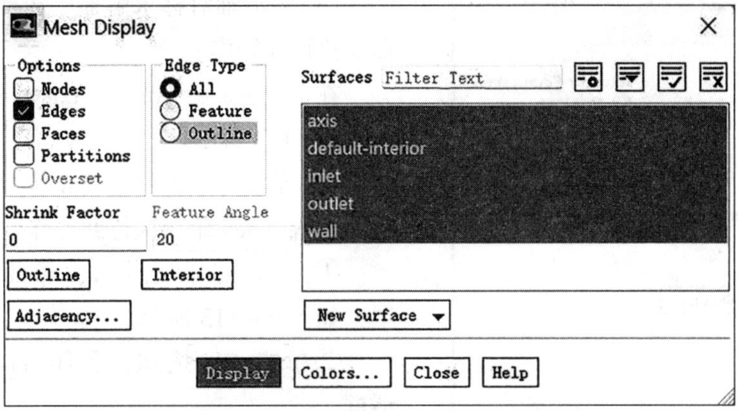

图 6－109 Mesh Display 对话框

①单击 Colors 按钮，弹出 Mesh Colors 对话框，如图 6－110 所示。

a. 在 Options 中选中 Color by ID 单选按钮。

b. 关闭 Mesh Colors 对话框。

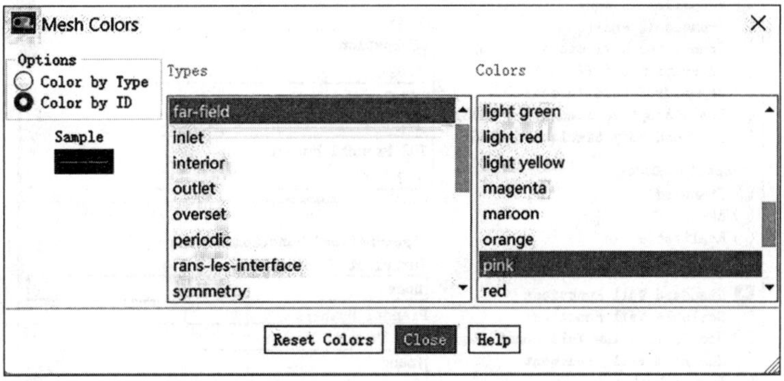

图 6－110 Mesh Colors 对话框

②单击 Mesh Display 对话框中的 Display 按钮。

从显示结果中可以发现，近壁面的网格比中心区域的细，如图 6－111 所示。设置这样细的网格是为捕捉近壁区的压力梯度。

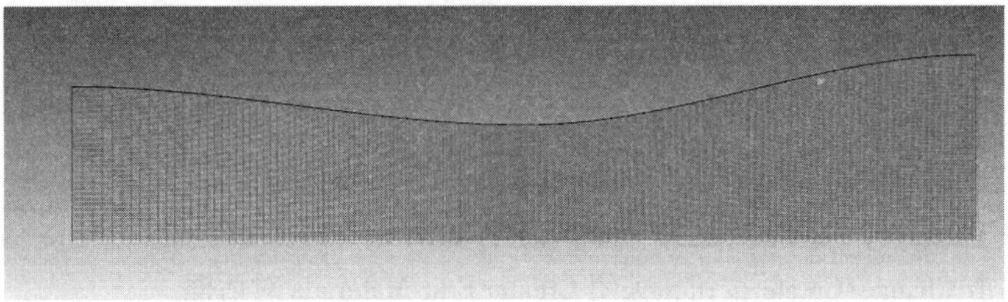

图 6－111 计算域网格

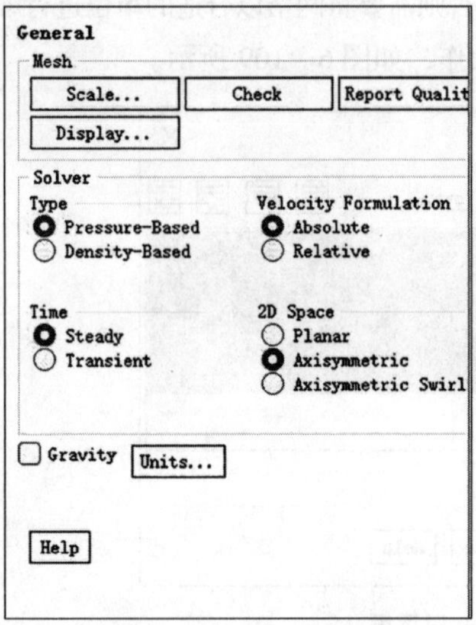

图 6－112　General 对话框

③关闭 Mesh Display 对话框。

步骤二：模型

(1)激活轴对称求解器。选择 Setup/General 命令执行此操作。

在 2D Space 下选中 Axisymmetric 单选项，如图 6－112 所示。

(2)激活标准 k－epsilon 模型。选择 Setup/Models/Viscous 命令执行此操作。

①在 Model 中选中 k－epsilon(2eqn)单选项，如图 6－113 所示。

②单击 OK 按钮，关闭 Viscous Model 对话框。

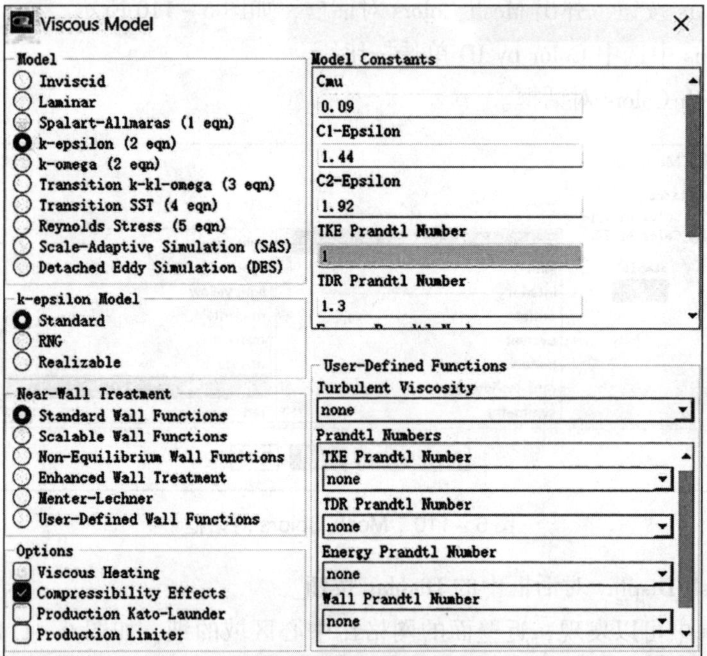

图 6－113　Viscous Model 对话框

步骤三：材料

改变空气的物性。选择 Setup/Materials 命令执行此操作。

(1)在 Density 下拉列表中选择 ideal－gas，如图 6－114 所示。

(2)单击 Change/Create 按钮，关闭 Create/Edit Materials 对话框。

此时能量方程将自动激活，因为使用了 ideal－gas 的密度函数。

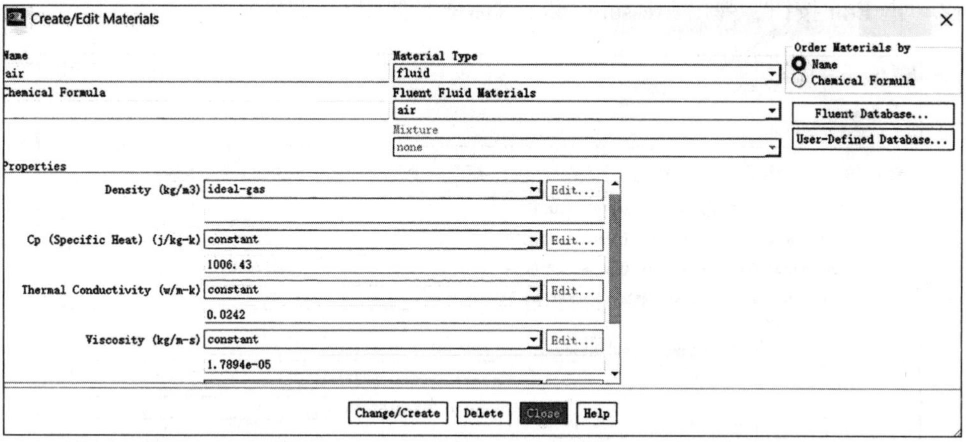

图 6－114　Create/Edit Materials 对话框

步骤四：操作条件

选择 Setting Up Physics/Solver/Operating Conditions 命令执行此操作。

(1)在 Operating Pressure(pascal)文本框中输入 0，如图 6－115 所示。

对于可压缩流动的计算，推荐将工作压力设置为 0，从而，最小化由于压力脉动而引起的误差。

(2)单击 OK 按钮，关闭 Operating Conditions 对话框。

步骤五：边界条件

设置进口和出口的边界条件。选择 Setup/Boundary Conditions 命令执行此操作。

(1)设置进口边界条件。

①在 Boundary Conditions 列表中选择 inlet，如图 6－116 所示。

Type 设置为 pressure－inlet。

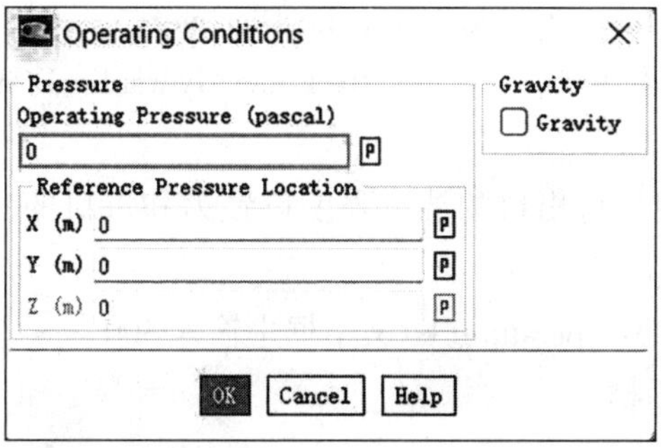

图 6－115　Operating Conditions 对话框

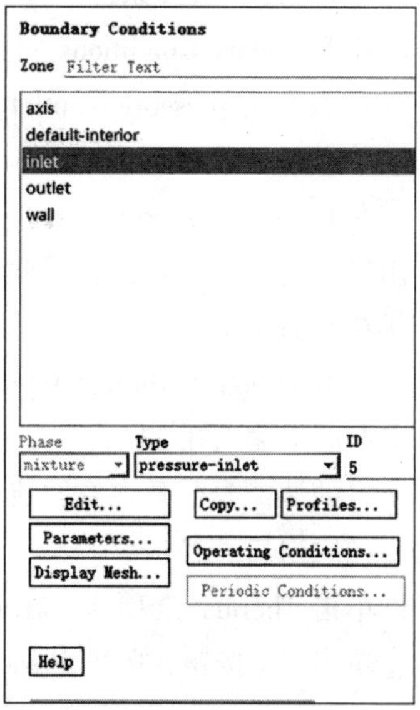

图 6－116　Boundary Conditions 对话框

②单击 Edit 按钮，弹出 Pressure Inlet 对话框，如图 6－117 所示。

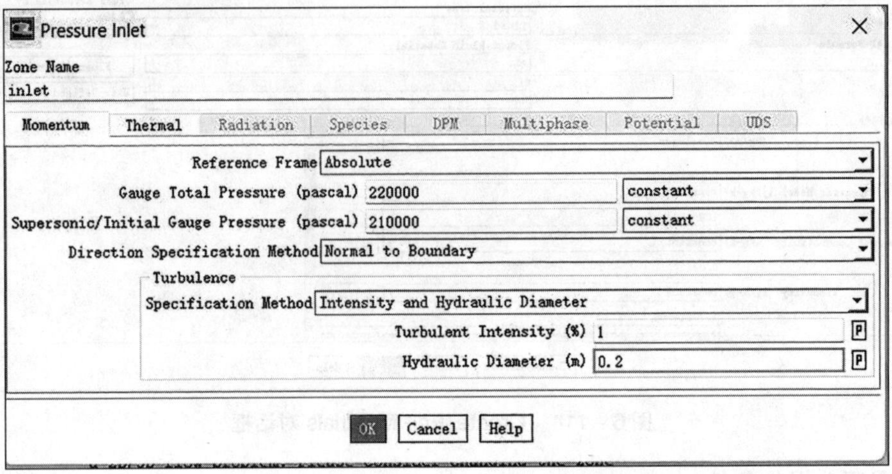

图 6－117　Pressure Inlet 对话框

③在 Gauge Total Pressure(pascal)文本框中输入 220000，在 Supersonic/Initial Gauge Pressure(pascal)文本框中输入 210000。

④在 Turbulence 选项组中的 Specification Method 下拉列表中选择 Intensity and Hydraulic Diameter。

⑤在 Turbulent Intensity(%)文本框中输入 1，在 Hydraulic Diameter(m)文本框中输入 0.2。

⑥对于高雷诺数的计算，湍流强度在 1%～5%范围内。在本算例中，当进口直径为 0.2m 时，将其设置为 1%，水力直径设置为 0.2m。

单击 OK 按钮，关闭 Pressure Inlet 对话框。

(2)设置出口边界条件。

①在 Boundary Conditions 列表中选择 outlet。

Type 设置为 pressure－outlet。

②单击 Edit 按钮，弹出 Pressure Outlet 对话框，如图 6－118 所示。

③在 Gauge Pressure(pascal)文本框中输入 100000。

出口假定与大气相连，因此设置的出口压力约等于大气压。

④在 Specification Method 下拉列表中选择 Intensity and Hydraulic Diameter。

⑤在 Backflow Turbulent Intensity(%)文本框中输入 1，在 Backflow Hydraulic Diameter(m)文本框中输入 0.24。

出口的湍流参数只在有回流时才会被使用。将出口的湍流强度设置为和进口的一样，水力直径取出口直径。

⑥单击 Thermal 选项卡，在 Backflow Total Temperature(k)文本框中输入 300。

⑦单击 OK 按钮，关闭 Pressure Outlet 对话框。

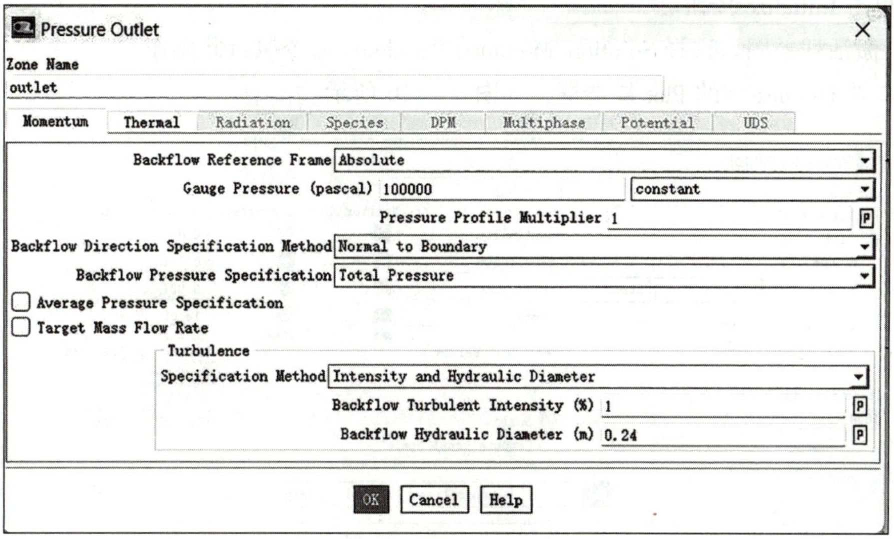

图 6－118　Pressure Outlet 对话框

步骤六：求解

(1)保持求解控制值的默认参数。

(2)初始化流场。选择 Solution/Initialization/Initialize 命令执行此操作。

①在 Compute from 下拉列表中选择 inlet，如图 6－119 所示，将使用 inlet 的参数初始化。

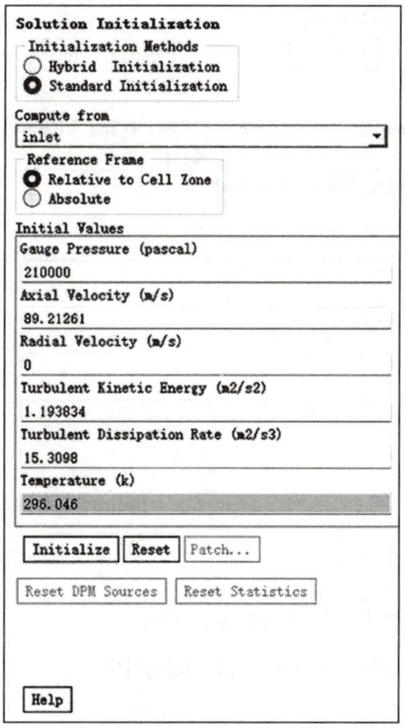

图 6－119　Solution Initialization 对话框

②单击 Initialize 按钮。

(3)激活残差图。选择 Solution/Monitors/Residuals 命令执行此操作。

①勾选 Options 中的 Plot 复选框，如图 6-120 所示。

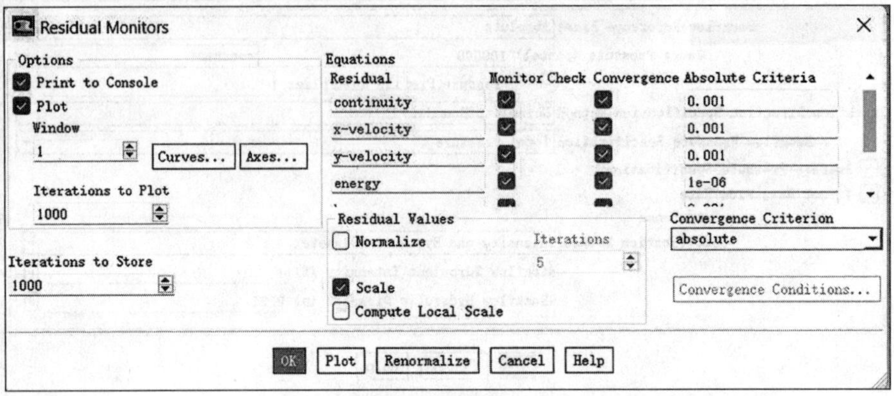

图 6-120　Residual Monitors 对话框

②单击 OK 按钮，关闭 Residual Monitors 对话框。

(4)保存工况文件。选择 File/Write/Case 命令执行此操作。

保持默认选中 Write Binary Files 选项。

(5)开始 2000 步迭代。选择 Solution/Run Calculation/Calculate 命令执行此操作。

①将 Number of Iterations 设置为 2000，如图 6-121 所示。

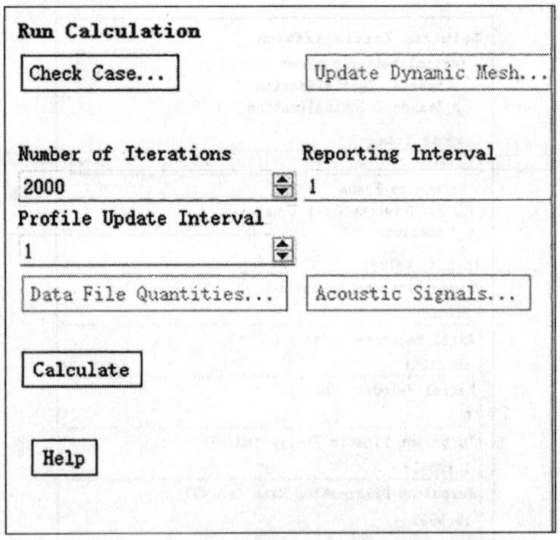

图 6-121　Run Calculation 对话框

②单击 Calculate 按钮。

求解将在迭代 1188 步后满足设定的收敛标准。

(6)保存数据文件。选择 File/Write/Data 命令执行此操作。

步骤七：后处理

(1)显示静压的云图。选择 Resluts/Graphics/Contours 命令执行此操作。

①在 Contours of 下拉列表中选择 Pressure 和 Static Pressure，如图 6-122 所示。

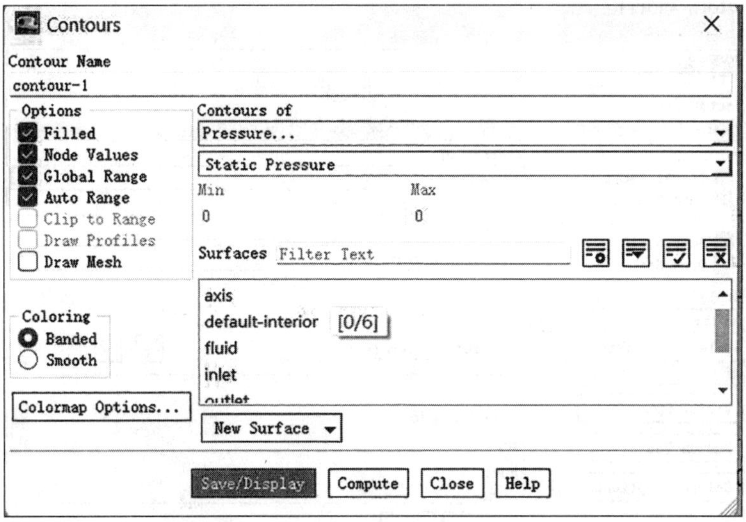

图 6－122 Contours 对话框

②勾选 Options 中的 Filled 复选框。

③单击 Save/Display 按钮，压力显示效果如图 6－123 所示。

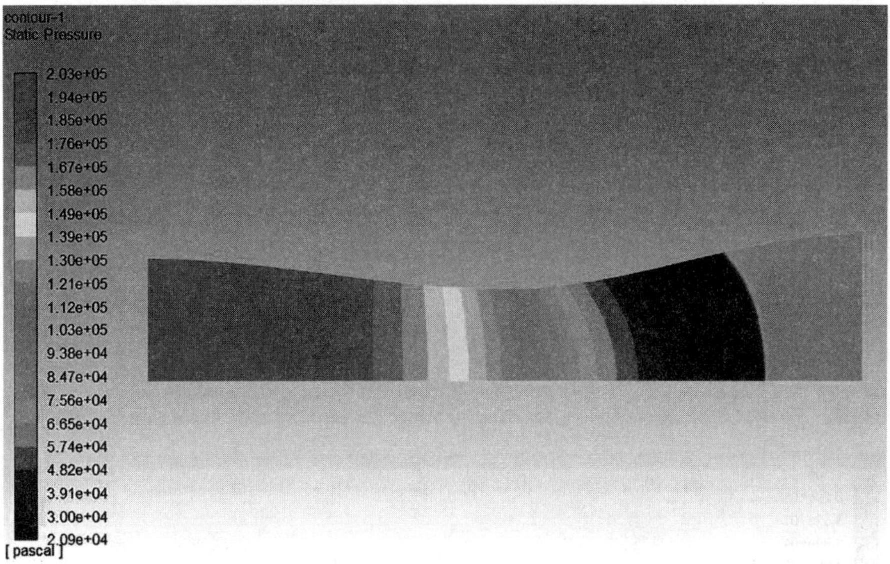

图 6－123 压力显示

④关闭 Contours 对话框。

(2) 显示速度矢量。选择 Resluts/Graphics/Vectors 命令执行此操作。

①在 Vectors of 下拉列表中选择 Velocity，如图 6－124 所示。

②在 Color by 下拉列表中选择 Velocity 和 Velocity Magnitude。

③在 Scale 和 Skip 文本框中分别输入 5 和 0。

④单击 Save/Display 按钮。

这样在激波处即可看到速度的突降，如图 6－125 所示。

⑤关闭 Vectors 对话框。

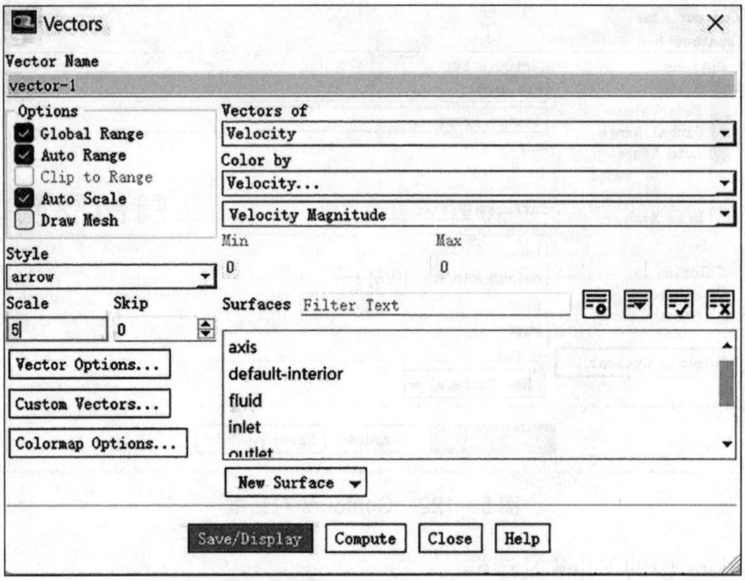

图 6－124 Vectors 对话框

图 6－125 速度显示效果

(3)放大视图，效果如图 6－126 所示。

FLUENT 将在控制台中报告回流的信息，用户可观察回流的信息。回流产生的原因为激波后压力梯度的反向会形成流动分离，并形成涡。压力出口与涡相交，结果产生了回流。用户可以通过延长计算域的方法来避免回流。

在求解无黏流动的设置方面，无黏流动忽略了黏性对流动的影响，这对高雷诺数的流动是合适的，因为高雷诺数流动惯性力的作用远大于黏性力的作用，黏性力可以忽略，所以可以将其当作无黏流动。本模拟的速度非常大，的确为高雷诺数流动，因此可以认为流动是无黏的。用户可以依靠此假设进行一次快速模拟，观察模拟结果并与实验值进行比较。这个模拟将使用相同的工况文件，设置黏性模型为 Inviscid 即可。

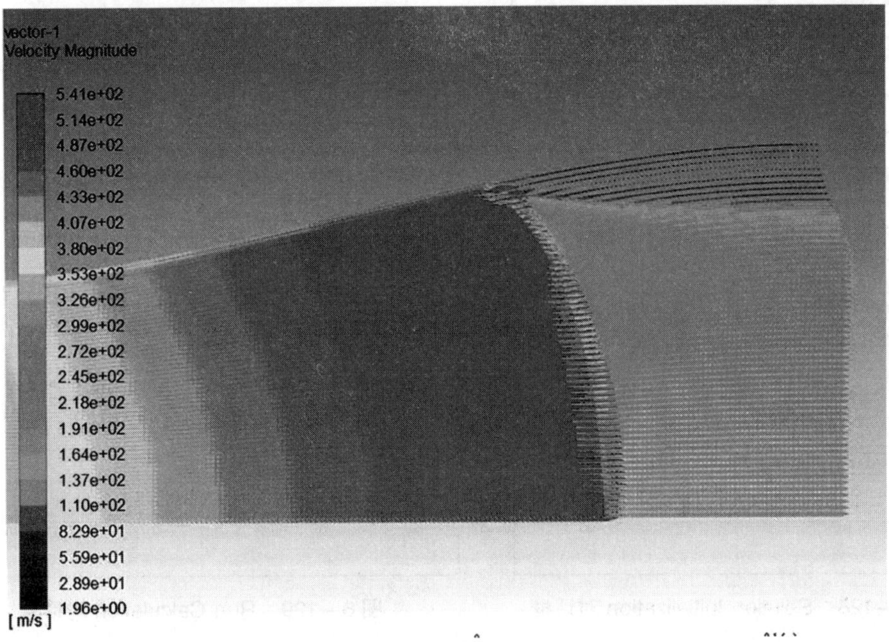

图 6－126 放大效果

步骤八：模型

激活无黏模型。选择 Setup/Models/Viscous 命令执行此操作。

(1)在 Model 中选中 Inviscid 单选项，如图 6－127 所示。

(2)单击 OK 按钮，关闭 Viscous Model 对话框。

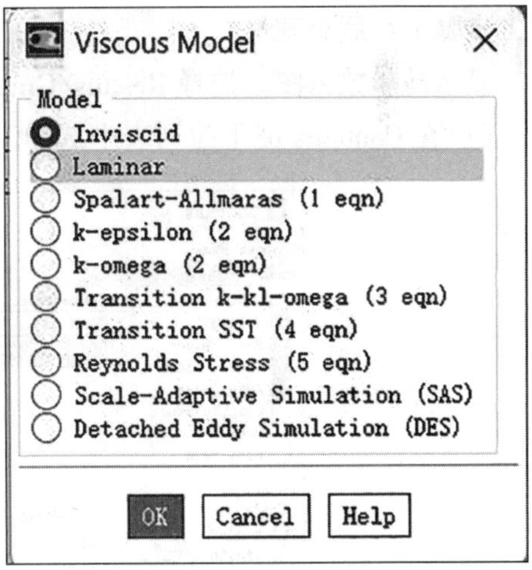

图 6－127 Viscous Model 对话框

步骤九：求解

(1)初始化流动。选择 Solution/Initialization/Initialize 命令执行此操作。

①在 Compute from 下拉列表中选择 inlet，如图 6－128 所示。

使用 inlet 值进行全场初始化。

②单击 Initialize 按钮。

(2)保存工况文件。选择 File/Write/Case 命令执行此操作。

(3)开始 1000 步迭代。选择 Solution/Run Calculation/Calculate 命令执行此操作。

①设置 Number of Iterations 为 1000，如图 6－129 所示。

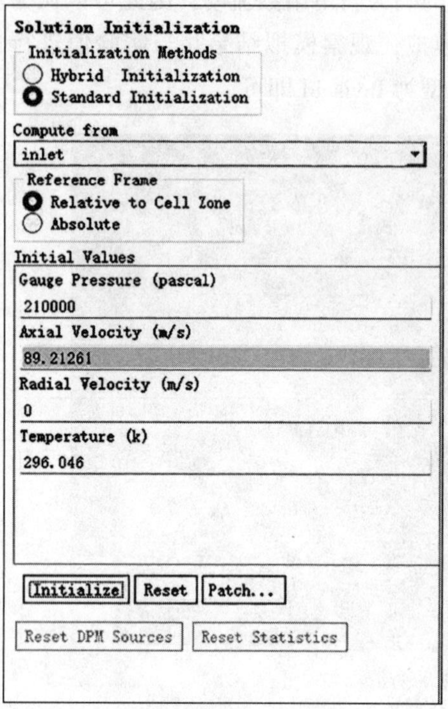

图 6－128　Solution Initialization 对话框

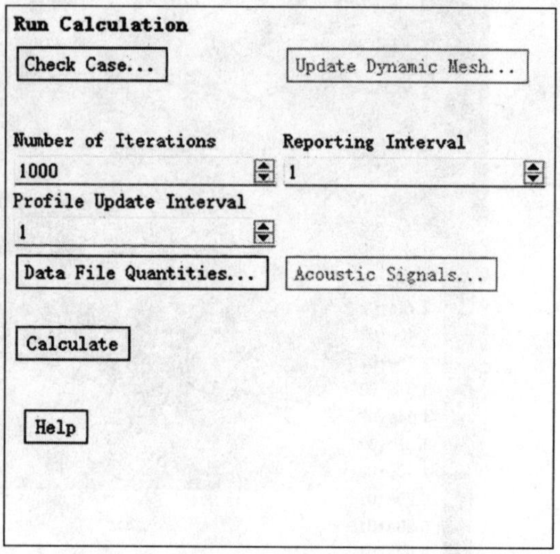

图 6－129　Run Calculation 对话框

②单击 Calculate 按钮。

在默认的收敛标准下，迭代在大约进行 450 步后收敛。

(4)保存数据文件。选择 File/Write/Data 命令执行此操作。

步骤十：后处理

显示马赫数云图。选择 Resluts/Graphics/Contours 命令执行此操作。

(1)在 Contours of 下拉列表中选择 Velocity 和 Mach Number，如图 6－130 所示。

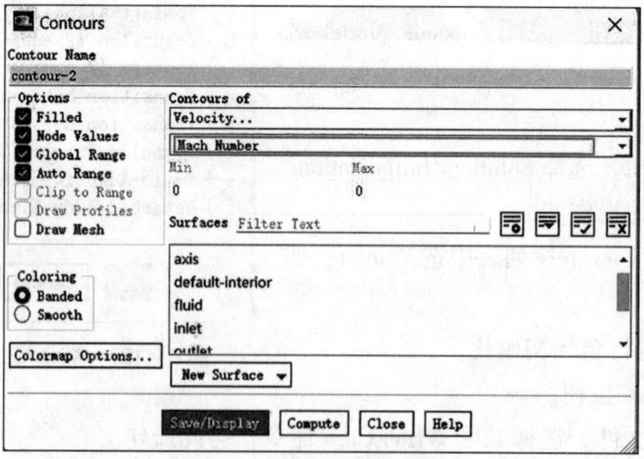

图 6－130　Contours 对话框

(2)单击 Save/Display 按钮，云图显示效果如图 6－131 所示。

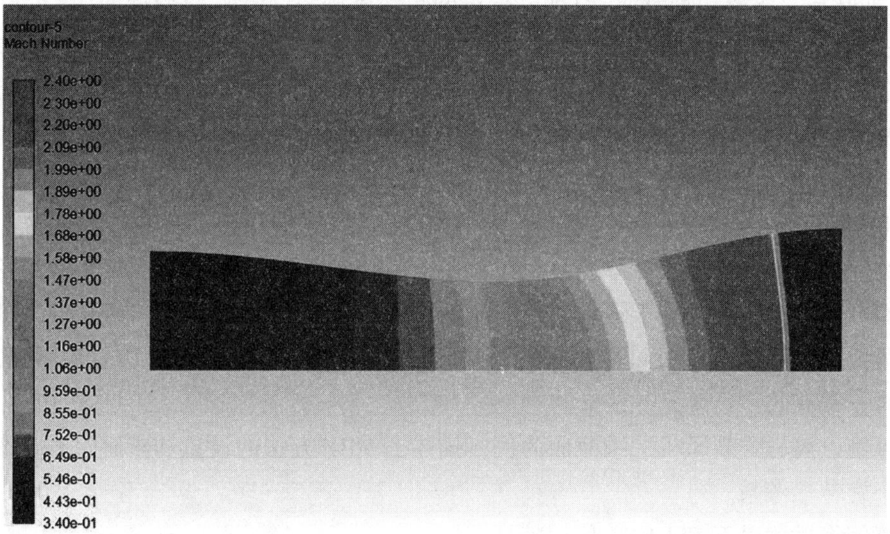

图 6－131 马赫数云图

(3)关闭 Contours 对话框。

6.5.7 总结

无黏流动的求解得到了一个直激波，而不是弯曲的激波。流动有黏性时，近壁区的速度较小(如边界层内)。因此激波在壁面提前发生，近壁区的激波相对于轴线处更靠上游，这样就产生了弯曲的激波。

无黏流动没有发生流动分离，FLUENT 控制台也没有报告回流的信息，因此，出口附近没有涡形成。

黏性造成了动量损失。这个损失在无黏流动中并不会考虑，因此，此时的马赫数更高。

无黏流动的求解更快，其激波在某些值上预测得偏高。无黏流动能对流动状态和激波位置进行快速预测。

6.5.8 练习与讨论

(1)改变进口或出口的压力值，激波位置会如何变化?

(2)检查近壁区的网格是否满足近壁区网格的要求。

(3)激波的形状取决于压力比。运行不同的压力比，检查不同激波的形状。

6.6 离心式鼓风机模拟

6.6.1 算例介绍

许多工程问题涉及流动区域的旋转，离心式鼓风机就是一个典型的例子。对于所有运动部分(如叶片、轮毂和轴表面等)都以特定的角速度旋转，并且稳态壁面(保护罩、管道等)是关于旋转轴的回转面，这样，整个计算区域可被认为是单一旋转的参照系。但是，当每一个部分都围绕不同的轴旋转时，或者以不同的速度围绕同一个轴旋转，再或者稳态壁面不是回转面(如离心式鼓风机的蜗壳)，单个旋转坐标系不足以固定计算区域，无法预测稳态流场。

在 FLUENT 中，用户可以使用多参考系(MRF)方法来分析多旋转机件的流动特征。这种模型的优势在于更适合计算单个区域包含多个旋转参考系的情况。但是，在大多数情况下，我们可以选择流场独立于运动机件取向的位置，将其作为交界面。换言之，如果交界面与转角无关，那么模型就可以用来计算时间平均流场。所以，MRF 方法在模拟多个旋转机件时非常有效。

本算例以离心式鼓风机二维截面为例，描述了 MRF 方法的设置和求解过程。该算例只包含一个旋转参考系。

本算例将描述以下 FLUENT 使用特征。

· 确定不同流动区域对应的不同参考系。

· 设置壁面相对速度。

· 使用分离求解器进行计算。

6.6.2 问题描述

考虑一个常用的离心式鼓风机(见图 6－132)。该鼓风机包含 32 个叶片，每一个叶片的弦长为 13.5mm，叶片前缘距离中心位置约为 56.5mm。外部壁面的半径以指数形式从 80mm 增加到 146.5mm。进口处的总压设置为 200Pa，然后从出口流入环境(静压为 0Pa)。所有的叶片都以 261rad/s 角速度旋转，流动假设为湍流。

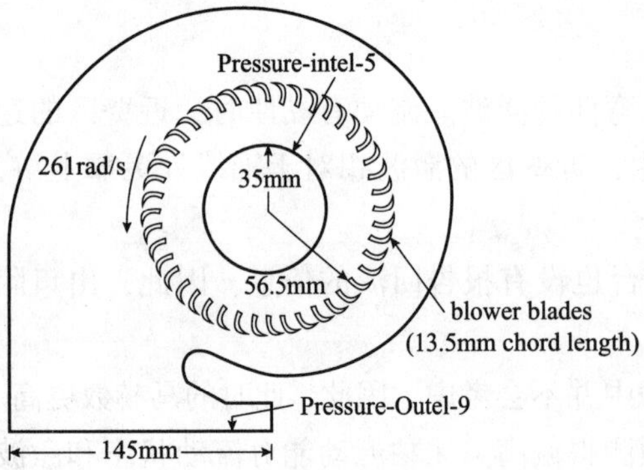

图 6－132 计算域示意

6.6.3 准备

· 复制网格文件 blower. msh 到工作目录。

· 启动 2D 版本的 FLUENT 求解器。

6.6.4 设置和求解

步骤一：网格划分

(1)读取网格文件 blower. msh。选择 File/Read/Mesh 命令执行此操作。

FLUENT 将读取网格文件，并显示读取过程。

(2)检查网格。选择 Mesh/Check 命令执行此操作。

该过程检查网格的质量，其中最重要的指标是最小网格体积必须为正值。

(3)检查网格尺度(见图6－133)。选择 Mesh/Scale 命令执行此操作。

检查计算区域，看其是否与实际物理量纲相符。如果与实际物理量纲不相符，网格必须用合适的单位进行尺度化，反之，网格不需要进行尺度化。

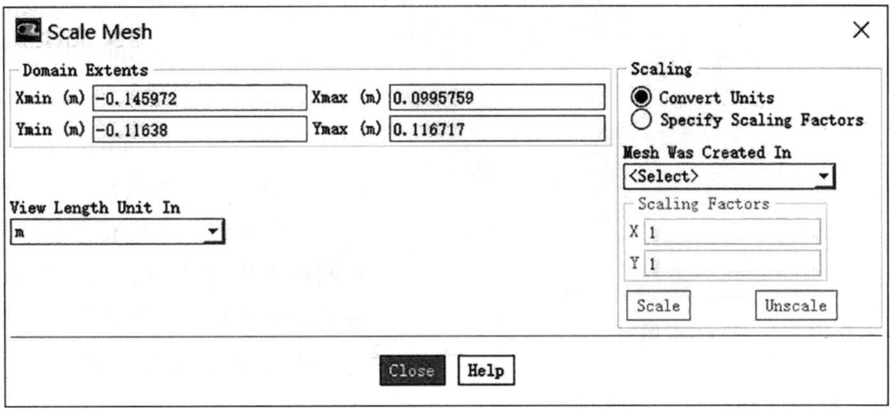

图6－133　Scale Mesh 对话框

(4)网格改进。

①选择 Mesh/Improve 命令，弹出 Improve Mesh 对话框，如图6－134 所示。

②建议该选项用于三角形和四面体网格。

③保持默认的参数，单击 Improve 按钮，对网格进行改进。

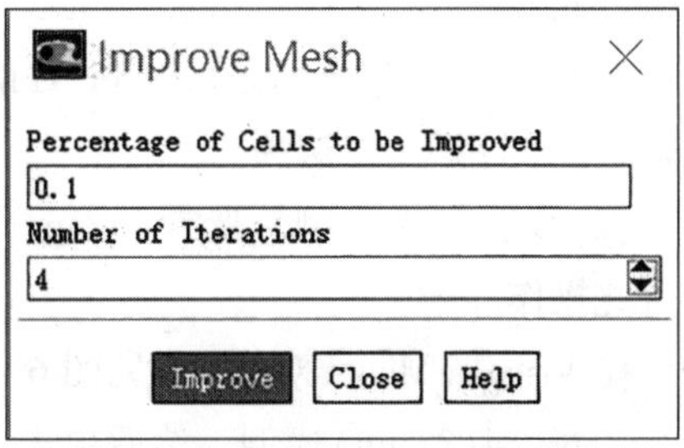

图6－134　Improve Mesh 对话框

(5)显示网格。

①选择 Display/Mesh 命令，弹出如图6－135 所示的 Mesh Display 对话框。

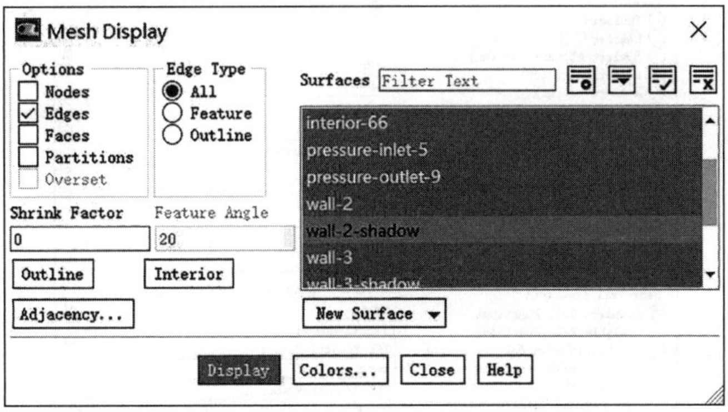

图6－135　Mesh Display 对话框

②选择所有计算表面，单击 Display 按钮，显示离心式鼓风机计算网格，如图6－136 所示。

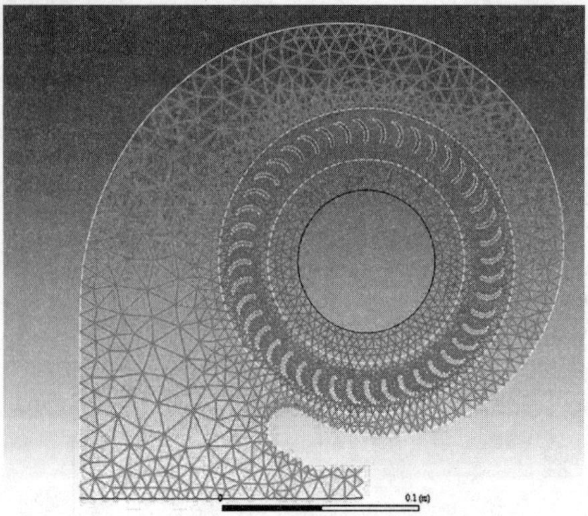

图 6－136 离心式鼓风机计算网格显示

③网格包含 3 个流体区域，分别是 fluid－13、fluid－14 和 fluid－18。在读取网格过程中，控制窗口中将显示这些信息。在 Mesh Display 对话框中，这些流动区域分别对应 interior－61、interior－62 和 interior－66。后文将介绍如何将流动区域与内部区域结合在一起，包含叶片的流动区域将在旋转参照系中进行求解。

④壁面边界条件将流动区域分开。在网格产生过程中，用于分离流动区域的这些边界条件将转换成内部区域。每一个壁面区域都对应一个“shadow wall”，表示壁面的两侧都存在流体。

步骤二：模型设置

(1)设置稳态求解器。选择 Setup/General 命令执行此操作。

在如图 6－137 所示的 Solver 对话框中选中 Steady(时间相关)单选项。

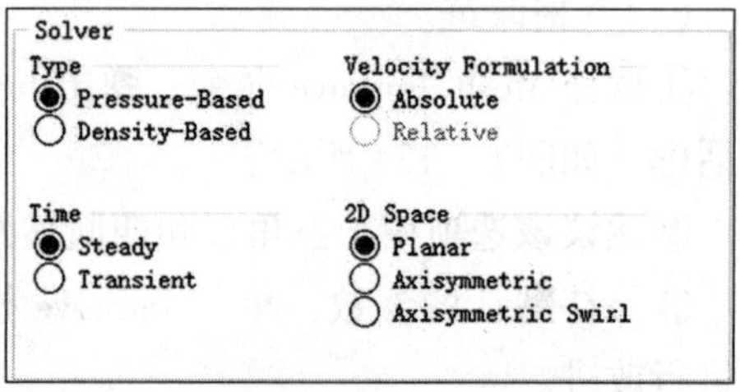

图 6－137 Solver 对话框

(2)设置黏性模型。选择 Setup/Models 命令执行此操作。

在 Viscous Model 对话框(见图 6－138)中选择 k－epsilon(2 eqn)模型，然后单击 OK 按钮。

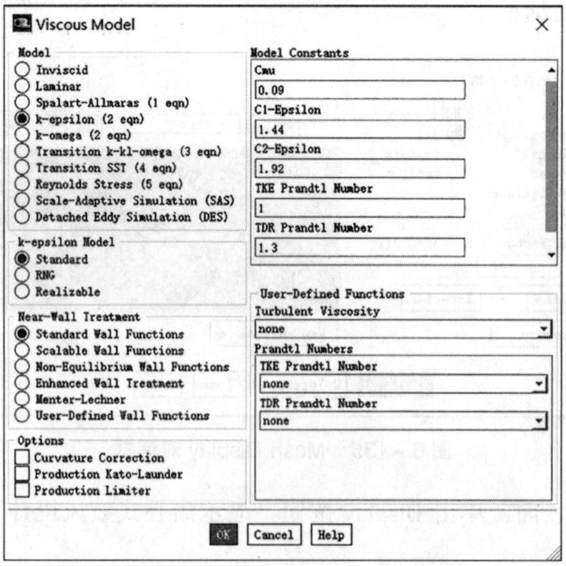

图 6－138 Viscous Model 对话框

步骤三：设置流体介质

改变流体性质。选择 Setup/Materials/Fluid 命令执行此操作。

打开 Create/Edit Materials 对话框(见图 6－139)，在本算例中选择默认的流体介质(空气)。

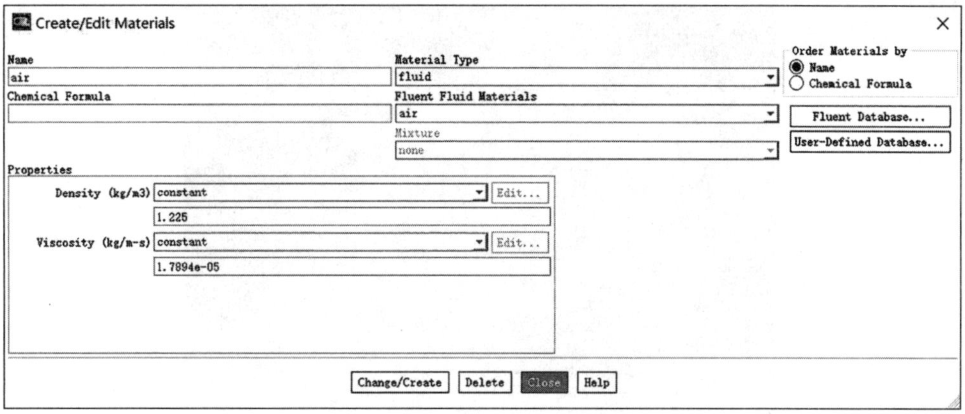

图 6－139 Create/Edit Materials 对话框

步骤四：边界条件

(1)改变 wall－2 和 wall－3 区域类型

①wall－2 和 wall－3 区域是 3 个流体区域的交接面，将它们设置为 interior 类型。设置完成后，获得的 interior 面单元两侧与流体单元相邻，不需要设置任何边界条件。

②选择 Setup/Boundary Conditions 命令，在图 6－140 所示的 Boundary Conditions 对话框中选择 wall－2 区域，然后在边界条件类型的下拉列表中选择 interior，FLUENT 将提示是否确定变换区域类型。

③单击对话框中的 Yes 按钮，则 FLUENT 将 wall－2 和 wall－shadow－2 融合成一个 interior－2，然后单击 OK 按钮即可。

④重复上述操作步骤，将 wall－3 区域也转换成 interior－3。

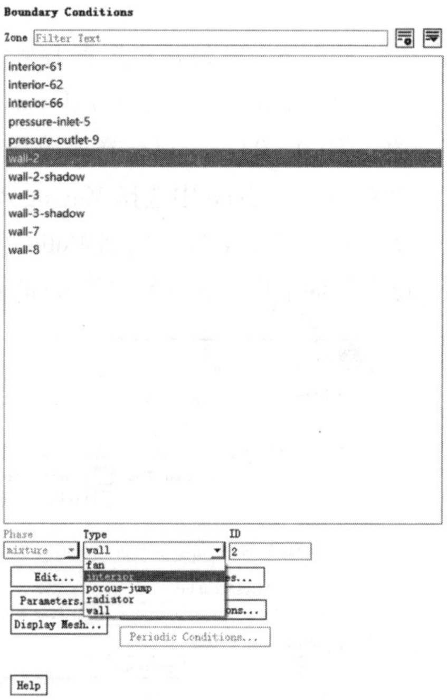

图 6－140 Boundary Conditions 对话框

(2)确定旋转流动区域

在读取网格时，不能够确定流体区域与内部区域的对应关系。虽然内部区域可以在 Mesh Display 对话框中分别选择，但是流体区域不能分别选择。在窗口中使用文本命令，可以实现流体区域与内部区域的关联。

①在 Mesh Display 对话框中单击 按钮，取消所有表面区域的选择。

②单击 Outline 按钮，选择轮廓表面 。

③单击 Display 按钮，只显示计算边界和内部壁面，如图 6－141 所示。

④在控制窗口中输入以下命令。

提示：用户需要按 Enter 键来获得提示信息。

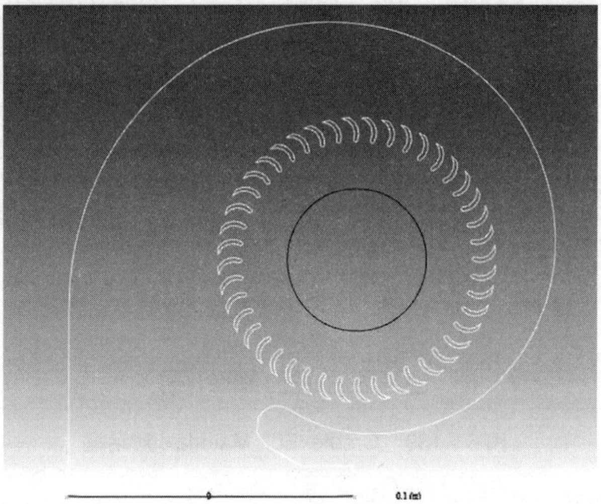

图 6－141　离心式鼓风机轮廓表面

(3)为 fluid－13 区域设置参考系

①选择 Setup/Cell Zone Conditions 命令，在单元区域中选择 fluid－13 区域，设置其旋转轴原点为(0，0)，即可选择区域圆形边界曲线的中心。

②在 Motion Type 中选择 Moving Reference Frame。

提示：拖动滑动条，找到 Motion Type。

③继续向下拖动滑动条，在 Rotational Velocity Speed(rad/s)中输入 261，如图 6－142 所示。

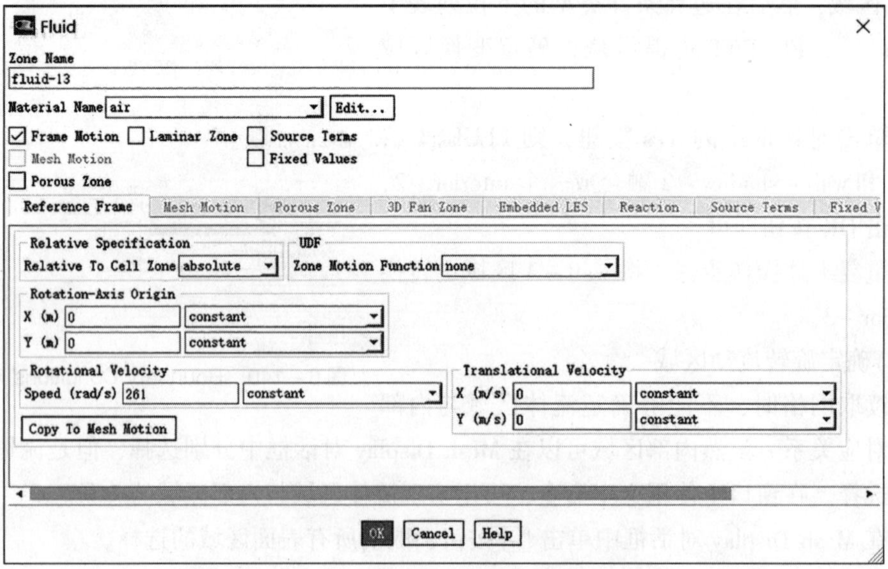

图 6－142　fluid－13 区域参考系设置

(4)设置入口边界条件

选择入口边界条件类型。选择 Setup/Boundary Conditions 命令执行此操作。

在图 6－143 所示的 Boundary Conditions 对话框中选择 pressure－inlet－5 区域，然后在 Type 下拉列表中选择 pressure－inlet(压力入口)。

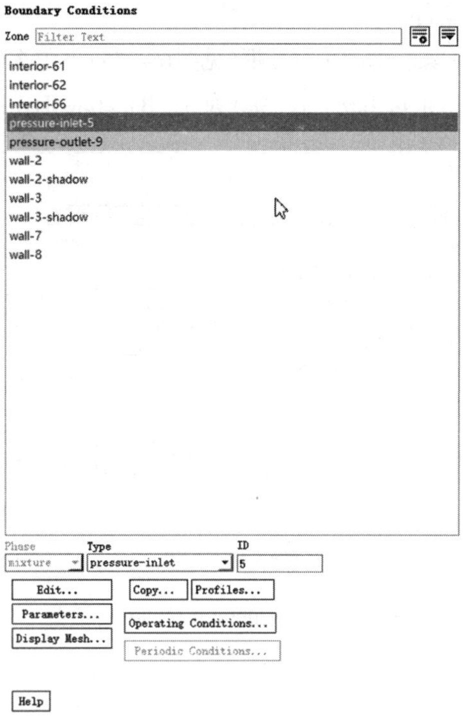

图 6－143　Boundary Conditions 对话框

设置压力入口边界条件。

单击 Edit 按钮，弹出 Pressure Inlet 对话框(见图 6－144)。Gauge Total Pressure (pascal)(总压)设置为 200，在 Specification Method(湍流方式)下拉列表中选择 Intensity and Hydraulic Diameter，在 Turbulent Intensity(%)(湍流强度)中输入 5，在 Hydraulic Diameter(m)(水力直径)中输入 0.05，然后单击 OK 按钮即可。

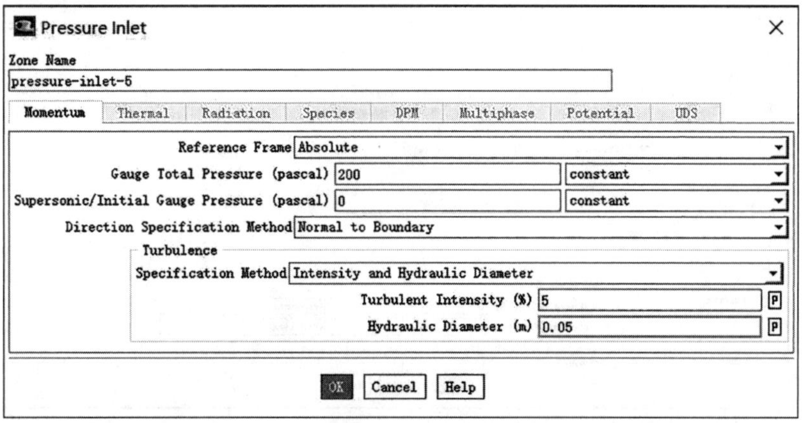

图 6－144　Pressure Inlet 对话框

(5)设置出口边界条件

①选择出口边界条件类型。

在 Boundary Conditions 对话框中选择 pressure – outlet – 9 区域，然后在 Type 下拉列表中选择 pressure – outlet(压力出口)。

②设置压力出口边界条件。

单击 Edit 按钮，弹出 Pressure Outlet 对话框(见图6 – 145)。在该对话框中设置 Gauge Pressure (pascal)为 0，Backflow Turbulent Intensity(%)为 5，Backflow Hydraulic Diameter(m)为 0.5。

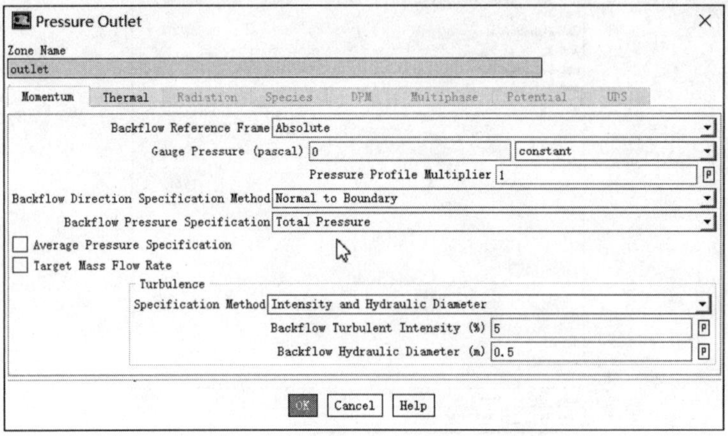

图 6 – 145　Pressure Outlet 对话框

(6)设置叶片边界条件

①选择叶片边界条件类型。

在 Boundary Conditions 对话框中选择 wall – 7 区域，然后在 Type 下拉列表中选择 wall。

②设置运动壁面边界条件。

单击 Edit 按钮，弹出 Wall 对话框(见图 6 – 146)。在该对话框 Wall Motion 选项组中选中 Moving Wall 单选项。

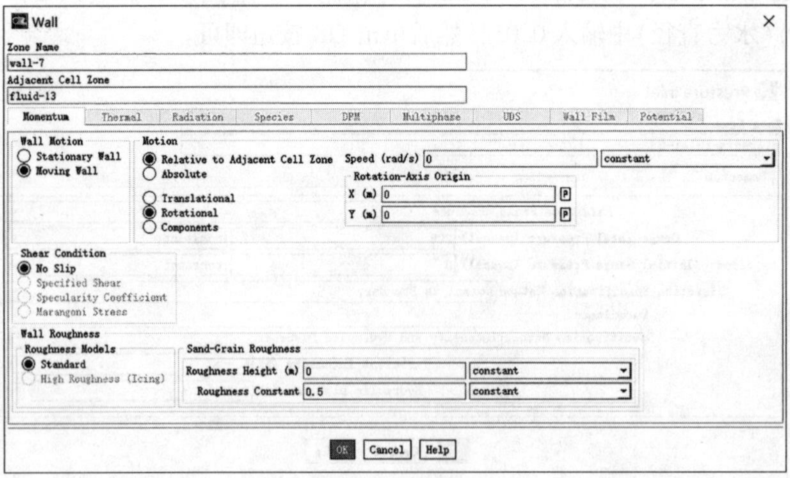

图 6 – 146　Wall 对话框

③在 Motion 选项组中选中 Relative to Adjacent Cell Zone 和 Rotational 单选项。设置 speed(rad/s)为 0，Rotation – Axis Origin 的 X(m)、Y(m)均为 0。设置完成后，叶片就可以随着周围流体一起以相同的速度转动。

步骤五：求解

(1)设置求解方法

①选择 Solution/Methods 命令，弹出 Solution Methods 对话框，如图 6 – 147 所示。

②在 Pressure – Velocity Coupling 下拉列表中选择 SIMPLE 算法。

③在 Turbulent Kinetic Energy 下拉列表中选择 Second Order Upwind。二阶算法能够提供更准确的结果，其他设置保持不变。

(2)残差设置

①选择 Solution/Monitors/Residuals 命令，弹出 Residual Monitors 对话框，如图 6 – 148 所示。

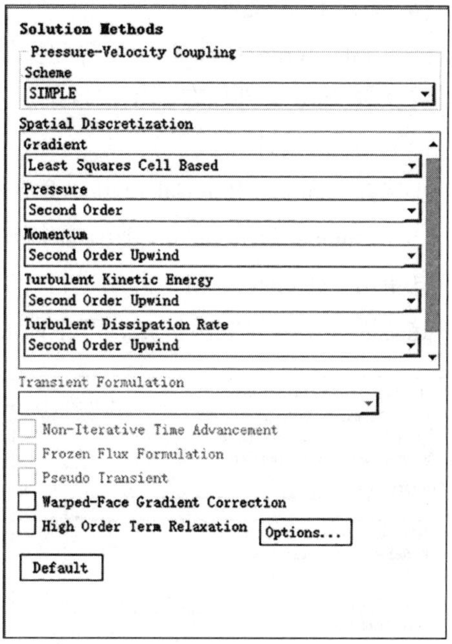

图 6 – 147　Solution Methods 对话框

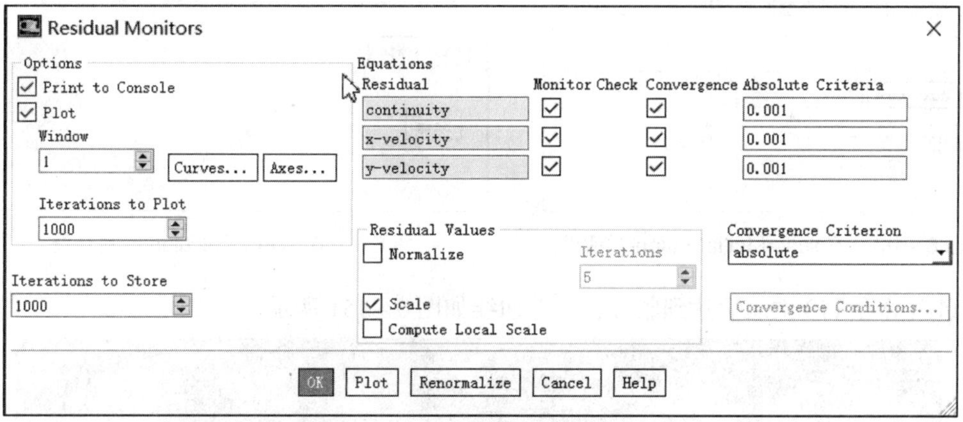

图 6 – 148　Residual Monitors 对话框

②勾选 Print to Console 和 Plot 复选框，残差指标均设置为 0.001。

(3)初始化流场

①选择 Solution/Initialization 命令，弹出 Solution Initialization 对话框，如图 6 – 149 所示。

②在 Compute from 下拉列表中选择 pressure – inlet – 5。

③在 Reference Frame 选项组中选中 Absolute 单选项。

④单击 Initialize 按钮。

(4)保存 Case 文件

选择 File/Write/Case 命令执行此操作。

将算例 Case 文件保存到工作目录。

(5)开始迭代计算

①选择 Solution/Run Calculation 命令，弹出 Run Calculation 对话框，如图6－150 所示。

②在 Number of Iterations 数值框中输入 200。

③单击 Calculate 按钮，开始进行计算。在计算过程中，FLUENT 将汇报出口处存在回流。这是因为出口处突然扩张，产生回流现象。

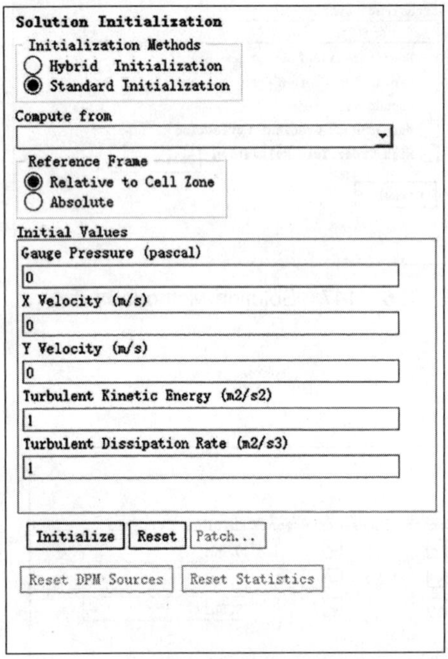

图6－149 Solution Initialization 对话框

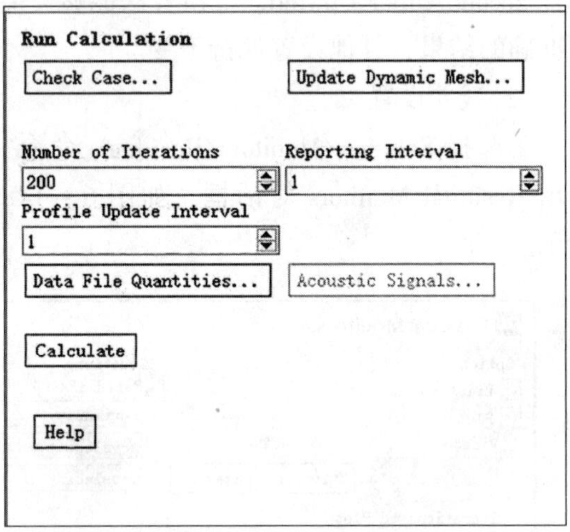

图6－150 Run Calculation 对话框

④计算在 170 次之后达到收敛，残差曲线如图 6－151 所示。

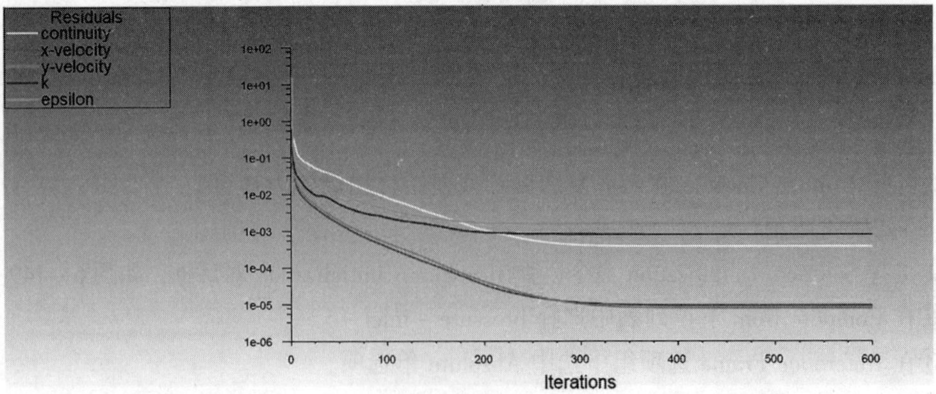

图6－151 残差曲线

(6)保存 Case 和 Data 文件

选择 File/Write/Case&Data 命令执行此操作，将计算收敛之后的 Case 和 Data 文件保存到工作目录。

步骤六：后处理

(1)显示总压等值线

①选择 Resluts/Graphics/Contours 命令，弹出 Contours 对话框，如图 6－152 所示。

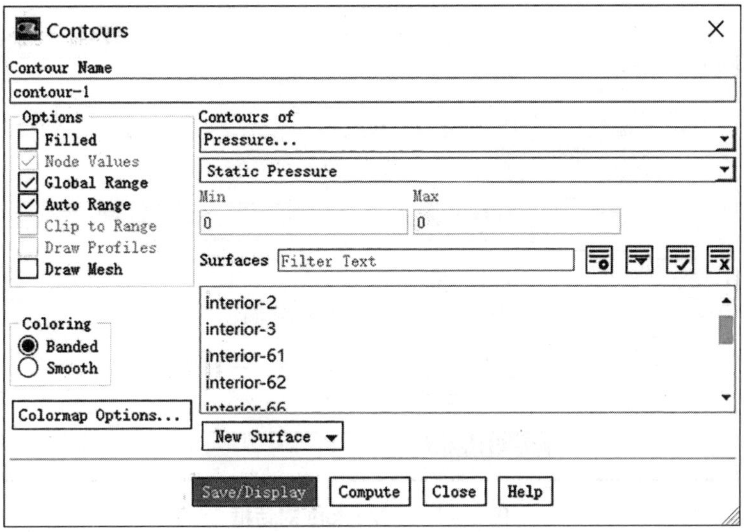

图 6－152 Contours 对话框

②在 Contours of 下拉列表中选择 Pressure 和 Static Pressure。

③单击 Save/Display 按钮，打开静压等值线窗口，如图 6－153 所示。

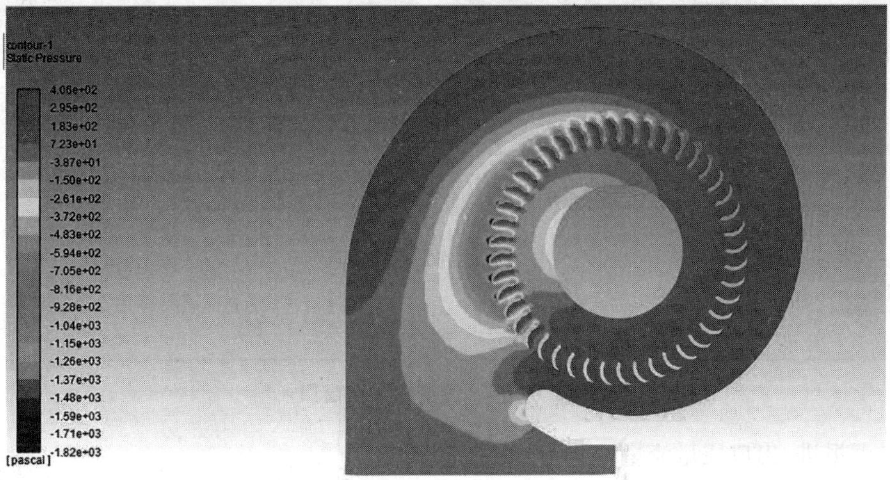

图 6－153 静压等值线窗口

(2)显示速度矢量

①选择 Resluts/Graphics/Vectors 命令，弹出 Vectors 对话框，如图 6－154 所示。在 Vectors of 和 Color by 下拉列表中选择 Velocity 和 Velocity Magnitude。

②在 Scale 数值框中输入 5。

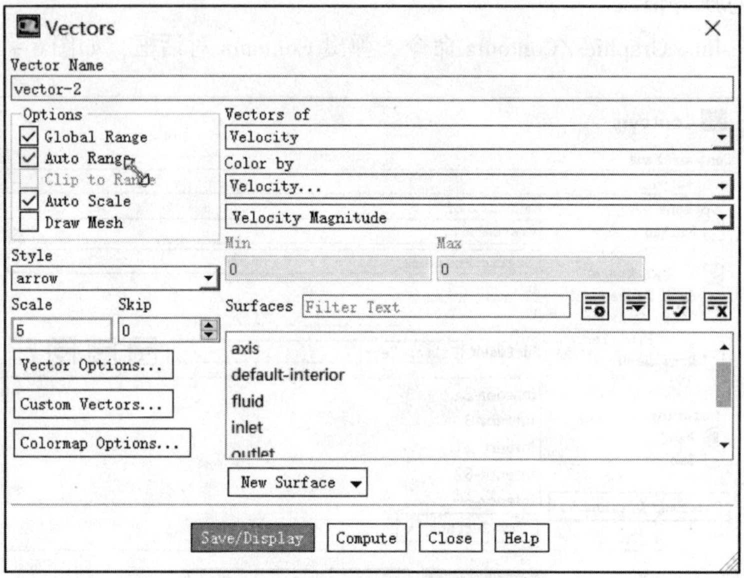

图 6－154　Vectors 对话框

③单击 Save/Display 按钮，打开速度矢量图窗口，如图 6－155 所示。

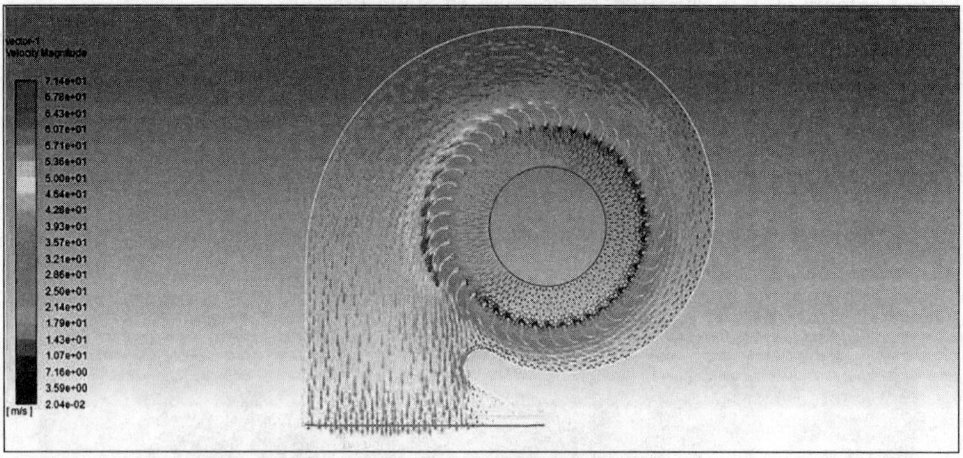

图 6－155　速度矢量图窗口

(3)汇报进/出口质量流量

①选择 Result/Reports/Fluxes 命令，弹出 Flux Reports 对话框，如图 6－156 所示。

②在 Options 选项组中选中 Mass Flow Rate 单选项。

③在 Boundaries 中选择 pressure－inlet－5 和 pressure－outlet－9。

④单击 Compute 按钮。

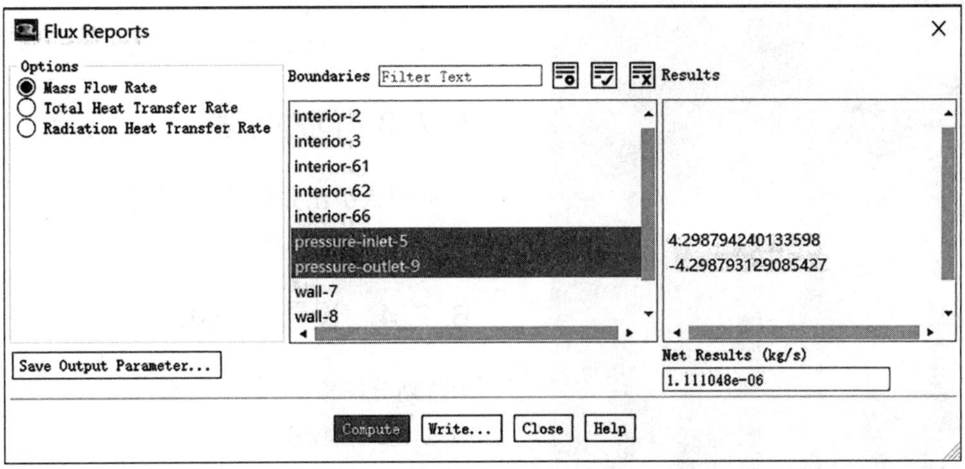

图 6－156 Flux Reports 对话框

6.6.5 总结

本算例描述了如何利用多参考系进行设置和求解问题。虽然只考虑了一个旋转流动区域，但是只要刻画每一个流动区域，就可以直接推广到多个旋转流动区域。

需要注意的是，本算例利用默认的绝对速度关系式进行计算，对于某些涉及旋转参考系的问题，用户也可以使用相对速度表达式。

6.7 径向引入引出方式下的并联管内流场分布数值模拟

6.7.1 算例介绍

并联管路是石化、电力等行业比较常用的分流结构，组成构件是支管和集箱，流体从入口进入分配集箱，在其中分流进入各个支管，然后进入汇集集箱，再从出口流出，径向引入引出是其进出口的一个方式。在实际运行中并联管经常会发生流量分配不均匀的情况，这是由于进出口方式、支管的直径和长度、进口流量等不同的影响，而流量分配不均容易造成安全事故，因此，对并联管内流场分布进行研究有着重要的意义。本案例对径向引入引出并联管内流场分布进行了数值模拟。

6.7.2 方法和设置

- 采用 Ansys ICEM CFD 划分网格。
- 将划分好的网格导入 FLUENT。
- 检查网格的尺寸和质量。
- 设置求解参数，进行迭代。

图 6－157　计算域示意

· 观察模拟结果。
· 分析速度场和温度场。

6.7.3　问题描述

径向引入引出并联管示意如图 6－157 所示，本案例研究其中的湍流流动特性。

6.7.4　设置与求解

(1) 划分网格

①创建几何模型。

进入 ICEM 模块，单击 Geometry 下的 CreatePoint 使用坐标值方法按顺序生成点，如图 6－158 所示；单击 FromPoint 将点按顺序连接起来，具体方法为：用鼠标左键接连选中两个点，再用鼠标中键确定，如图 6－159 所示。

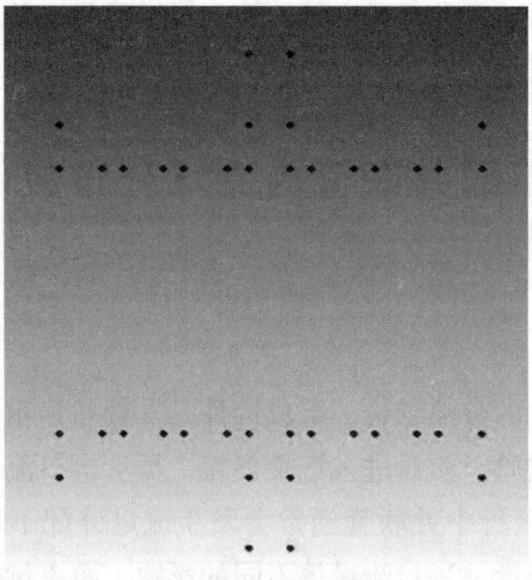

图 6－158　点的生成

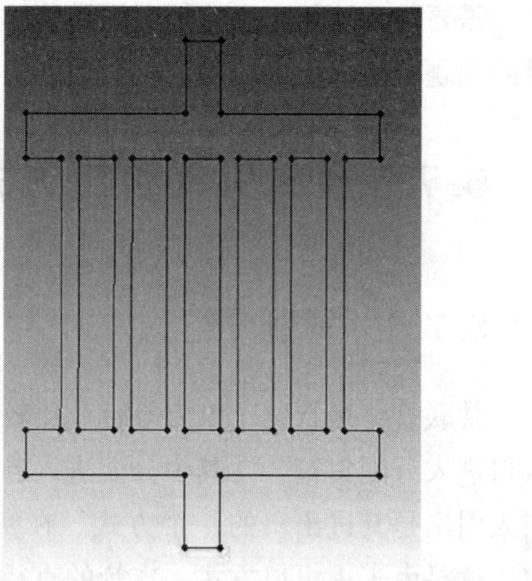

图 6－159　线的生成

②创建 Part（边界设置）。

右击 Parts，在其目录下单击 Create Part 进行边界的设置，主要设置三方面：inlet、outlet、wall。创建入口，在 Part 文本框中输入"inlet"（见图 6－160），再用鼠标左键选中模型的进口，用鼠标中键锁定确认（图 6－161 中红色实线为进口）；出口和壁面的设置步骤和入口步骤相同。

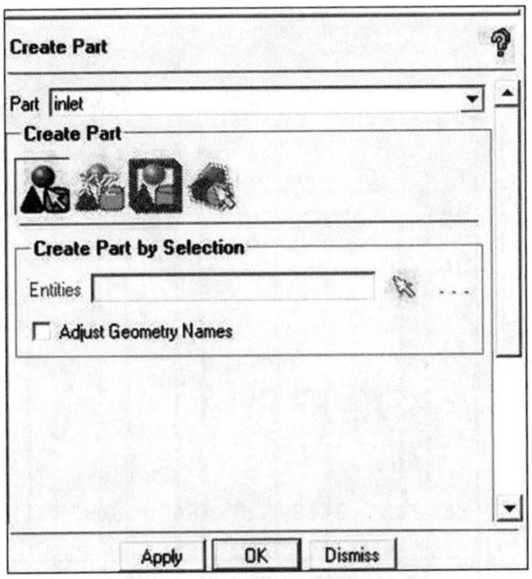

图 6－160　Part 创建界面

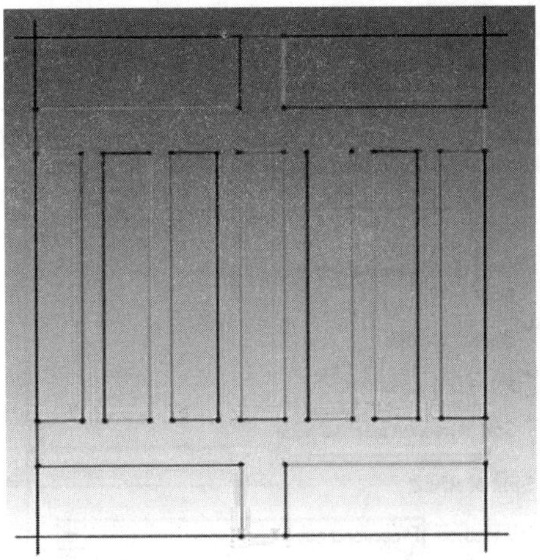

图 6－161　进口示意(红色实线)

③创建 Block(块)。

单击 Blocking 内的 Create Block 进入创建 Block 画面(见图 6－162)，由于模型为二维流体，设置参数：Part 为"fulid"，Type 为"2D Planar"，单击 Apply 确定即生成块，如图 6－163 所示。

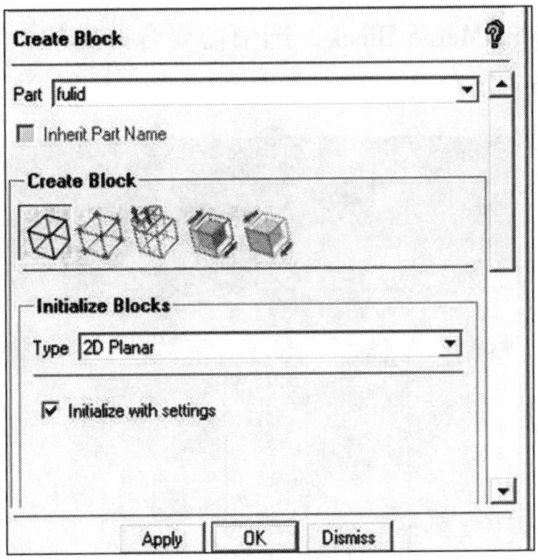

图 6－162　创建 Block

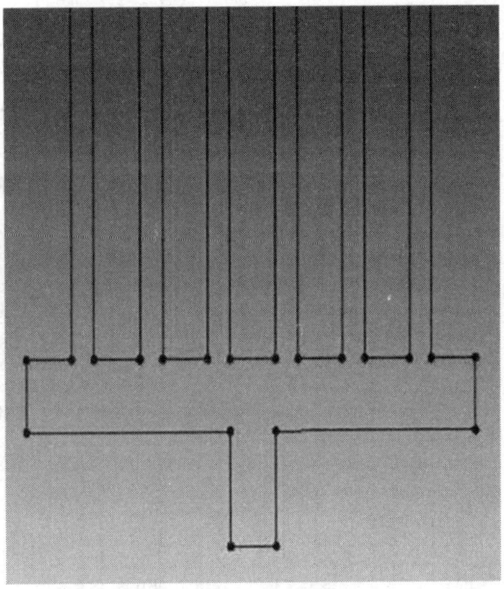

图 6－163　Block 示意

④块的划分。

单击 Split Block 进入划分块的界面(见图 6－164)，为便于操作，选用 Prescribed point 方法用具体的点来划分(见图 6－165)。

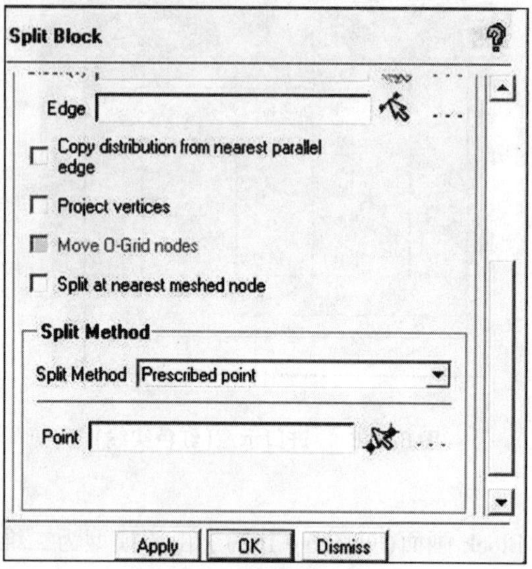

图 6－164　块划分界面

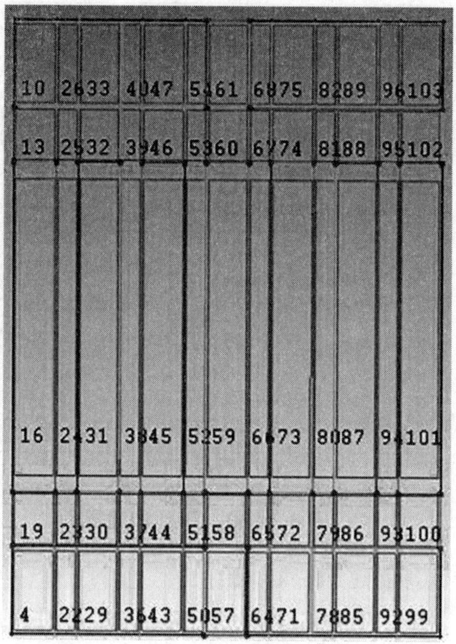

图 6－165　块划分结果示意

⑤块的删除和合并。

首先进行块的删除，单击 Delete Block，选中模型中不需要的块，单击确定删除(见图 6－166)。然后完成块的合并，单击 Edit Block 中 Merge Block，选中需要合并的块，本模型块的合并集中于分配集箱和汇集集箱(见图 6－167)。

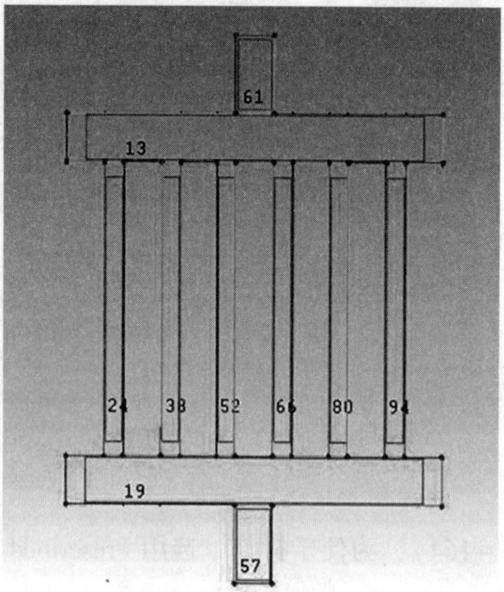

图 6－166　块的删除

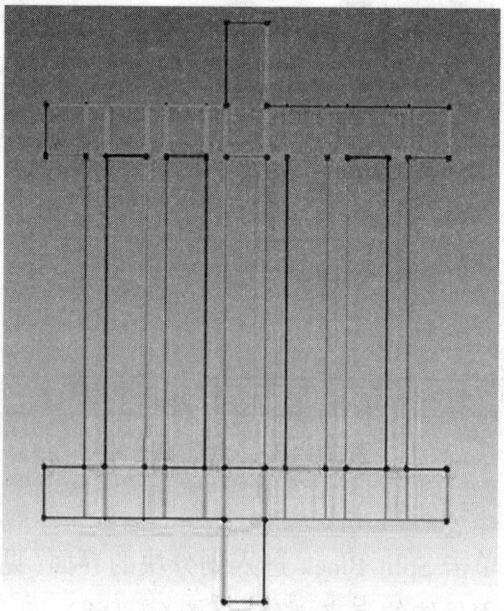

图 6－167　块的合并

⑥建立映射关系，点和线的合并。

·点的合并：单击 Blocking 目录下的 Vertices 显示出模型上的点(s)，然后单击 Associate Vertex 进行点的合并，通过鼠标左键双击模型中的 S，使其变成 P，点的合并完成(见图6－168)。

· 线的合并：单击 Associate edge to curve，选中一条线，单击左键后，再单击右键，完成线的合并(见图6－169)。

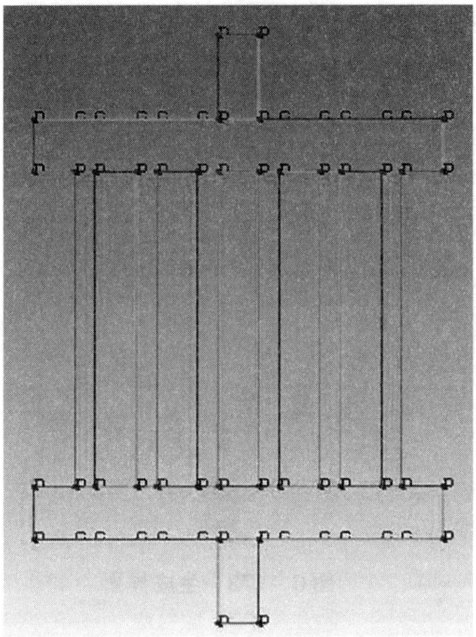

图6－168 点的合并

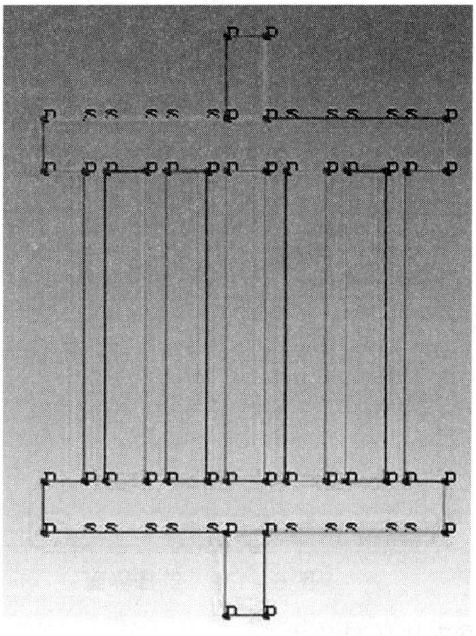

图6－169 线的合并

⑦网格划分。

单击 Pre－Mesh Params 中的 Edge Params 进行网格划分，同时单击 Copy Parameters 下的 To All Parallel Edges 复制相似类型线段的划分(见图6－170)，本算例将50mm 划分成1500段(见图6－171)。

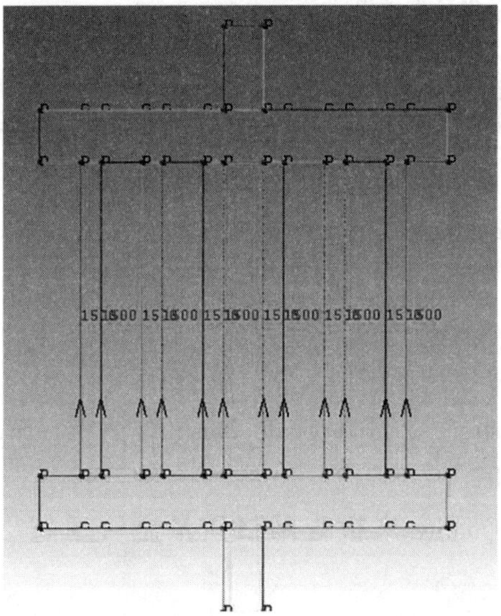

图6－170 网格划分示意

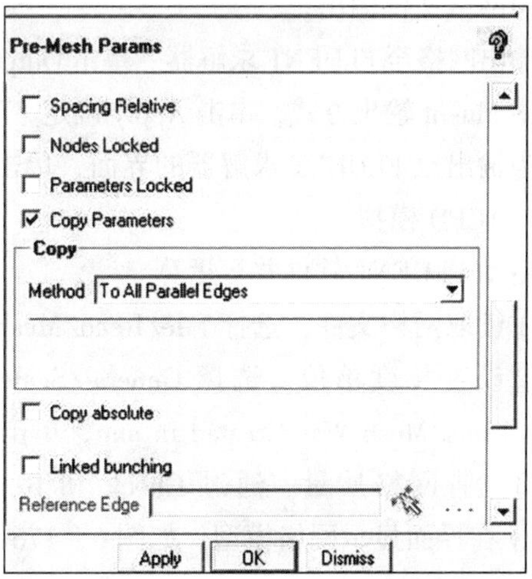

图6－171 50mm－1500段

⑧网格生成。

选中左侧项目图中的 Pre – Mesh，鼠标右键单击 Convert to Unstruct Mesh，如图 6 – 172 所示，生成如图 6 – 173 所示的网格。

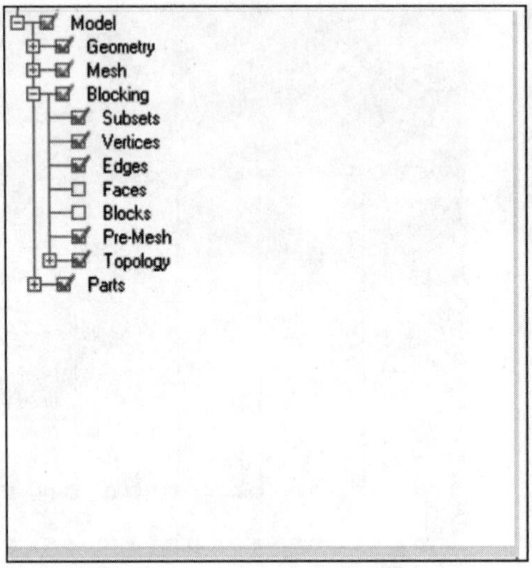

图 6 – 172　选择界面

图 6 – 173　生成界面

⑨网格质量检查。

单击 Blocking 目录下的，在检查方式中选择 Quality(如图 6 – 174 所示)，它们均是越靠近右端，质量越好，本算例结果无限趋近于 1。

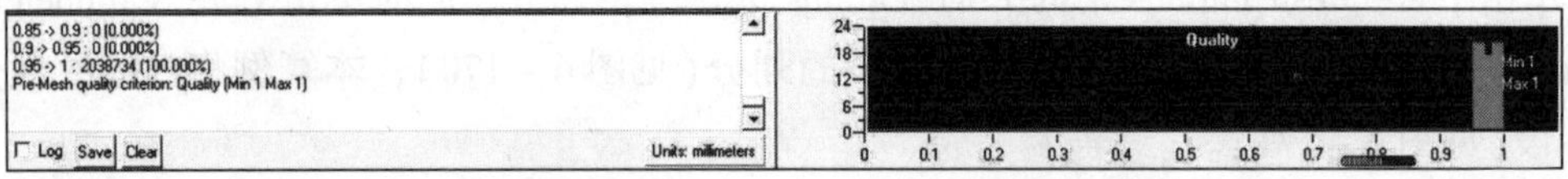

图 6 – 174　网格质量检查结果

⑩网格文件输出。

输出网格至 FLUENT 求解器。单击 Output 中 Select solver，在出现的 Output Solver 中选择 ANSYS Fluent 输出方式，单击 Apply 确定，选择 Write input，设置 2D 类型输出。图 6 – 175 所示为输出至 FLUENT 求解器的界面，单击 Done 按钮后输出网格文件。

(2) CFD 模拟

启动 FLUENT 软件并行运算。

①读取网格文件，选择 File/Read/Mesh 命令，选择网格文件，单击 OK。

②设置长度单位。选择 General/Scale Mesh 命令打开 Scale Mesh 对话框，Scaling/Covert Units/Mesh Was Created in mm，单击 Scale。

③检查网格质量。通过 Check 和 Report Quality 来检查网格质量是否通过。单击 Display 在界面显示网格模型，如图 6 – 176 所示。

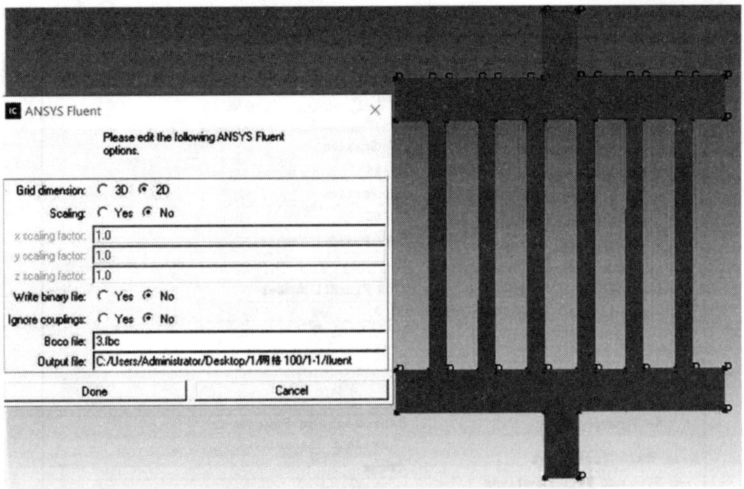

图6－175 网格的导出示意

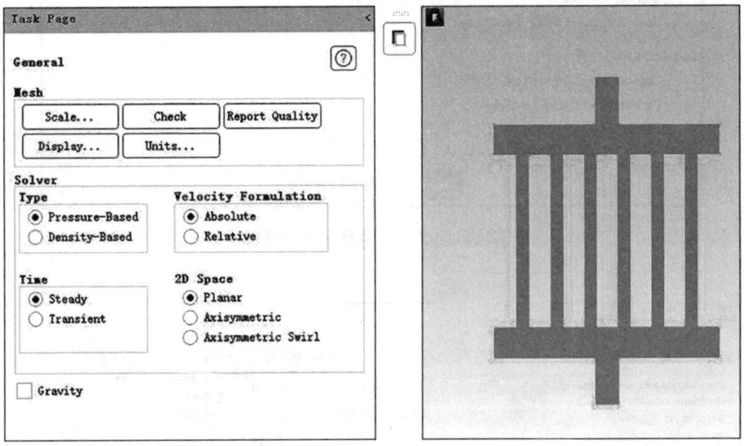

图6－176 模型显示及检查

④设置湍流模型。

双击 Viscous 进入 Viscous Model 对话框，选中 k－epsilon（2 eqn），如图6－177所示。

⑤设置流体材料。

双击 Fluid，在弹出的页面选择 Fluent Database 进行选取，选中 water－liquid（h2o <l>）选项，单击 Close 按钮，如图6－178所示。单击 Cell Zone Conditions 中的 Fluid 将水设置为计算所用。

⑥设置边界条件。

单击信息树中的 Boundary Conditions 进行进出口边界条件的设置。入口方式设置为 Velocity－inlet，也就是速度入口；出口方式设置为 Pressure－outlet，也就是压力出口；湍流条件的设置，双击 inlet，选择 Intensity and Hydraulic Diameter，有两个输入参数：第一项为 Turbulent Intensity，可计算得到，第二项为 Hydraulic Diameter（水力直径），等于进口

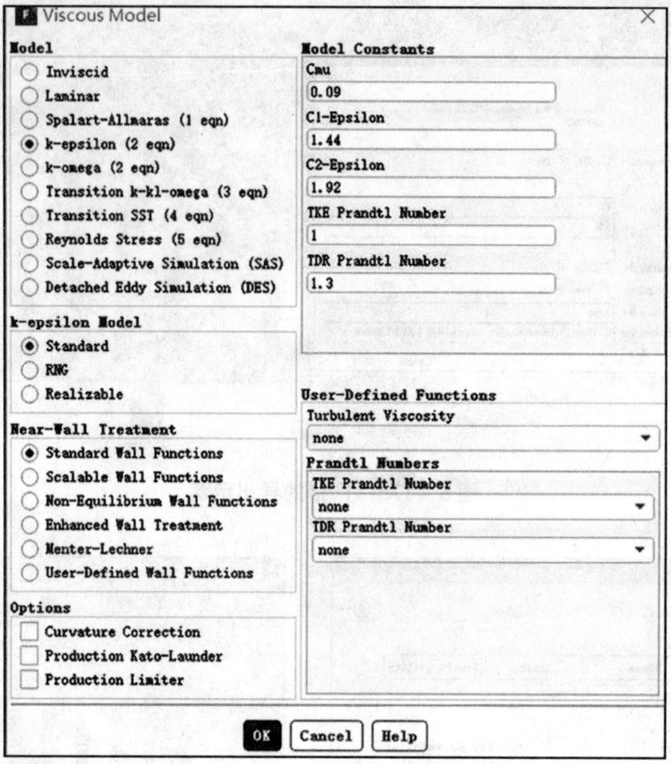

图 6－177　设置湍流模型

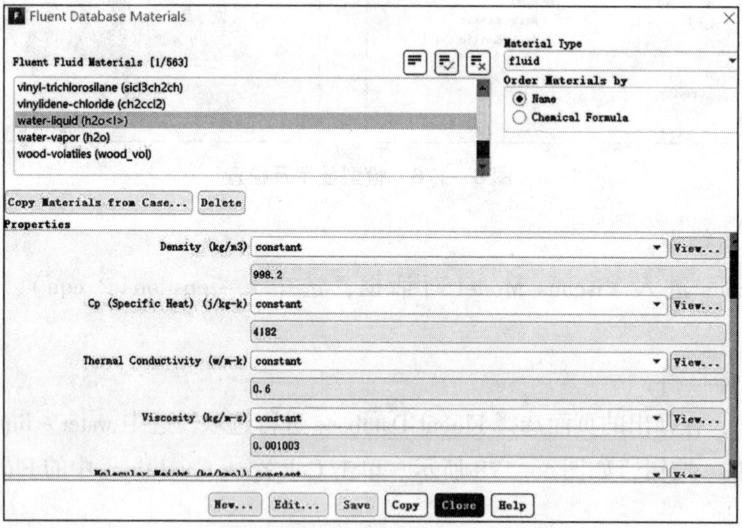

图 6－178　设置流体材料

直径 D。在 Velocity Magnitude(m/s)文本框中输入 2，在 Hydraulic Diameter(m)文本框中输入 0.04，在 Turbulent Intensity(%)文本框中输入 3.12，出口和入口相同，如图 6－179 所示。

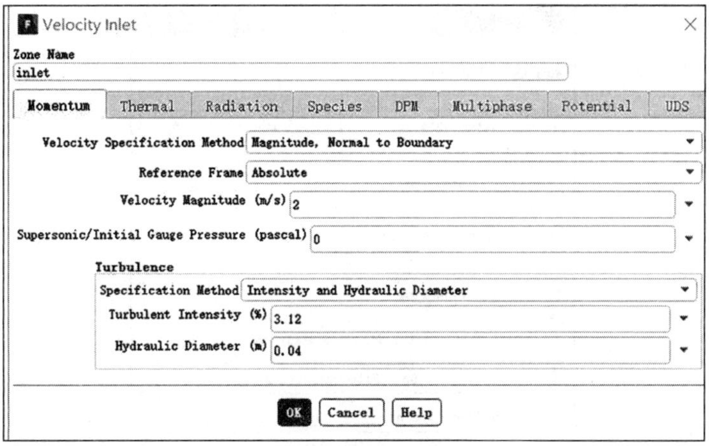

图 6－179　设置边界条件

⑦设置收敛条件。在 Reference Values 对话框中，在 Compute from 下拉列表中选择 inlet，以进口 inlet 为标准，如图 6－180 所示。

⑧初始化流场。

单击 Initialization，选择 Standard Initialization 中的 inlet，单击 Initialize 进行模型计算的初始化，如图 6－181 所示。

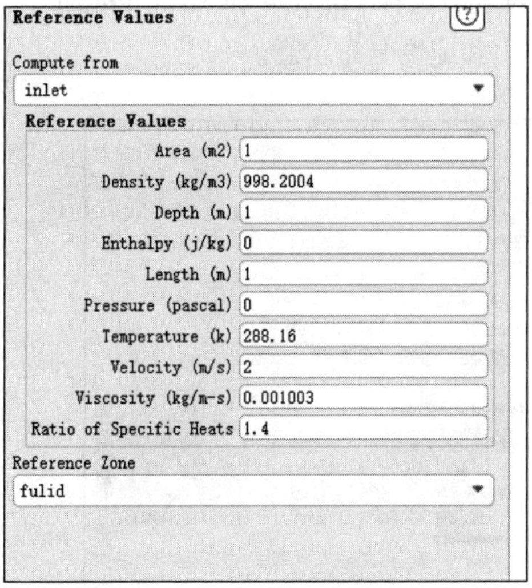

图 6－180　设置收敛条件

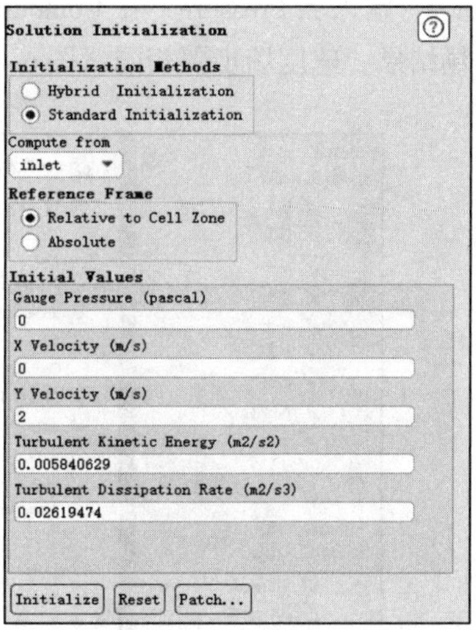

图 6－181　初始化流场

⑨迭代计算。

由于本模型较为简单，所以选择 Number of Iterations（模型的迭代步数）等于 1000，之后单击 Calculate 开始进行模型的求解工作，如图 6－182 所示。

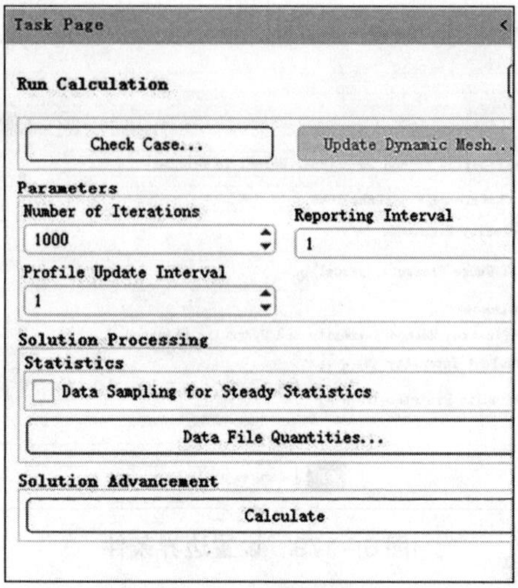

图 6－182　迭代计算

⑩保存数据。

导出压力图、流速图及各支管的平均流速数据和进出口的总压降。

(3) CFD 后处理

计算完成后中，如图 6－183 所示，基于 Contours 提取压力场：单击 Graphics，选择 Contours，输入名 Pressure，在 Contours of 下拉列表中选择 Pressure 和 Static Pressure，提取压力场结果；速度场步骤相同。图 6－184 为压力和速度分布示意。

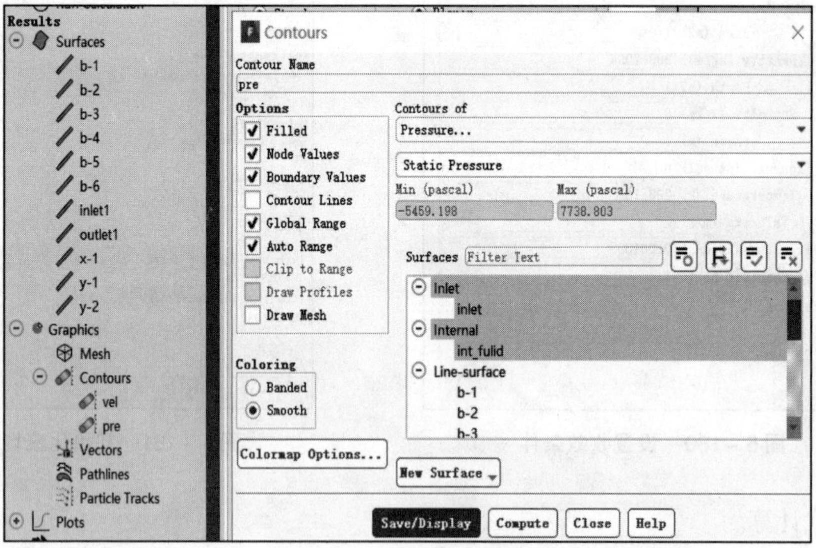

图 6－183　设置压力等高面

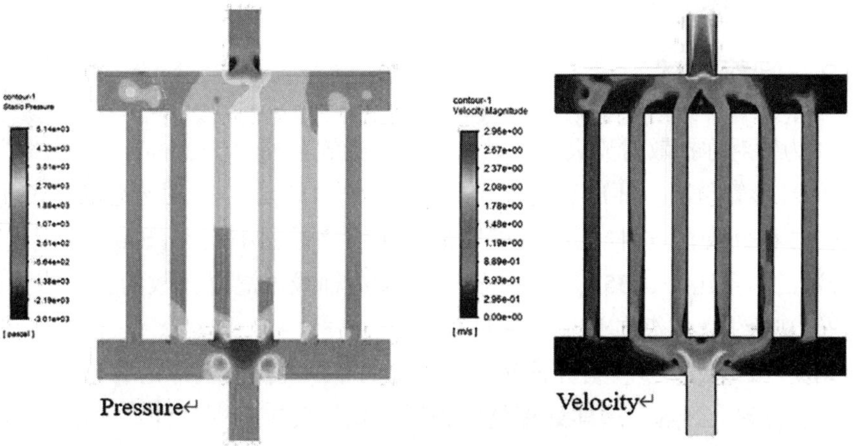

图6-184 压力及速度分布

6.7.5 总结

本案例通过 ICEM CFD 软件对计算模型进行结构化二维网格的划分，并用 FLUENT 软件进行模拟和计算，根据计算结果可分析径向引入引出并联管内的流场分布情况，为工程实际应用提供参考。

6.8 利用 EDC 燃烧模型模拟扩散火焰

6.8.1 算例介绍

本算例的目的是展示利用涡耗散概念模型(Eddy Dissipation Concept，EDC)对燃烧反应进行模拟和求解。EDC 模型能考虑详细化学反应机理，也能模拟出中间组分(如 CO 和 OH)的分布，并能模拟出火焰吹熄、污染物(如 NO_x)生成等现象。EDC 模型是当今燃烧学领域较为先进的燃烧模型，在气体燃烧领域中应用较广。

本算例展示了一个简单的轴对称结构的射流扩散火焰，此火焰详细精确的实验测量结果可用于 CFD 结果的对比。实验数据由美国 Sandia 国家实验室提供，包含温度、N_2、O_2、CH_4、CO_2、H_2O、H_2OH、NO 和 CO 等。实验中获得了从层流火焰(称为 Flame A)到即将被吹熄的湍流火焰(称为 Flame F)的数据，本算例选择其中一种湍流火焰(称为 Flame D)作为模拟对象。用户可从 www. ca. sandia. gov/TNF/DataArch/FlameD. html 网站中获得此实验的更详细的信息。

6.8.2 前期要求

本算例要求用户熟悉 FLUENT 界面，并了解 FLUENT 设置与求解的基本过程和步骤。

在本算例中，用户将使用 EDC 模型。

6.8.3 问题描述

Flame D 为轴对称扩散射流火焰。燃烧器主射流的直径为 7.2mm，这个主射流被外径为 18.2mm 的环形管包围。环形管射流可以延缓火焰的吹熄。主射流包含 25% 的 CH_4 和 75% 的空气(体积分数)，这样的配置可以最小化燃烧过程中炭黑(Soot)生成，以简化模拟。混合分数的当量比为 0.351，火焰长度(定义为轴线处混合分数为化学当量比的点和射流起点的距离)约为 47 倍的射流喷嘴直径。

EDC 模拟主要分为两步：首先依靠 FLUENT 的非预混模型获得化学平衡的初始解，再使用 EDC 模型得到最终解。这样处理是因为详细化学反应机理的计算非常耗时并且不易收敛，通过提供一个好的初始场能加快 EDC 模型的收敛速度，有利于获得精确的收敛解。

6.8.4 准备

· 复制网格文件 flameD. msh、CH4 – skel. che 和 therm. dat 文件到工作文件夹。
· 启动 FLUENT 2D 求解器。

6.8.5 设置和求解

步骤一：网格划分

(1) 读入网格文件 flameD. msh。
(2) 检查网格。选择 Mesh/Check 命令完成该操作。
(3) 显示网格。选择 Display/Mesh 命令完成该操作，如图 6 – 185 所示。

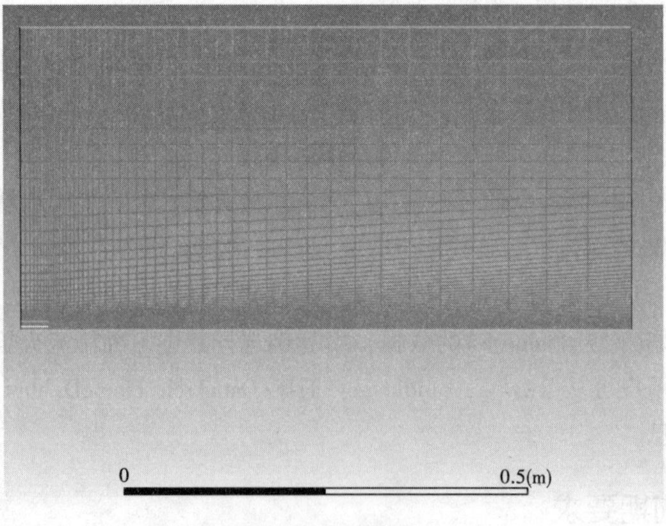

图 6 – 185 网格显示

步骤二：模型设置

(1)定义求解器。选择 Setup/General 命令完成该操作。

①在 General 对话框中激活 Pressure – Based 求解器，如图 6 – 186 所示。

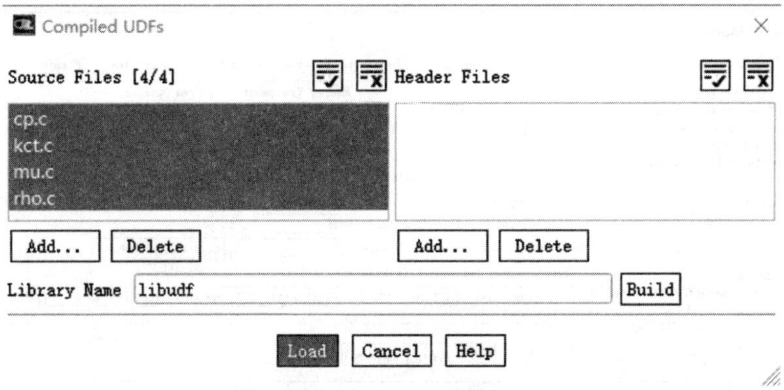

图 6 – 186 General 对话框

②在 2D Space 中激活 Axisymmetric(轴对称)，在 Time(时间)中激活 Steady(稳态)。

(2)激活 Realizable k – epsilon(2 eqn)湍流模型。选择 Setup/Models/Viscous 命令完成该操作。

①在 k – epsilon Model 中选择 Realizable 子模型，如图 6 – 187 所示。Realizable k – epsilon 模型模拟圆形射流的扩散和衰减效果更好，本算例采用此模型能够获得合理的射流扩散和衰减值。

②单击 OK 按钮，关闭 Viscous Model 对话框。

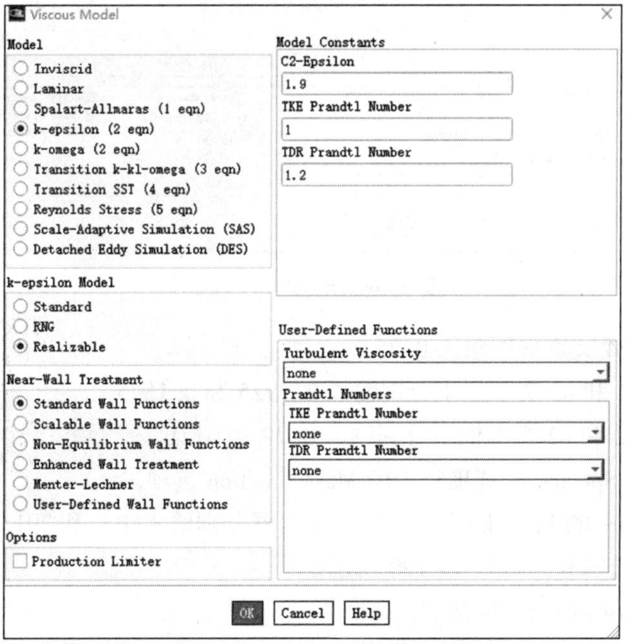

图 6 – 187 Viscous Model 对话框

(3)定义组分模型。选择 Define/Models/Species 命令完成该操作。

①在 Model 选项组中选中 Partially Premixed Combustion(部分预混燃烧模型),如图 6-188 所示。

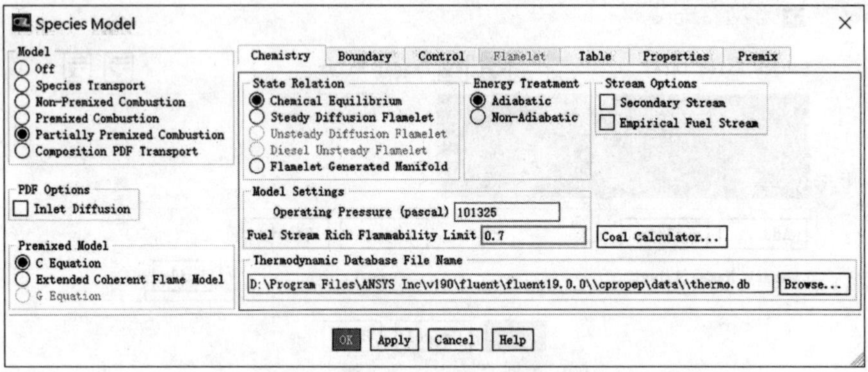

图 6-188 Species Model 对话框

②单击 Chemistry(化学)选项卡。

③分别选中 Chemical Equilibrium(化学平衡)和 Adiabatic(绝热)单选项。

④在 Fuel Stream Rich Flamability Limit 文本框中输入 0.7。

⑤单击 Boundary 选项卡,如图 6-189 所示。

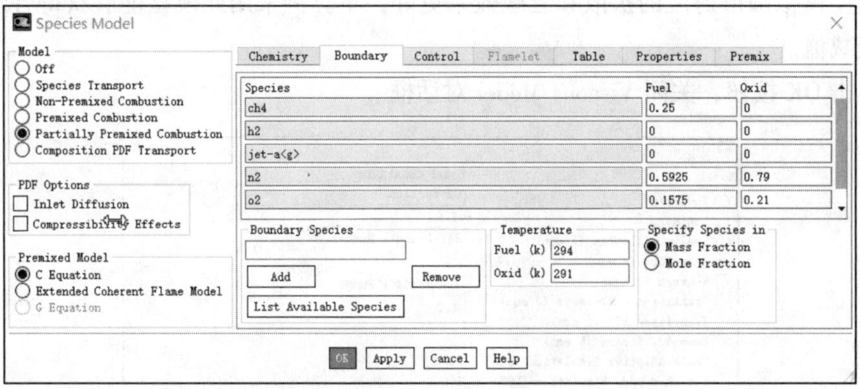

图 6-189 Boundary 选项卡

· 在 Fuel 的 ch4 文本框中输入 0.25。

· 在 Fuel 的 n2 和 o2 文本框中分别输入 0.5925 和 0.1575。

· 在 Oxid 的 n2 和 o2 文本框中分别输入 0.79 和 0.21。

· 选中 Specify Species in 选项组中的 Mass Fraction 选项。

· 在 Temperature 的 Fuel(k)和 Oxid(k)文本框分别输入 294 和 291。

⑥单击 Table 选项卡,如图 6-190 所示。

· 单击 Calculate PDF Table 按钮。

· 保存 PDF 文件(flameD. pdf)。使用 File/Write/PDF 完成该操作。

⑦选择 Properties 选项卡,如图 6-191 所示。

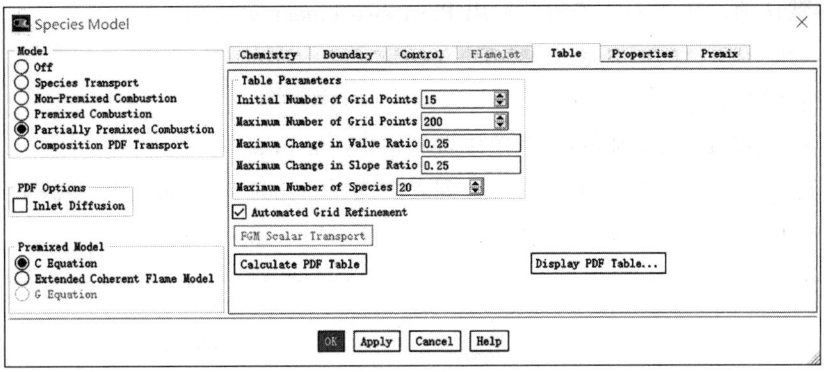

图 6-190 Table 选项卡

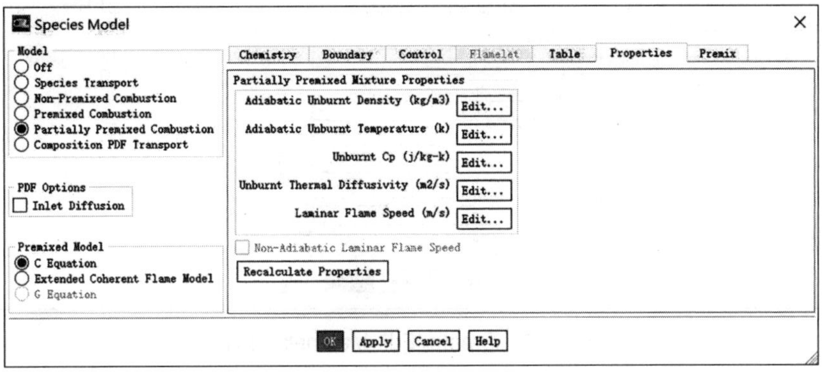

图 6-191 Properties 选项卡

· 单击 Laminar Flame Speed(m/s)旁的 Edit 按钮，如图 6-192 所示。

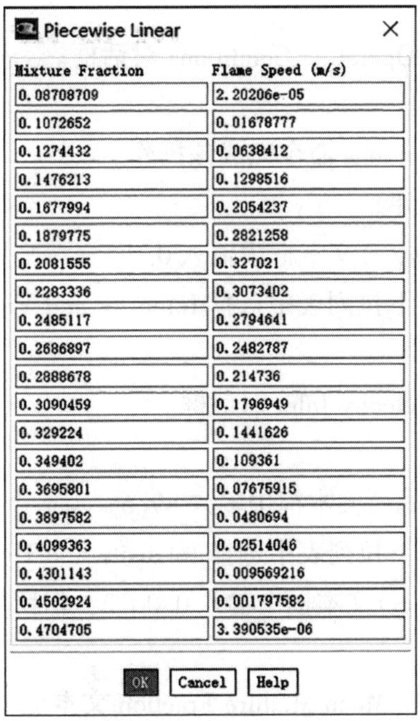

图 6-192 Piecewise Linear 对话框

· 保存默认值，单击 OK 按钮，退出 Piecewise Linear 对话框。

⑧单击 OK 按钮，关闭 Species Model 对话框。

步骤三：设置材料

(1)在 Setup/Materials/Mixture 菜单中选择 pdf – mixture。

(2)在 Laminar Flame Speed(m/s)下拉列表中选择 prepdf – polynomial，如图6 – 193 所示。

(3)单击 Change/Create 按钮，关闭 Create/Edit Materials 对话框。

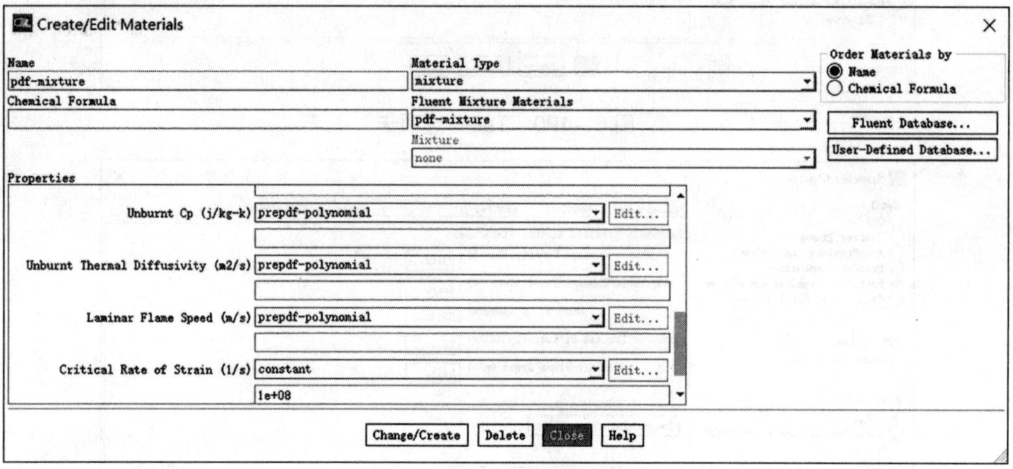

图6 – 193　Create/Edit Materials 对话框

步骤四：工作环境参数

(1)保持默认的工作环境参数。选择 Setting Up Physics/Solver/Operating Conditions 命令完成该操作。

(2)单击 OK 按钮，关闭 Operating Conditions 对话框。

步骤五：边界条件设置

选择 Setup/Boundary Conditions 命令完成该操作。

(1)对 coflow 设置边界条件。

①在 Velocity Magnitude(m/s)文本框中输入 0.9。

②在 Specification Method 下拉列表中选择 Intensity and Viscosity Ratio。

③保持其他的默认参数。

④单击 OK 按钮，关闭 Velocity Inlet 对话框。

(2)设置 jet 的边界条件。

①在 Velocity Magnitude(mis)文本框中输入 49.6。

②在 Specification Method 下拉列表中选择 Intensity and Hydraulic Diameter。

③在 Hydraulic Diameter (m)文本框中输入 0.0072，保留 Turbulent Intensity(%)的默认参数。

④单击 Species 选项卡，在 Mean Mixture Fraction 文本框中输入 1。

⑤单击 OK 按钮，关闭 Velocity Inlet 对话框。

(3)设置 pilot 的边界条件。

①在 Velocity Magnitude(m/s)文本框中输入 11.4。

②在 Specification Method 下拉列表中选择 Intensity and Hydraulic Diameter。

③在 Hydraulic Diameter(m)文本框中输入 0.0165。

④单击 Species 选项卡，在 Progress Variable 文本框中输入 1，在 Mean Mixture Fraction 文本框中输入 0.2755。

⑤单击 OK 按钮，关闭 Velocity Inlet 对话框。

(4)设置 outlet 的边界条件。

①因为出口可能在迭代过程或最终稳态解中出现回流，所以将出口边界条件设置为压力出口。

②在 Specification Method 中选择 Intensity and Hydraulic Diameter。

③在 Backflow Turbulence Intensity(%)文本框中输入 5，在 Backflow Hydraulic Diameter (m)文本框中输入 0.36。

④保持其他参数的默认设置不变。

⑤单击 OK 按钮，关闭 Pressure Outlet 对话框。

步骤六：部分预混燃烧模型的设置

(1)定义求解参数。选择 Solution/Methods 命令完成该操作。

①在 Spatial Discretization 选项组的 Pressure 下拉列表中选择 PRESTO!，如图 6-194 所示。

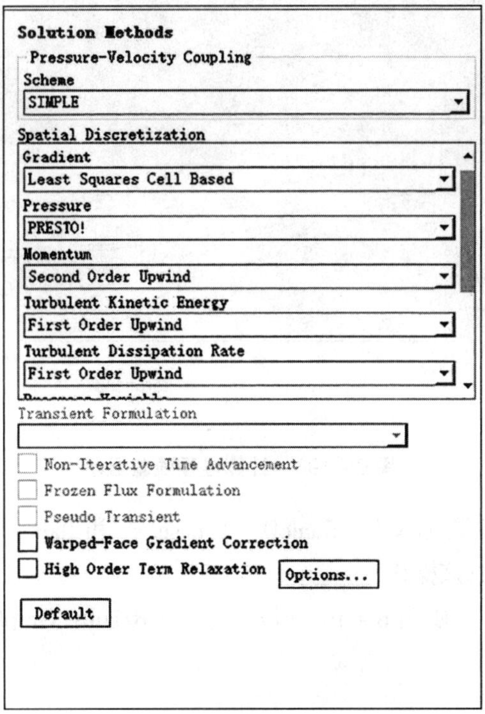

图 6-194 Solution Methods 对话框

②保持其他参数的默认值不变。

(2)激活计算迭代过程的残差图。选择 Solution/Monitors/Residual 命令完成该操作。

(3)以 coflow 区域的值作为求解的初始化值。选择 Solution/Initialization/lnitialize 命令完成该操作。

(4)设置 200 步迭代步数开始计算，选择 Solution/Run Calculation/Calculate 命令完成该操作，如图 6－195 和图 6－196 所示。

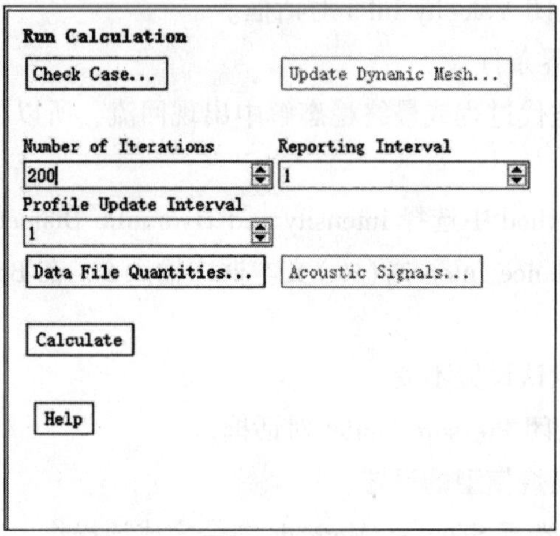

图 6－195　Run Calculation 对话框

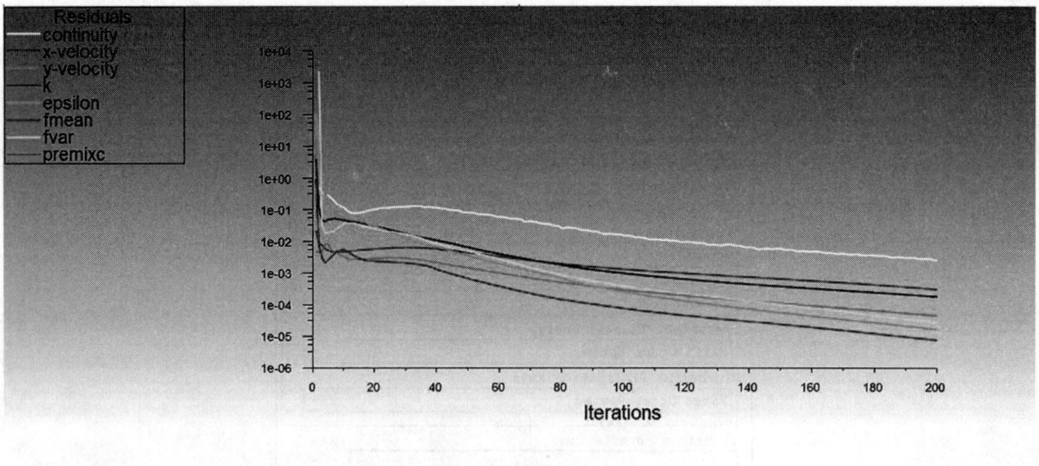

图 6－196　计算过程残差显示

(5)保存工况和求解数据文件(flameD－1. case. gz 和 flameD－1. dat. gz)。选择 File/Write/Case&Data 命令完成该操作。

(6)显示温度的云图，如图 6－197 所示。选择 Results/Graphics/Contours 命令完成该操作。

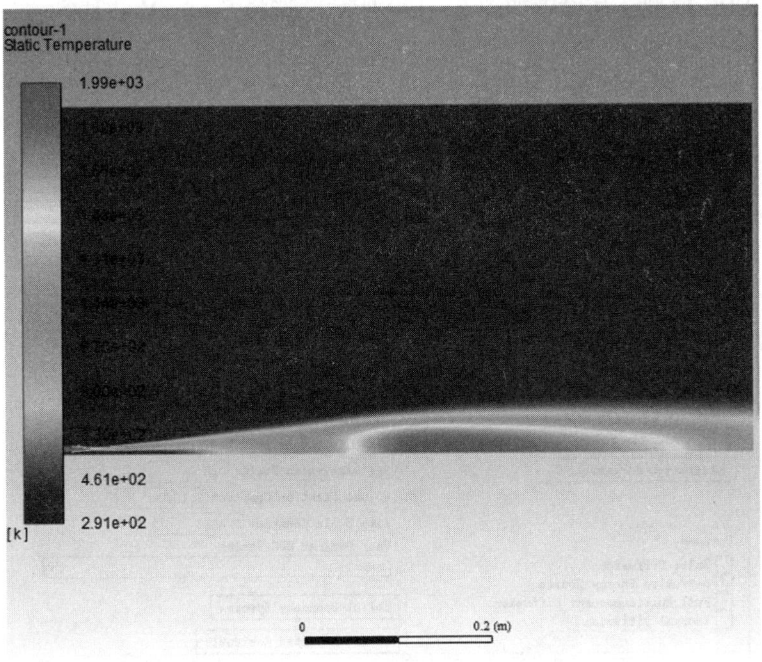

图 6－197 温度云图

步骤七：激活 EDC 模型

(1) 导入 CHEMKIN 格式的化学机理文件，选择 File/lmport/CHEMKIN Mechanism 命令完成该操作，如图 6－198 所示。机理文件名叫 CH4－skel. che，其包含 16 种组分和 41 步反应。

①在 Material Name 文本框中输入 ch4－skel，在 Gas－Phase CHEMKIN/Kinetics Input File 文本框中输入正确的 CH4－skel. che 机理的路径。

②在 Thermodynamic Database 文本框中输入正确的 thermo. dat 数据文件路径，然后单击 Import 按钮。

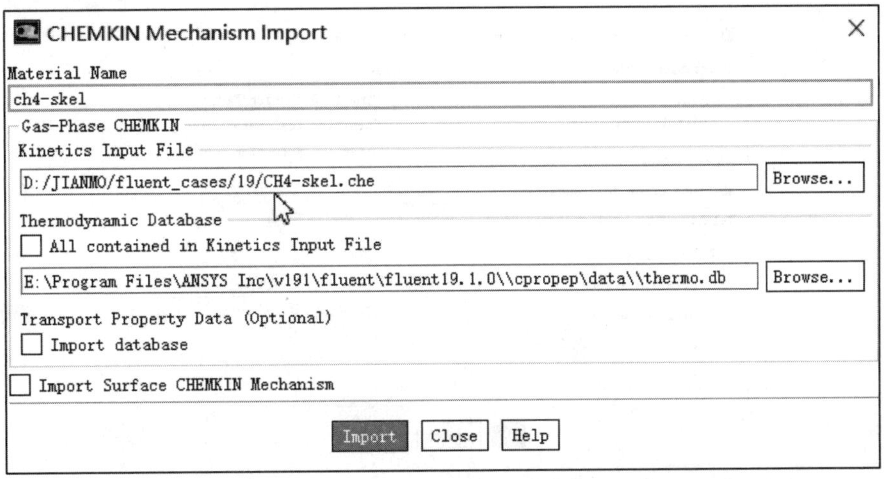

图 6－198 CHEMKIN Mechanism Import 对话框

(2)激活 EDC 模型，其设置如图 6－199 所示。选择 Setup/Models/Species 命令完成该操作。

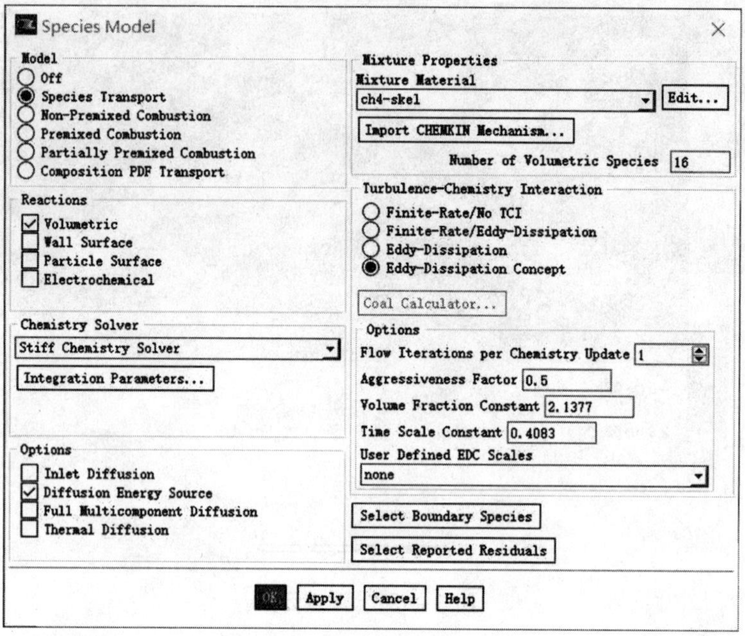

图 6－199　Species Model 对话框

①在 Model 选项组中选中 Species Transport 单选项，在 Reactions 选项组中勾选 Volumetric 复选框。

②在 Mixture Properties 的 Mixture Material 下拉列表中选择 Ch4－skel 混合物。

③在 Turbulence－Chemistry Interaction 选项组中选中 Eddy－Dissipation Concept 单选项。

④在 Flow Iterations per Chemistry Update 数值框中输入 1。

⑤单击 Integration Parameters 按钮，在弹出的对话框中的 Max. Storage(mb)文本框中输入 500，如图 6－200 所示。

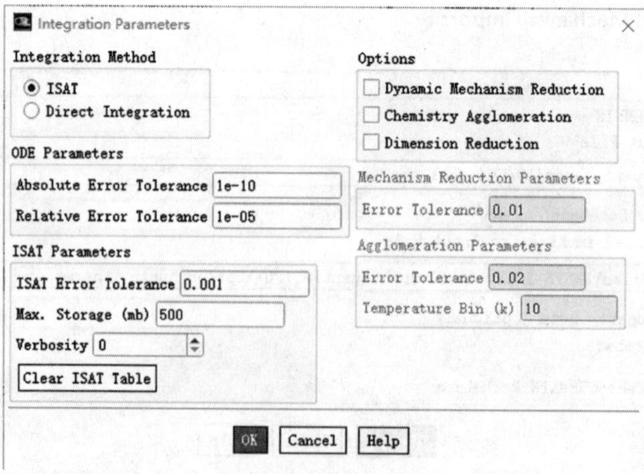

图 6－200　Integration Parameters 对话框

⑥单击 OK 按钮，关闭 Integration Parameters 对话框。

⑦保持 Species Model 对话框中其他参数的默认设置。

⑧单击 OK 按钮，关闭 Species Model 对话框。

(3)定义材料。选择 Setup/Materials 命令完成该操作。

①在 Materials 对话框的 Mixture Materials 中选择 ch4 - skel。

②在 Density 中选择 incompressible - ideal - gas。

③在 Cp 中选择 mixing - law。

④单击 Reaction 选项旁的 Edit 按钮，确认 Total Number of Reactions 值为41，如图 6 - 201 所示。

⑤单击 Change/Creal 按钮，关闭 Materials 对话框。

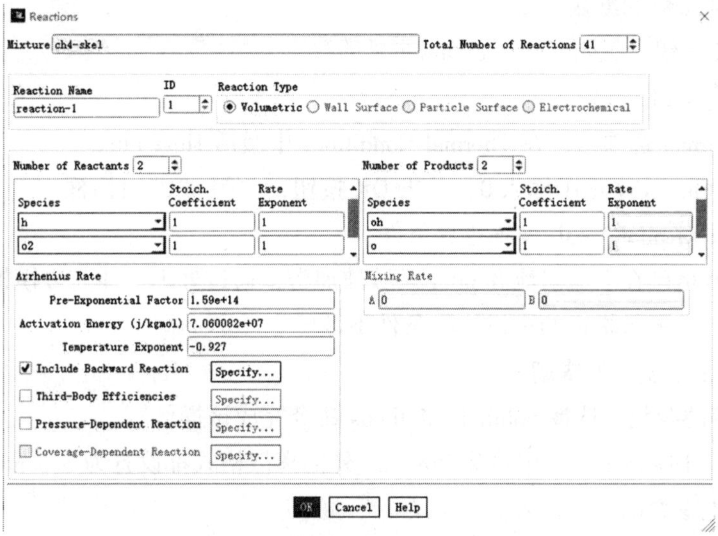

图 6 - 201　Reactions 对话框

(4)设置 EDC 模型的边界条件参数。选择 Setup/Boundary Conditions 命令完成该操作。

①设置 coflow 的边界条件。

· 单击 Thermal 选项卡，在 Temperature(k)文本框中输入 291。

· 单击 Species 选项卡，在 Species Mass Fractions 中的 o2 文本框中输入 0. 233。

· 保留其他参数的默认设置。

· 单击 OK 按钮，关闭 Velocity Inlet 对话框。

②设置 jet 的边界条件。

· 单击 Thermal 选项卡，在 Temperature (k)文本框中输入 294。

· 单击 Species 选项卡，在 Species Mass Fractions 的 o2 文本框中输入 0. 19664，在 ch4 文本框中输入 0. 15607。

· 保留其他参数的默认设置。

· 单击 OK 按钮，关闭 Velocity Inlet 对话框。

③设置 pilot 的边界条件。

· 单击 Thermal 选项卡，在 Temperature(k) 文本框中输入 1908。

· 单击 Species 选项卡，在 Species Mass Fraction 中的 h2o 文本框中输入 0.092，co2 文本框中输入 0.11，o2 文本框中输入 0.056，co 文本框中输入 0.004。

· 保留其他参数的默认值。

· 单击 OK 按钮，关闭 Velocity Inlet 对话框。

④设置 outlet 的边界条件。

· 单击 Thermal 选项卡，在 Backflow Total Temperature(k) 文本框中输入 291。

· 单击 Species 选项卡，在 Species Mass Fractions 中的 o2 文本框中输入 0.233。

· 保留其他参数的默认设置。

· 单击 OK 按钮，关闭 Pressure Outlet 对话框。

⑤设置 jet_ wall。

· 单击 Thermal 选项卡，在 Thermal Conditions 中激活 Heat Flux。

· 在 Heat Flux 文本框中输入 0，单击 OK 按钮，关闭 Wall 对话框。

⑥类似的，对 pilot - wall 设置边界条件。

本算例的网格已在上流射流和 pilot 区域被加密，通过处理，能充分模拟出射流衰减和扩散的过程，收敛解与指定的进口边界条件不敏感。

步骤八：EDC 模型的求解

(1) 设置解的参数。选择 Solution/Methods 命令完成该操作。

①在 Spatial Discretization 中将除 Pressure 外的离散格式都设置为 Second Order Upwind。

②保留其他参数的默认设置。

(2) 激活残差监视器。选择 Solution/Monitors/Residual 命令完成该操作。

①在 Continuity 的 Absolute Criteria 文本框中输入 le - 06。

②保留其他默认参数。

③单击 OK 按钮，关闭 Residual Monitors 对话框。

使用 EDC 模拟时，残差可能显示收敛，但流场实际上并未收敛。因此，对于 EDC 模型的计算，建议降低残差收敛标准，并利用其他方法判断收敛。

(3) 创建一个求解监视器来监视出口处的 CO 质量分数。

此监视器用来确认解的收敛性。迭代继续进行而此值不变化是流场收敛的一个特征。创建一个用面来表示的点。选择 Surface/Create/Point 命令完成该操作。

①在 Coordinates 的 x0 文本框中输入 0.7，在 y0 文本框中输入 0.01。

②在 New Surface Name 文本框中输入 point - outlet 作为创建点的名字。

③单击 Create 按钮，然后关闭 Point Surface 对话框。

(4) 设置 point - outlet 点处的 CO 质量分数监视器。使用 Solution/Monitors/Report Plots/New…/Surface Report/Area - Weighted Average/Create 命令完成该操作。

①在 New Report Plot 对话框中的 Options/Plot/Window 数值框中输入 2。

②进行监视器参数的设置，如图 6－202 所示。

③勾选 Report Plot、Print to Console 和 Report File 复选框。

· 在 Field Variable 下拉列表中选择 Species 和 Mass fraction of co 选项。

· 在 Report Type 下拉列表中选择 Area－Weighted Average 选项，在 Surfaces 列表框中选择 point－outlet。

④单击 OK 按钮，关闭 Surface Report Definition 对话框。

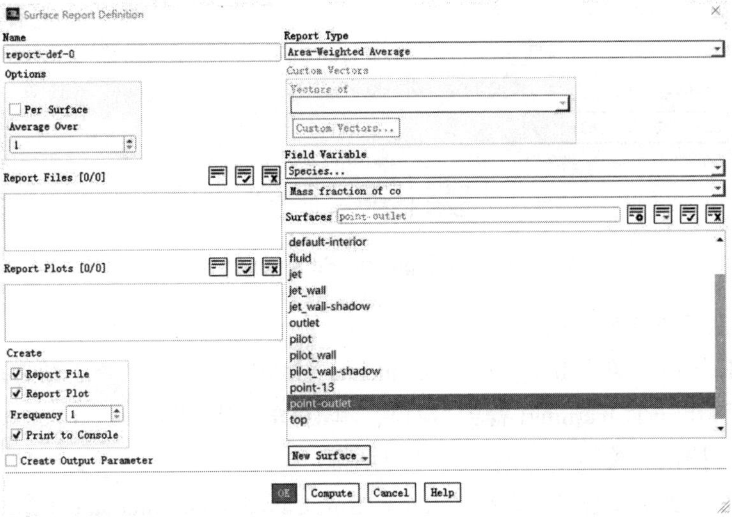

图 6－202 Surface Report Definition 对话框

(5)进行 500 步迭代。

使用 Solution/Run Calculation/Calculate 命令完成该操作。

FLUENT 将使用 ISAT(当地自适应列表)来加速化学计算。因为化学机理的积分计算非常耗费 CPU 资源，ISAT 将创建化学列表。所以，第一步迭代将比较慢，而当列表被创建后，求解速度将加快。更好地理解和使用 ISAT 可以提高 EDC 模型计算的效率。

(6)保存工况和数据文件(flameD－2. cas 和 flameD－2. dat)。选择 File/Write/Case & Data 命令完成该操作。

(7)检查热流，确认能量平衡。选择 Reports/Fluxes 命令完成该操作。

这是确认 EDC 模型收敛非常好的习惯。净热流将在总热输入或热输出的 1% 数量级。

(8)改变 ISAT 的误差容差。选择 Setup/Models/Species 命令完成该操作。

①在 Species Model 中单击 Chemistry Solver 的 Integration Parameters 按钮。

· 在 Integration Parameters 的 ISAT Error Tolerance 文本框中输入 0. 0001，如图 6－203 所示。

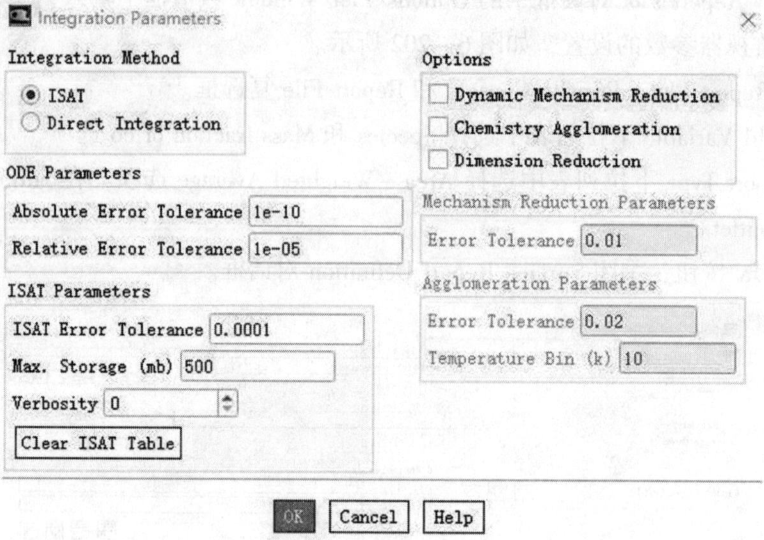

图 6－203　Integration Parameters 对话框

· 保持其他参数的默认设置。

· 单击 OK 按钮，关闭 Integration Parameters 对话框。

· 此时会弹出一个 Warning(警告)窗口，单击 OK 按钮即可。

②单击 OK 按钮，关闭 Species Model 对话框。

(9)继续进行 250 步迭代。选择 Solution/Run Calculation/Calculate 命令完成该操作。

(10)保存工况和数据文件(flameD－3. cas 和 flameD－3. dat)。选择 File/Write/Case & Data。命令完成该操作。

(11)为加速 EDC 模型的收敛速度，用户可以改变 Aggressiveness Factor(加速因子)，如图 6－204 所示。

当 Aggressiveness Factor 为 0 时，计算最为稳健，但收敛速度最慢。可以将 Aggressiveness Factor 的值设置为 0. 25，加快计算速度。

(12)继续进行 500 迭代。选择 Solution/Run Calculation/Calculate 命令完成该操作。

(13)保存工况文件 FlameD－4. cas 和数据文件 FlameD－4. dat。选择 File/Write/Case & Data 命令完成该操作。

(14)检查热流平衡，确认能量守恒。选择 Report/Result Reports/Fluxes 命令完成该操作。

这是检查 EDC 模型收敛性非常好的方法和习惯。总的净热流应是总进入计算域热量，或总流出计算域热量的 1% 数量级。本工况能量平衡性较好，我们认为此工况已经收敛，不再继续进一步降低 ISAT 阈值了。

步骤九：后处理

显示温度云图，选择 Results/Graphics/Contours 命令完成该操作，如图 6－205 所示。

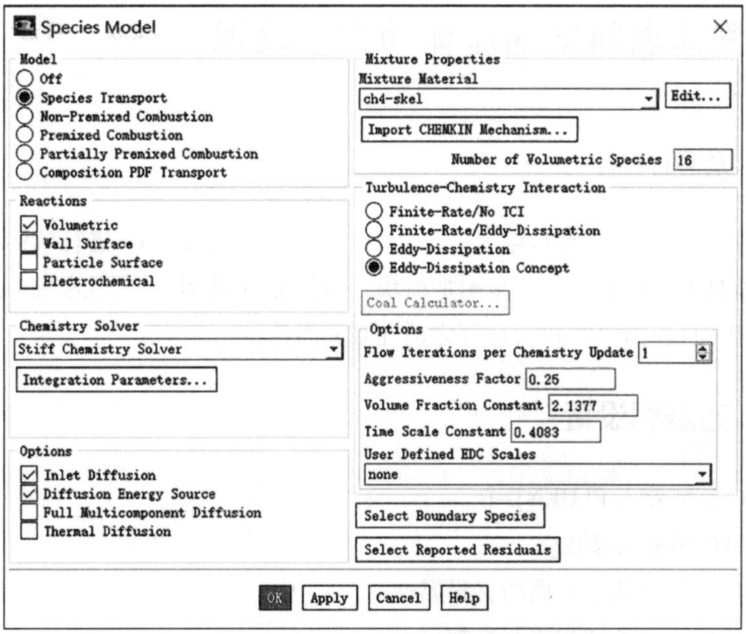

图 6－204　Species Model 对话框

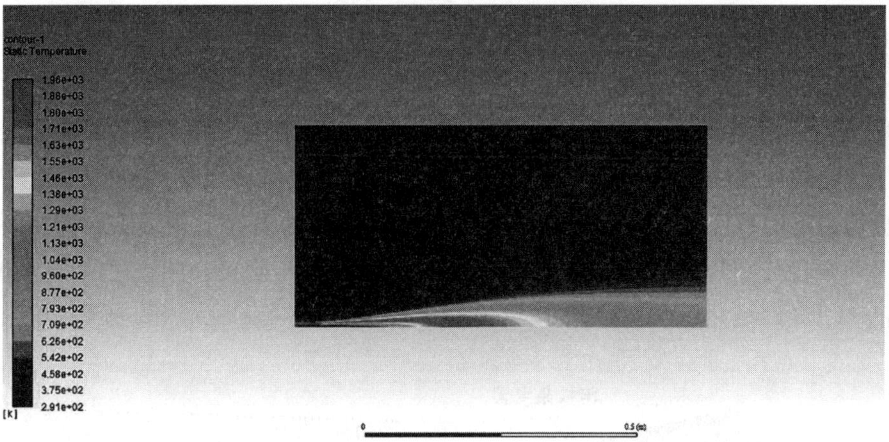

图 6－205　温度云图显示

6.8.6　总结

本算例对轴对称结构的燃烧反应进行模拟和求解。EDC 模型能考虑化学反应的详细化学反应机理，也能模拟出中间组分(如 CO 和 OH)的分布，并能模拟出火焰吹熄、污染物(如 NO_x)生成等现象。EDC 模型是当今燃烧学领域较为先进的燃烧模型，在气体燃烧领域应用较广。

6.9 固体燃料电池流体动力学模拟

6.9.1 算例介绍

本算例的目的是对固体燃料电池(Solid Oxide Fuel Cell, SOFC)进行流体动力学数值模拟。SOFC 模型是 Fluent 提供的一个附加模块，包括 UDF 库及预编译的 Scheme 库(包含图形和文本用户界面)，需要在执行计算之前加载并激活。

6.9.2 方法和设置

· 将 SOFC 模型导入 FLUENT 中。
· 设置 SOFC 模型的参数。
· 定义阴极、阳极和电解质的材料属性。
· 设置合适的边界条件和控制参数。
· 通过后处理显示电池的电流、电压、温度和种类的分布。

6.9.3 问题描述

SOFC 模型示意如图 6-206 所示，阳极内充满着质量流率为 2.48949×10^{-7}kg/s 的潮湿的氢气，阴极里充满着质量流率为 1.37kg/s 的空气，空气和氢气的温度均为 973K。阴极和阳极均为同中心且长度为 130mm 的空心圆柱。阴极的内外半径分别为 4mm 和 6mm，阳极的内外半径分别为 6mm 和 7mm。电池中电解液被置于阴极和阳极之间，其单层厚度为 40μm。

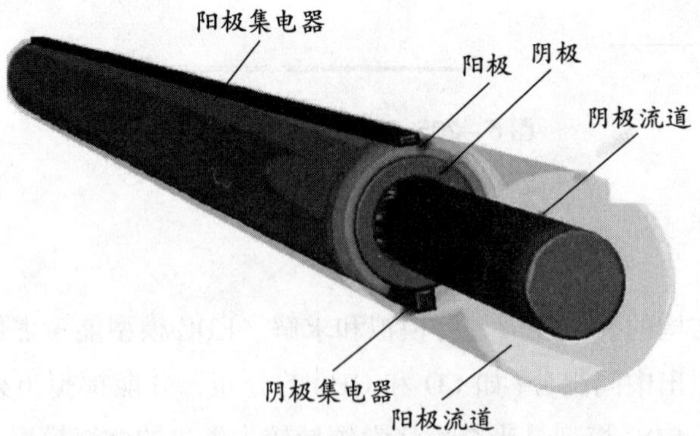

图 6-206 SOFC 模型示意

SOFC 阳极的外表面和阴极的集电器绝缘，燃料和氧化剂通过多孔渗水的阳极和阴极材料进入电解区域。燃料在电解液和阳极的交界处被电化学氧化，电解液和阴极的交界区域中的氧气在电化学反应的作用下将减少，在总反应的作用下，阳极将产生水。

6.9.4 设置与求解

步骤一：模型设置

启动 FLUENT 软件，因本例的模型中含有完全不同的几何特征，所以选择三维双精度求解器(Double Precision)。下面对各个步骤进行详细介绍。

步骤二：网格操作

(1)读入网格文件

选择 File/Read/Mesh 命令，读取文件 tubular_ sample. msh，导入 FLUENT 软件。

(2)检查网格

选择 Mesh/Check 命令进行网格检查操作，在 FLUENT 界面中会出现检查网格的细节，如 FLUENT 界面中将会列出 x、y 的最小值和最大值，网格检查还将报告网格的其他特性，如面积和体积等。此时如果检查出负体积，系统将会报错。这时用户应该对所用的网格进行处理，否则在后面的计算过程中会出现错误。

(3)设置计算区域网格标尺

选择 Mesh/Scale 命令进行此操作。在 Scale Mesh 对话框的 Mesh Was Created In 下拉列表中选择 mm，如图 6－207 所示，然后单击 Scale 按钮，完成后单击 Close 按钮。

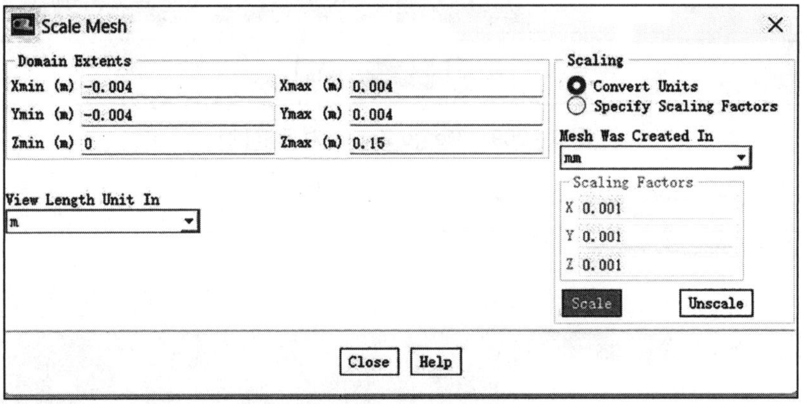

图 6－207 Scale Mesh 对话框

(4)合并网格区域

选择 Zones/Combine/Merge 命令，弹出 Merge Zones 对话框，如图 6－208 所示。在 Multiple Types 列表中选择 fluid，在 Zones of Type 列表中选择 flow－channel1－an 和 fluid，如图 6－209 所示。单击 Merge 按钮即可完成流体计算域的合并，如图 6－210 所示。使用同样的方法合并 mass－flow－inlet 下面的 inlet－an 和 inlet－an：034 区域，如图 6－211、

图 6-212 所示。

(5)修改部分边界名称

修改边界名称 electrolyte 为 wall-electrolyte-cathode，修改边界名称 electrolyte-shadow 为 wall-electrolyte-anode-shadow。

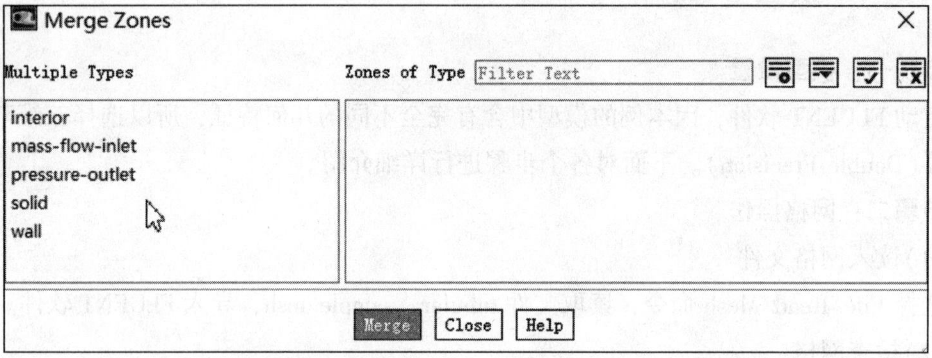

图 6-208 Merge Zones 对话框(1)

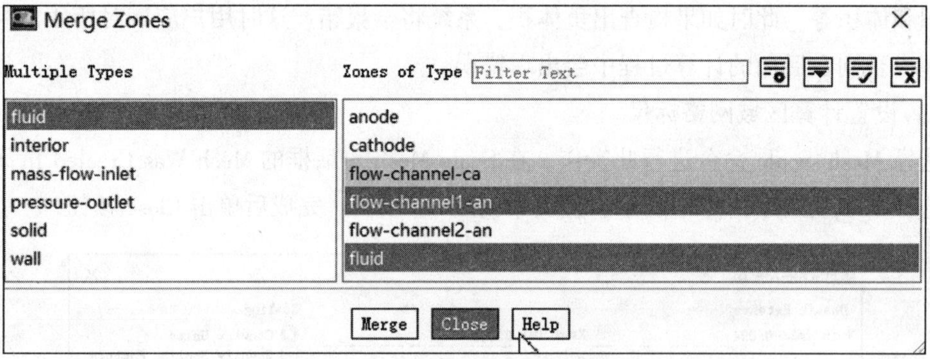

图 6-209 Merge Zones 对话框(2)

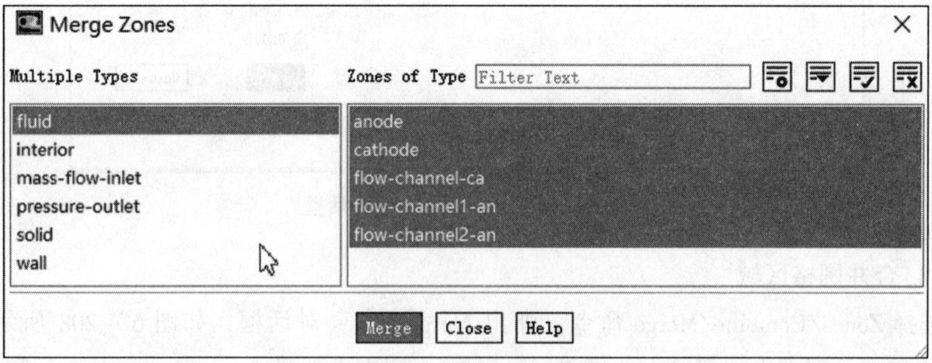

图 6-210 Merge Zones 对话框(3)

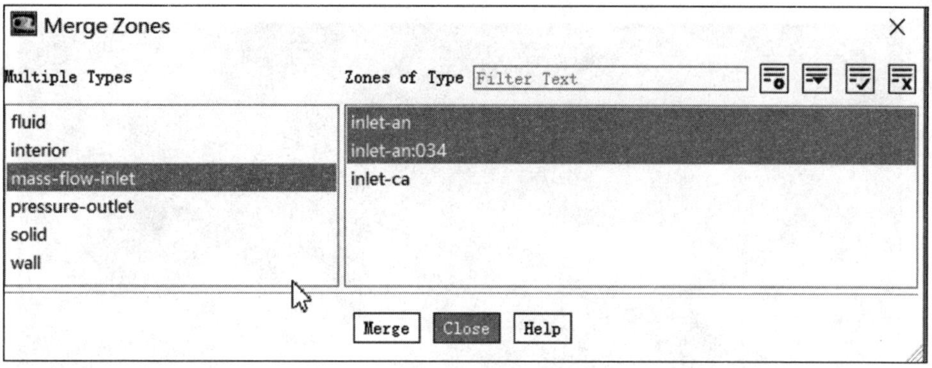

图6－211　Merge Zones 对话框(4)

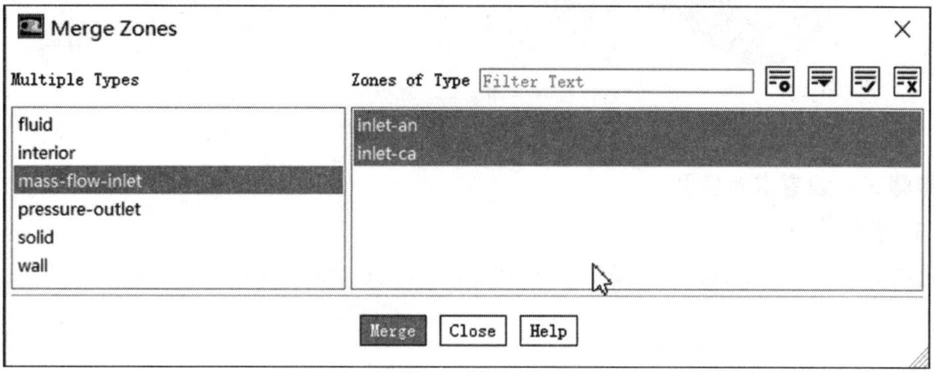

图6－212　Merge Zones 对话框(5)

(6)显示网格

选择 Mesh/Display 命令，弹出 Mesh Display 对话框，在 Surfaces 列表中选中所有的面，如图 6－213 所示，单击 Display 按钮，效果如图 6－214 所示。用户还可以通过选择 Surfaces 中的某些面，然后单击 Display 按钮，自行观察网格中所对应的面和区域。

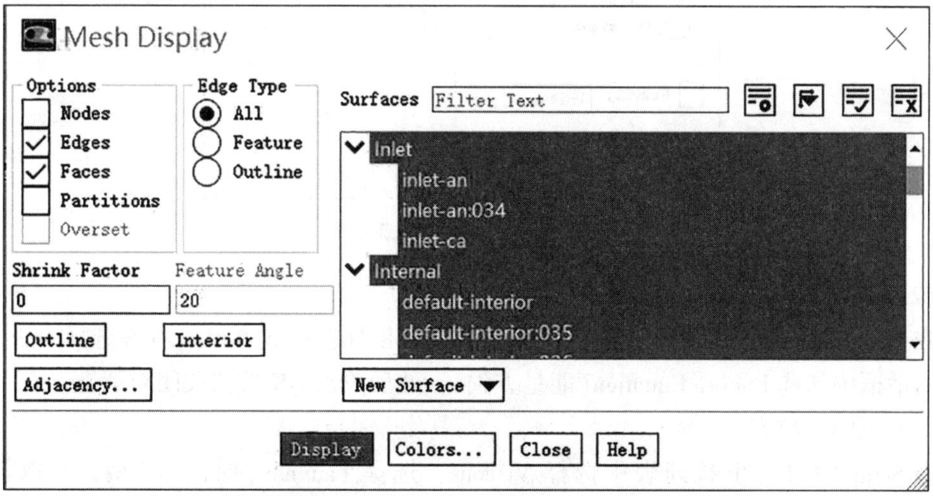

图6－213　Mesh Display 对话框

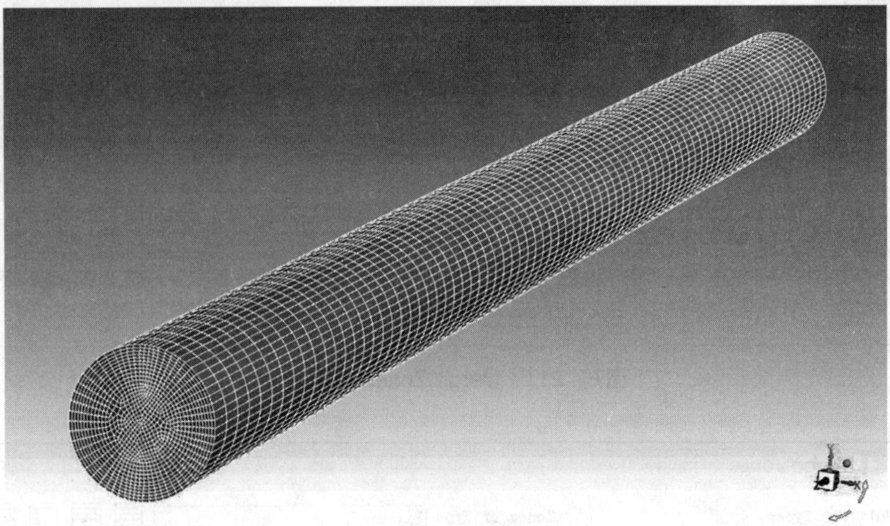

图 6－214　网格显示

步骤三：设置求解模型

(1)选择求解器

选择 Setup/General 命令，保持求解器的默认设置，如图 6－215 所示。

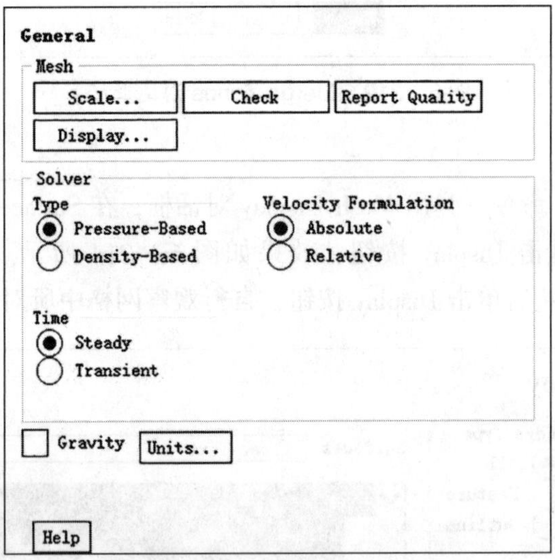

图 6－215　General 对话框

(2)激活能量方程

在 Setup/Models 下拉列表中选择 Energy，双击鼠标左键或者单击右键选择 Edit，在弹出的对话框中勾选 Energy Equation(能量方程)，然后单击 OK 按钮关闭对话框。

(3)设置流动模型

在 Setup/Models 下拉列表中选择 Viscous，选择 Laminar(层流)模型，并取消勾选 Viscous Heating 复选框，如图 6－216 所示，单击 OK 按钮关闭对话框。

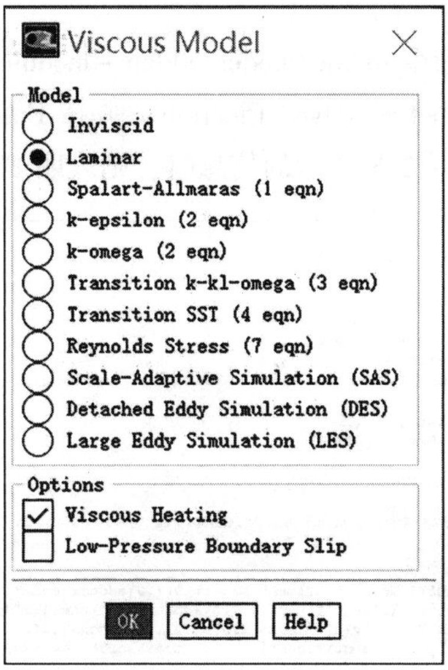

图 6－216　Viscous Model 对话框

(4)设置物质种类模型

在 Setup/Models 下拉列表中选择 Species，弹出如图 6－217 所示的对话框，在 Model 选项组中选中 Species Transport 单选项，在 Reactions 选项组中勾选 Volumetric 复选框，在 Options 选项组中勾选 Diffusion Energy Source、Full Multicomponent Diffusion 和 Thermal Diffusion 复选框，不勾选 Inlet Diffusion 复选框，如图 6－217 所示。单击 OK 按钮关闭 Species Model 对话框。

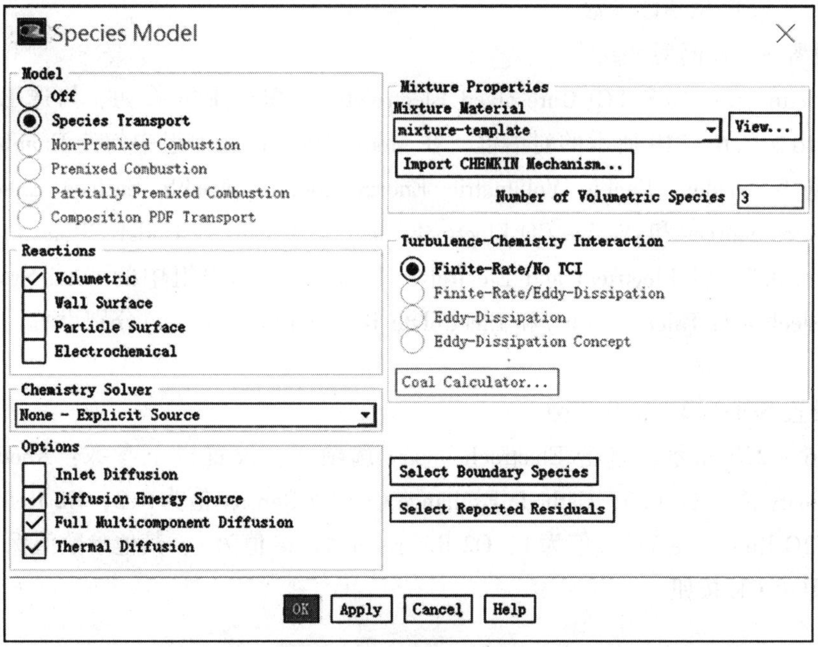

图 6－217　Species Model 对话框

(5)载入 SOFC 模型

在 FLUENT 中依次输入命令 define/model/addon - module，然后按 Enter 键。在界面中输入4，选择 SOFC Model with Unresolved Electrolyte 并按 Enter 键即可载入 SOFC 模型。当 FLUENT 控制台中出现如图 6 - 218 所示的信息时，则表明 FLUENT 中已载入 SOFC 模型。

```
> define/model/addon-module
Fluent Addon Modules:
        0. None
        1. MHD Model
        2. Fiber Model
        3. Fuel Cell and Electrolysis Model
        4. SOFC Model with Unresolved Electrolyte
        5. Population Balance Model
        6. Adjoint Solver
        7. Single-Potential Battery Model
        8. Dual-Potential MSMD Battery Model
        9. PEM Fuel Cell Model
        10. Macroscopic Particle Model
Enter Module Number: [0] 4
Fast-loading "C:/PROGRA~1/ANSYS Inc/v191/fluent/fluent19.1.0/addons/sofc\lib\addon.bin"
Done.

Opening library "C:\PROGRA~1\ANSYS Inc\v191\fluent\fluent19.1.0\addons\sofc"...
Library "C:\PROGRA~1\ANSYS Inc\v191\fluent\fluent19.1.0\addons\sofc\win64\3ddp_host\libudf.dll" opened
Opening library "C:\PROGRA~1\ANSYS Inc\v191\fluent\fluent19.1.0\addons\sofc"...
Library "C:\PROGRA~1\ANSYS Inc\v191\fluent\fluent19.1.0\addons\sofc\win64\3ddp_node\libudf_mpi.dll" opened
        diffusivity
        E_Conductivity
        source
        adjust_function
        sofc_init
        sofc_autorun
        UDFUtilityFunctions:
          fl_uds_contact_resistance
          fl_uds_contact_jump
          fl_uds_post_solve_update

UDF Autorun:
sofc_autorun

Done.

Addon Module: sofc...loaded!
```

图 6 - 218　导入 SOFC 模型

步骤四：设置 SOFC 参数

(1)设置 SOFC 模型参数

选择 Setup/Models/SOFC(Unresolved Electrolyte)，单击 Edit 按钮，勾选 Enable SOFC Model，弹出如图 6 - 219 所示的对话框。在 Model Options 选项组中勾选 Enable Electrolyte Conductivity Submodel、Enable Volumetric Energy Source、Enable Surface Energy Source、Enable Species Sources 和 Disable CO Electrochemistry，在 Current Under - Relaxation Factor 文本框中输入 0.3，将 Electrical and Electrolyte Parameters 选项组中的 Total System Current (Amp)、Electrolyte Thickness(m)和 Electrolyte Resistivity(ohm - m)分别设置为 8、4e - 05 和 0.1。

(2)设置 SOFC 模型活化参数

如图 6 - 220 所示，单击 Electrochemistry 选项卡，设置以下参数：Anode Exchange Current Density 值为 1e + 20，Cathode Exchange Current Density 值为 512，H2 Reference Value 值为 1，H2O Reference Value 值为 1，O2 Reference Value 值为 1，其他参数值保持不变，设置完成后单击 OK 按钮。

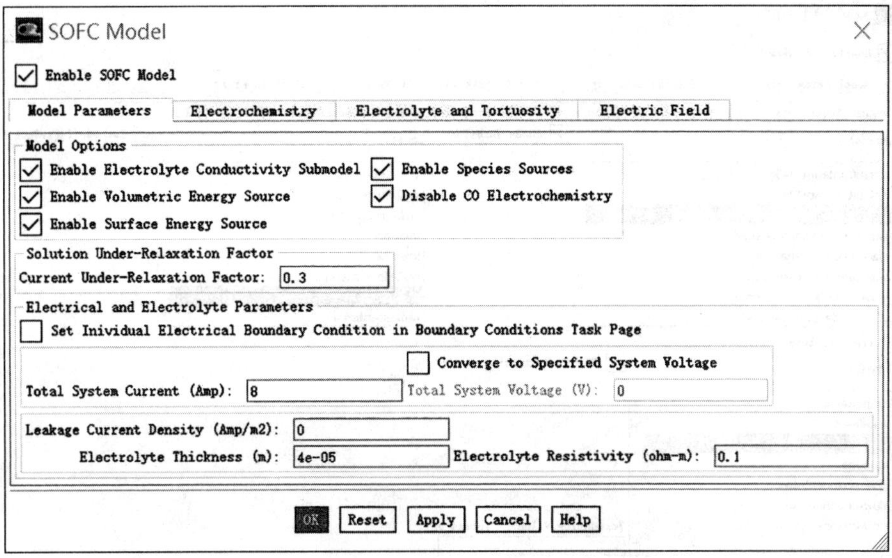

图 6 – 219　SOFC 模型参数对话框

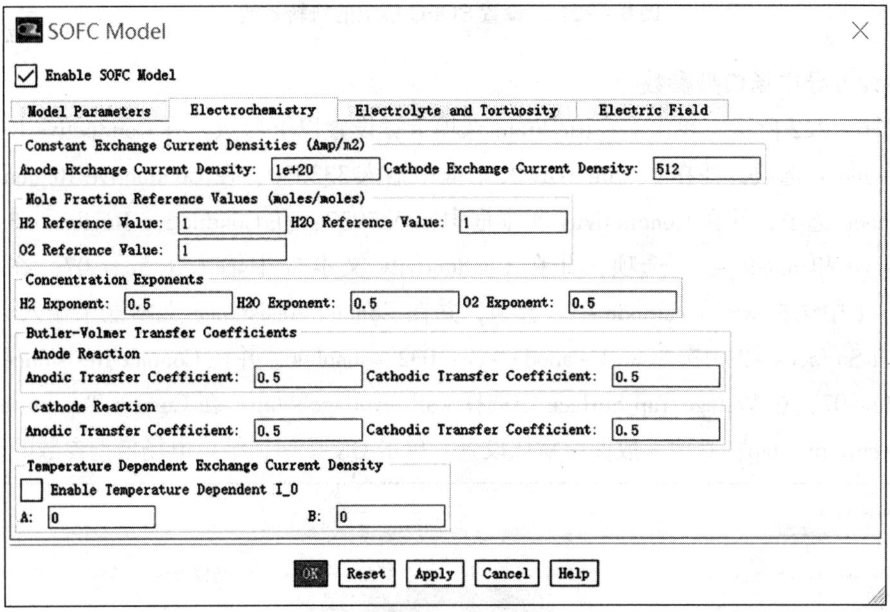

图 6 – 220　设置 SOFC 模型活化参数

（3）设置阴阳极界面成分及 SOFC 模型的扭转系数

如图 6 – 221 所示，单击 Electrolyte and Tortuosity 选项卡，设置以下参数：在 Anode Electrolyte 选项组的 Zone(s) 中选择 wall – electrolyte – anode – shadow 选项，激活右侧的 Anode Interface 选项；在 Cathode Electrolyte 选项组的 Zone(s) 中选中 wall – electrolyte – cathode，激活右侧的 Cathode Interface 选项；在 Tortuosity Zone 选项组的 Zone(s) 中选中 anode，激活右侧的 Enable Tortuosity 选项。单击 OK 按钮并关闭对话框。

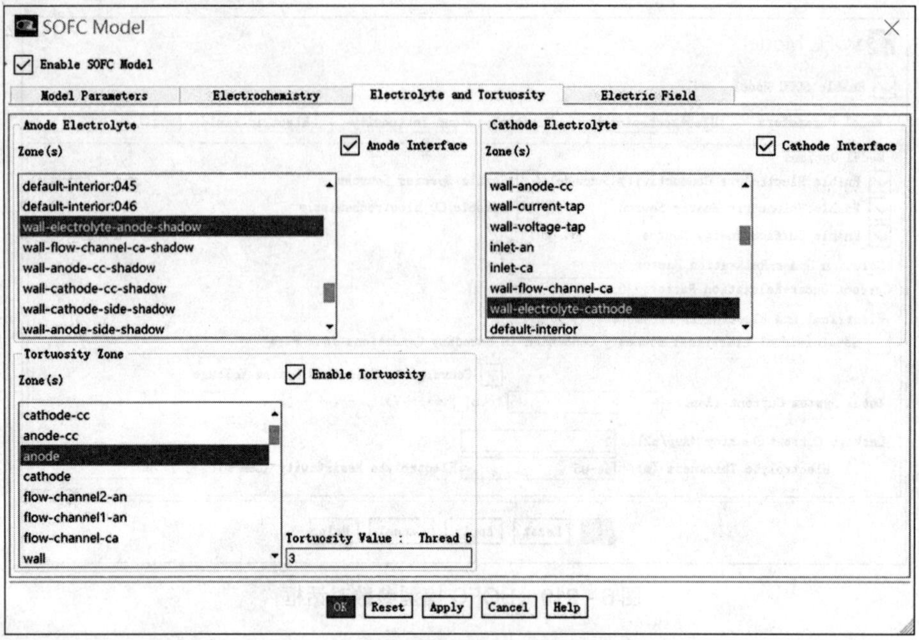

图6-221　设置 SOFC 模型的扭转系数

(4)设置导电场模型参数

如图6-222所示，单击Electric Field选项卡，设置以下参数：在Conductive Regions-1中选择anode选项，并在Conductivity文本框中输入333330；在Conductive Regions-2中选择cathode选项，并在Conductivity文本框中输入7937；在Conductive Regions-3中选择cathode-cc和anode-cc选项，并在Conductivity文本框中输入1.5e+07；在Contact Surfaces-1中选择wall-cathode-cc选项，并在Contact Resistance文本框中输入1e-08；在Contact Surfaces-2中选择wall-anode-cc：032-shaolow，并在Contact Resistance文本框中输入1e-07；在Voltage Tap Surface中选择wall-voltage-tap；在Current Tap Surface中选择wall-current-tap；其他参数保留默认设置。单击OK按钮，结束电场模型参数的设置。

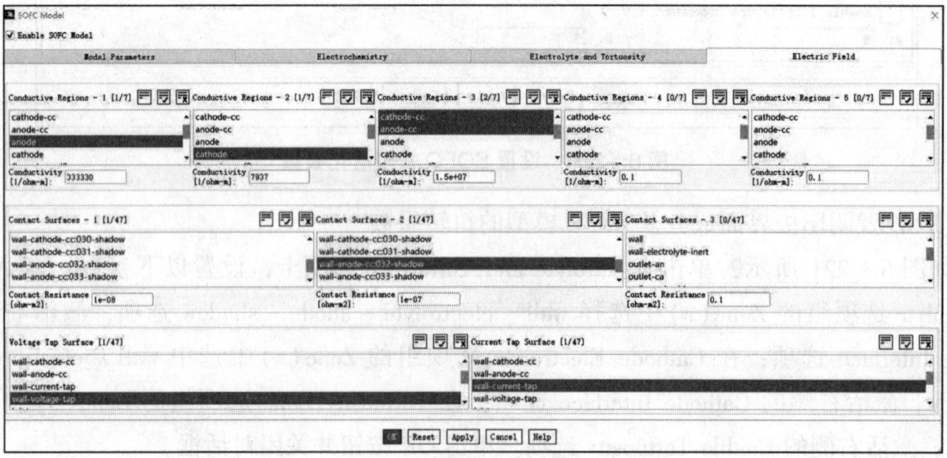

图6-222　设置 SOFC 导电场模型参数

步骤五：材料设置

(1)设置调整参数

选择 User Defined/f(x) Function Hooks，在弹出的对话框(见图 6－223)中进行如下设置：单击 Adjust 右侧的 Edit 按钮，在弹出的新的对话框中选择 adjust_ function:: sofc，单击 Add 按钮将其添加到右侧的列表中，然后单击 OK 按钮关闭 User－Defined Function Hooks 对话框。

(2)设置用户自定义标量

选择 User Defined/*x* Scalars 命令，在弹出的对话框中进行如下设置：将 Number of User－Defined Scalars 设置为 1，将 Flux Function 设置为 none，单击 OK 按钮，结束对自定义标量的设置，如图 6－224 所示。

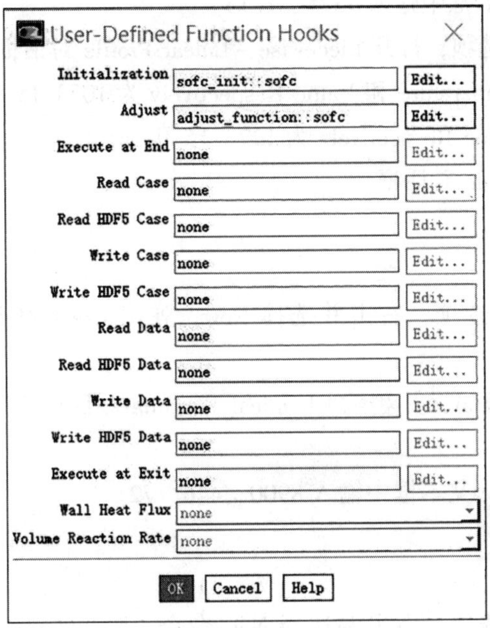

图 6－223 User－Defined Function Hooks 对话框

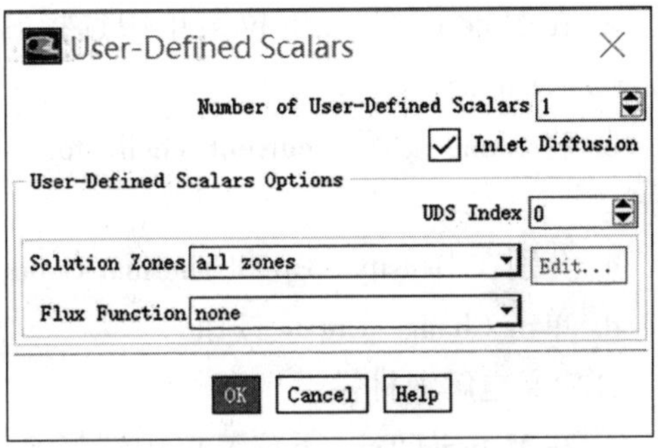

图 6－224 User－Defined Scalars 对话框

(3)设置存储单元数目

选择 User Defined/Memory 命令，在弹出的对话框中，将 Number of User－Defined Memory Locations 设置为 14，单击 OK 按钮关闭该对话框，如图 6－225 所示。

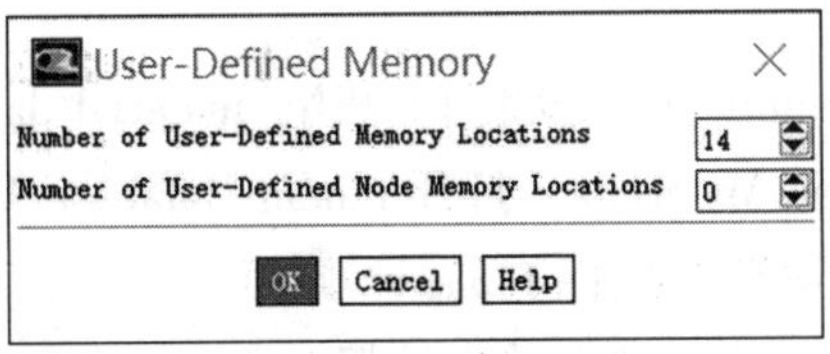

图 6－225 User－Defined Memory 对话框

(4)定义新的实体材料

选择 Setup/Materials 命令执行此操作。

①定义阳极材料。

a. 在 Material Type 下拉菜单中选择 Solid 选项，右击并选择 New 命令，弹出 Create/Edit Materials 对话框。

b. 将 Name 设置为 anode - material，并删除 Chemical Formula 对话框中的公式。

c. 分别在 Density、Cp 和 Thermal Conductive 文本框中输入 3030、595.1、6.23。

d. 单击 Change/Create 按钮。

②定义阴极材料。

a. 在 Material Type 下拉菜单中选择 Solid 选项，右击并选择 New 命令，弹出 Create/Edit Materials 对话框。

b. 将 Name 设置为 cathode - material，并删除 Chemical Formula 对话框中的公式。

c. 分别在 Density 和 Thermal Conductive 文本框中输入 4375、1.15。

d. 在 Cp 下拉列表中选择 piecewise - linear 选项，打开 Piecewise - Linear Profile 对话框，将 Points 设置为 2，对于 Point 1，分别设置 Temperature 和 Value Respectively 为 1073.15 和 570；对于 Point 2，分别设置 Temperature 和 Value Respectively 为 1273.15 和 565。

e. 单击 OK 按钮关闭 Piecewise - Linear Profile 对话框。

f. 单击 Change/Create 按钮。

③定义集电器材料。

a. 在 Material Type 下拉菜单中选择 Solid 选项，右击并选择 New，弹出 Create/Edit Materials 对话框。

b. 将 Name 设置为 current - collector - material，并删除 Chemical Formula 对话框中的公式。

c. 分别在 Density、Cp 和 Thermal Conductive 文本框中输入 8900、446、72。

d. 单击 Change/Create 按钮。

④定义电解液材料。

a. 在 Material Type 下拉菜单中选择 Solid 选项，右击并选择 New 命令，弹出 Create/Edit Materials 对话框。

b. 将 Name 设置为 electrolyte - material，并删除 Chemical Formula 对话框中的公式。

c. 分别在 Density、Cp 和 Thermal Conductive 文本框中输入 5371、585.2、2.2。

d. 单击 Change/Create 按钮。

⑤定义混合材料。

a. 将 Name 设置为 sofc - mixture，复制 FLUENT material database 中的 hydrogen(h2)。

b. 单击 FLUENT Database Materials，打开 Fluent Database Materials 对话框。

c. 在 Material Type 下拉菜单中选择 Fluid 选项。

d. 在 FLUENT Fluid Material 下拉菜单中选择 hydrogen(h2)选项。

e. 单击 copy 按钮，关闭 Fluent Material Database 对话框。

f. 单击 Mixture Species 后的 Edit 按钮，在 Mixture Species 下拉列表中添加：h2o(1)、o2、h2、n2。

g. 在 Mass Diffusivity 下拉列表中选择 user – defined 选项，选择 diffusivity:: sofc，在 UDS Diffusivity 下拉列表中选择 user – defined 选项，选择 E_ Conductivity:: sofc。

Create/Edit Materials 对话框如图 6 – 226 所示。

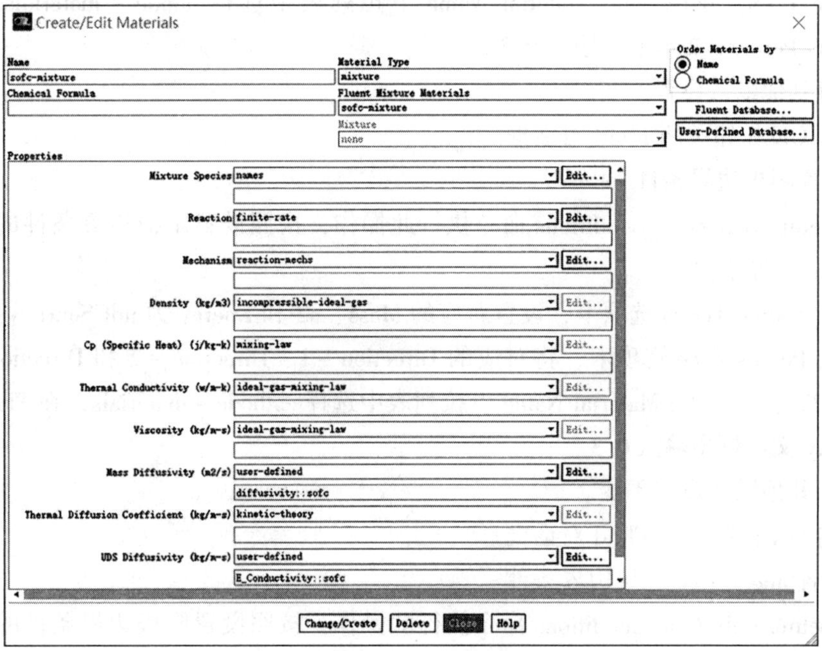

图 6 – 226　Create/Edit Materials 对话框

步骤六：边界条件

(1)设置阳极边界条件

选择 Setup/Cell Zone Conditions 命令执行此操作。

· 在弹出的对话框中选择 anode，单击 Edit 按钮，弹出如图 6 – 227 所示的对话框。在 Fluid 设置对话框中勾选 Porous Zone、Source Terms 和 Reaction。

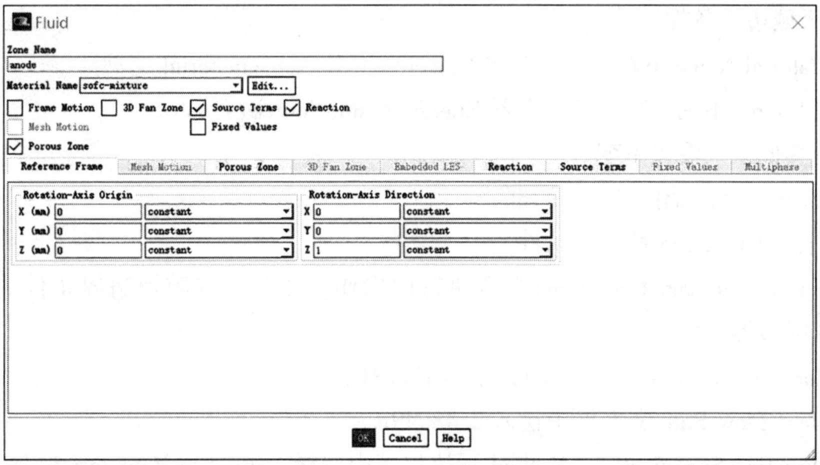

图 6 – 227　Fluid 对话框

·单击 Source Terms 选项卡，设置其下对应的 mass、h2o、h2 和 Energy 为 udf Source：：sofc。

·单击 Porous Zone 选项卡，将其下对应的 Direction－1、Direction－2 和 Direction－3 均设置为 le＋13，并在 Solid Material Name 下拉列表中选择 anode－materials，在 Fluid Porosity 中的 Porosity 文本框中输入 0.3。

·保持其他默认设置不变。

·单击 OK 按钮关闭 Fluid 对话框。

(2)设置阴极边界条件

选择 Setup/Cell Zone Conditions 命令执行此操作，按照设置阳极边界条件的方法设置阴极 cathode 边界条件。

·单击 Source Terms 选项卡，设置对应的 Mass、o2 和 Energy 为 udf Source：：sofc。

·单击 Porous Zone 选项卡，将对应的 Direction－1、Direction－2 和 Direction－3 均设置为 1e＋13，并在 Solid Material Name 下拉列表中选择 cathode－materials，在 Fluid Porosity 中的 Porosity 文本框中输入 0.3。

·保持其他默认设置不变。

·单击 OK 按钮关闭 Fluid 对话框。

(3)设置 anode－cc 区域边界条件

选择 Setup/Cell Zone Conditions 命令执行此操作，按照设置阳极边界条件的方法设置 anode－cc 区域边界条件。

·在 Material Name 下拉列表中选择 current－collector－material 选项。

·单击 Source Terms 选项卡，设置 Energy 为 udf Source：：sofc。

·保持其他默认设置不变。

·单击 OK 按钮关闭 Solid 对话框。

(4)设置 cathode－cc 区域边界条件

选择 Setup/Cell Zone Conditions 命令执行此操作，按照设置阳极边界条件的方法设置 anode－cc 区域边界条件。

·在 Material Name 下拉列表中选择 current－collector－material 选项。

·单击 Source Terms 选项卡，设置 Energy 为 udf Source：：sofc。

·保持其他默认设置不变。

·单击 OK 按钮关闭 Solid 对话框。

(5)设置 inlet－an 区域边界条件

选择 Setup/Boundary Conditions 命令执行此操作，按照设置阳极边界条件的方法设置 inlet－an 区域边界条件。

·在 Zone 中选择 inlet－an 选项，单击 Edit 按钮。

·在 Mass Flow Rate 文本框中输入 2.48949e－7。

·在 Direction Specifications Method 下拉列表中选择 Normal to Boundary 选项。

·单击 Thermal 选项卡，并在 Total Temperature 文本框中输入 973K。

· 单击 Species 选项卡，将 Species Mass Fraction 中的 h2o、h2 分别设置为 0.5248 和 0.4752。

· 保持其他默认设置不变。

· 单击 OK 按钮关闭 Mass – Flow Inlet 对话框。

(6)设置 inlet – ca 区域的边界条件

选择 Setup/Boundary Conditions 命令执行此操作，按照设置阳极边界条件的方法设置 inlet – ca 区域边界条件。

· 在 Zone 中选择 inlet – ca 选项，单击 Edit 按钮。

· 在 Mass – Flow Inlet 文本框中输入 1.3705e – 5。

· 从 Direction Specifications Method 下拉列表中选择 Normal to Boundary。

· 单击 Thermal 选项卡，并在 Total Temperature 文本框中输入 973K。

· 单击 Species 选项卡，将 Species Mass Fraction 中的 o2 设置为 0.233。

· 保持其他默认设置不变。

· 单击 OK 按钮关闭 Mass – Flow Inlet 对话框。

步骤七：模型求解

(1)设置残差监视器

选择 Setup/Solution/Monitors/Residual 命令执行此操作。

· 在弹出的对话框中选择 Options 中的 Plot 选项。

· 设置所有参数残差的收敛标准为 1e – 7。

· 单击 OK 按钮，关闭残差监视器对话框。

(2)初始化流场

选择 Setup/Solution/Initialization 命令执行此操作。保持默认设置，单击 Initialize 按钮进行初始化。

(3)重新设置 SOFC 模型参数

选择 Setup/Models 命令执行此操作。双击 SOFC(Unresolved Electrolyte)，在弹出的对话框中，取消勾选 Enable Volumetric Energy Source 复选框。单击 OK 按钮，关闭对话框。

(4)初始求解

选择 Setup/Solution/Calculation Activities/Run Calculation 命令执行此操作。设置较大的迭代次数，单击 Calculation 按钮开始计算，FLUENT 在所有残差下降至预定值后自动停止计算。

(5)激活体积能量项(Volumetric Energy Source)

选择 Setup/Models/SOFC/SOFC Model Control Panel 命令执行此操作。激活 Enable Volumetric Energy Source 选项，这样可以使模型计算域中的所有电导区域的电阻被加热。单击 OK 按钮，关闭对话框。

(6)最终求解结果

选择 Setup/Solution/Run Calculation 命令执行此操作。单击 Calculation 按钮开始计算，FLUENT 在所有残差下降至预定值后自动停止计算。选择 File/Write/Case & Data 命令，设置相应的文件保存路径及文件名后保存 .cas 和 .dat 文件。

步骤八：自定义函数

选择 Setup/Parameters & Customization/Custom Field Function 命令执行此操作。在弹出的图 6－228 所示的对话框中设置以下参数。

· 在 Field Functions 下拉列表中分别选择 User Defines Scalars 和 Scalar 1。

· 在 New Function Name 文本框中输入 voltage－volts，单击 Define 按钮。

· 定义电流密度为 current－density－amp－m2、电压为 nernst－voltage－volts、活化电势为 activation overpotential volts。

· 单击 Close 按钮关闭 Custom Field Function Calculator 对话框。

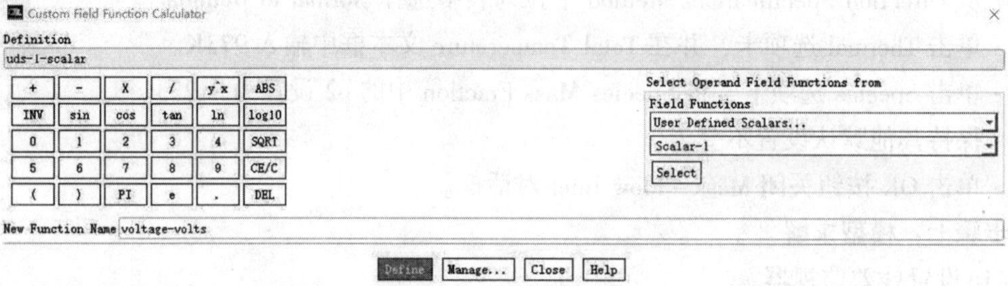

图 6－228 Custom Field Function Calculator 对话框

步骤九：显示相关等值线

(1) 电流密度 current－density－amp－m2

选择 Setup/Results/Graphics/Contours 命令执行此操作。

· 双击 Contours，弹出如图 6－229 所示的对话框。

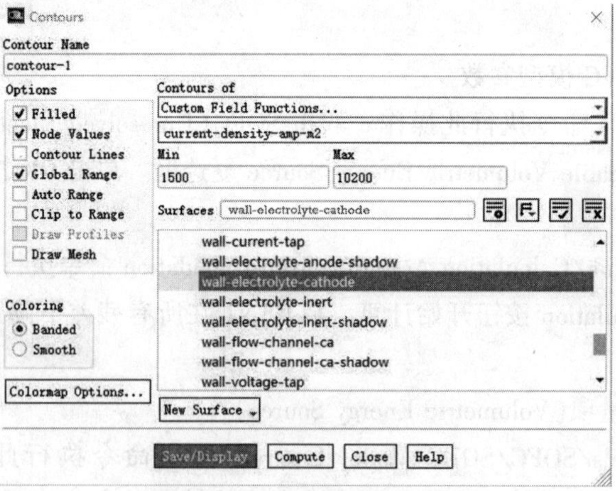

图 6－229 Contours 对话框

· 在 Options 中取消勾选 Auto Range 和 Clip to Range 复选框。

· 在 Contours of 下拉列表中分别选择 Custom Field Functions 和 current－density－amp－m2。

· 分别在 Min 和 Max 数值框中输入 1500 和 10200。

· 在 Surfaces 列表中选择 wall – electrolyte – cathode，并单击 Save/Display 按钮，显示的电流密度云图如图 6 – 230 所示。

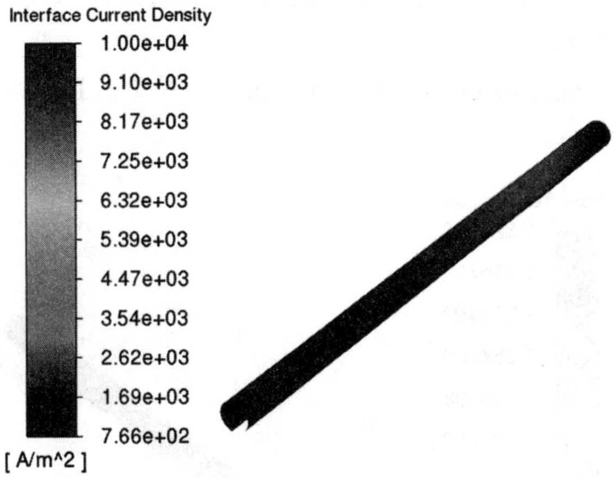

图 6 – 230　电流密度云图

(2) 电势 activation overpotential volts

选择 Setup/Results/Graphics/Contours 命令执行此操作。

· 双击 Contours，然后在弹出的对话框中进行操作。

· 在 Contours of 下拉列表中分别选择Custom Field Functions 和 activation – overpotential – volts。

· 单击 Compute 按钮。

· 在 Surfaces 列表中选择 wall – electrolyte – cathode 选项并单击 Display 按钮，显示的活化电势云图如图 6 – 231 所示。

· 关闭对话框。

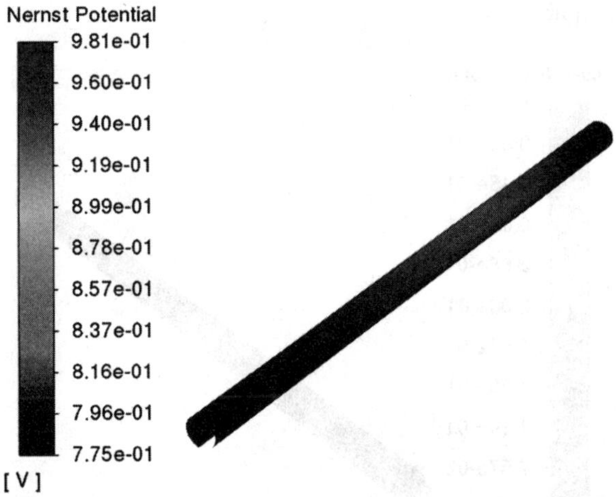

图 6 – 231　活化电势云图

(3)显示静态温度(Static Temperature)

选择 Setup/Results/Graphics/Contours 命令执行此操作。

· 双击 Contours，弹出对话框。

· 在 Contours of 下拉列表中分别选择 Temperature 和 Static Temperature。

· 单击 Compute 按钮。

· 在 Surfaces 列表中选择 wall – electrolyte – cathode 并单击 Display 按钮，显示的静态温度云图如图 6 – 232 所示。

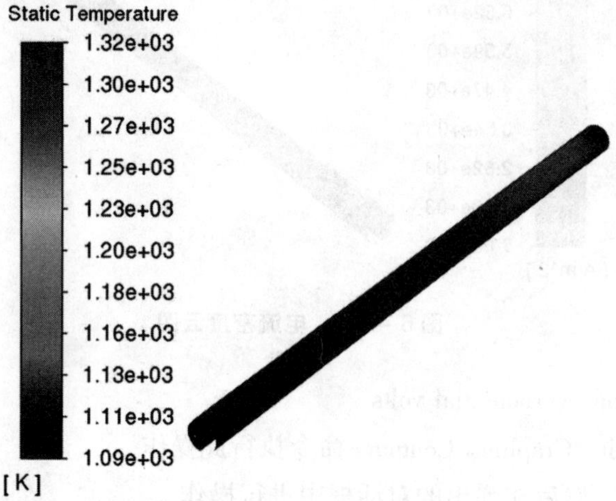

图 6 – 232　静态温度云图

(4)显示氢气质量分数云图

选择 Setup/Results/Graphics/Contours 命令执行此操作。在弹出的对话框中进行如下操作。

· 在 Contours of 下拉列表中分别选择 Species 和 mass fraction of h2。

· 单击 Compute 按钮。

· 在 Surfaces 列表中选择 wall – electrolyte – cathode 并单击 Display 按钮，显示氢气质量分数云图如图 6 – 233 所示。

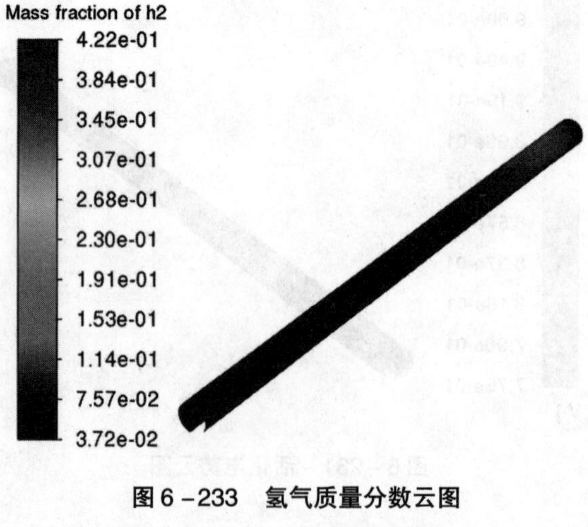

图 6 – 233　氢气质量分数云图

· 在 Contours of 中选择其他选项，即可分别显示参与反应的其他组分的质量分数和体积分数。

6.9.5　总结

将利用 FLUENT 求得的 SOFC 相关参数进行云图显示，是分析模拟结果很关键的手段，可以根据相关云图对 SOFC 的性能进行分析和改进。

参考文献

[1]王福军. 计算流体动力学分析——CFD 软件原理与应用[M]. 北京：清华大学出版社，2004.
[2]李鹏飞，徐敏义，王飞飞. 精通 CFD 工程仿真与案例实战[M]. 北京：人民邮电出版社，2011.
[3]周俊杰，徐国权，张华俊. FLUENT 工程技术与实例分析[M]. 北京：中国水利水电出版社，2013.
[4]丁伟. ANSYS Fluent 流体计算从入门到精通(2020 版)[M]. 北京：机械工业出版社，2021.
[5]刘斌. Fluent 19.0 流体仿真从入门到精通[M]. 北京：清华大学出版社，2019.
[6]凌桂龙. Fluent 19.0 流体计算从入门到精通(升级版)[M]. 北京：电子工业出版社，2019.
[7]胡坤，邓荣，梁栋. ANSYSCFD 网格划分技术指南[M]. 北京：化学工业出版社，2019.
[8]杨世铭，陶文铨. 传热学[M]. 5 版. 北京：高等教育出版社，2019.
[9]陶文铨. 数值传热学[M]. 2 版. 西安：西安交通大学出版社，2001.
[10]张兆顺，崔桂香. 流体力学[M]. 2 版. 北京：清华大学出版社，2006.